LE LARZAC ET APRÈS

L'étude d'un mouvement social innovateur

Du même auteur

Evolution and Human Behavior, 1967.

Adaptation in Cultural Evolution, 1970.

Human Diversity, 1971.

The Human Imperative, 1972.

When the Spider Danced, 1975.

The Artistic Animal, 1977.

To Be Human, 1980.

Playing With Form : Children Draw in Six Cultures, 1983.

ISBN : 2-7384-3415-0

Alexander Alland Jr.
avec la collaboration de Sonia Alland

LE LARZAC ET APRÈS

L'étude d'un mouvement social innovateur

Traduit de l'américain par Sonia Alland

Éditions L'Harmattan
5-7, rue de l'École-Polytechnique
75005 PARIS

Pendant une inauguration d'une exposition à l'Écomusée.
De gauche à droite : Jack Lang, Ministre de la culture à l'époque,
Guy Tarlier; Pierre Bonnefous. Photo : *GLL*

Dédicace

Depuis quelques années, les études ethnologiques traitant de la violence culturelle prolifèrent. Ce sont des œuvres de valeur. Jusqu'à cette date, pourtant, l'ethnologie s'est peu intéressée à un aspect de la culture aussi important, mais tout autre : celui de la non-violence active. Ce livre a été écrit pour aider à combler cette lacune. Il est dédié à la mémoire de Guy Tarlier, acteur de premier plan dans une lutte non-violente de dix années contre le pouvoir de l'État, personnalité prééminente de la communauté de l'après-lutte. Guy est mort du cancer le 7 mai 1992.

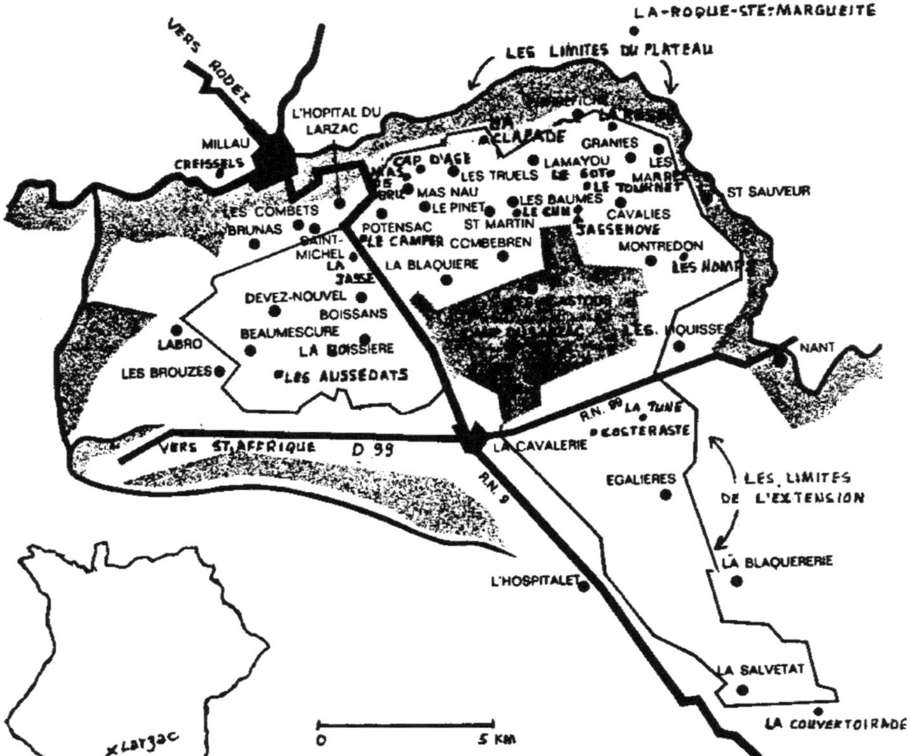

CARTE 1 : MILLAU ET LE LARZAC DU NORD AVEC SES VILLAGES, SES FERMES, LE CAMP MILITAIRE ET LES LIMITES DU PROJET D'EXTENSION

Préface à la traduction

Je tiens à remercier les amis du Larzac qui m'ont encouragée à entreprendre un travail qui m'a semblé, au premier abord, herculéen. Étant intimement associée à cette étude du plateau, j'étais, selon eux, la mieux placée pour la présenter sous une forme française. Il est vrai, en effet, que ma participation aux recherches et à la rédaction du livre original a facilité le travail de traduction. Celui ou celle qui traduit, pourtant, entreprend une tâche risquée. A cet égard, je voudrais offrir un grand remerciement à André Fellous qui a revu le manuscrit et m'a fait profiter de nombreuses suggestions pendant la révision du texte.

Sonia Alland

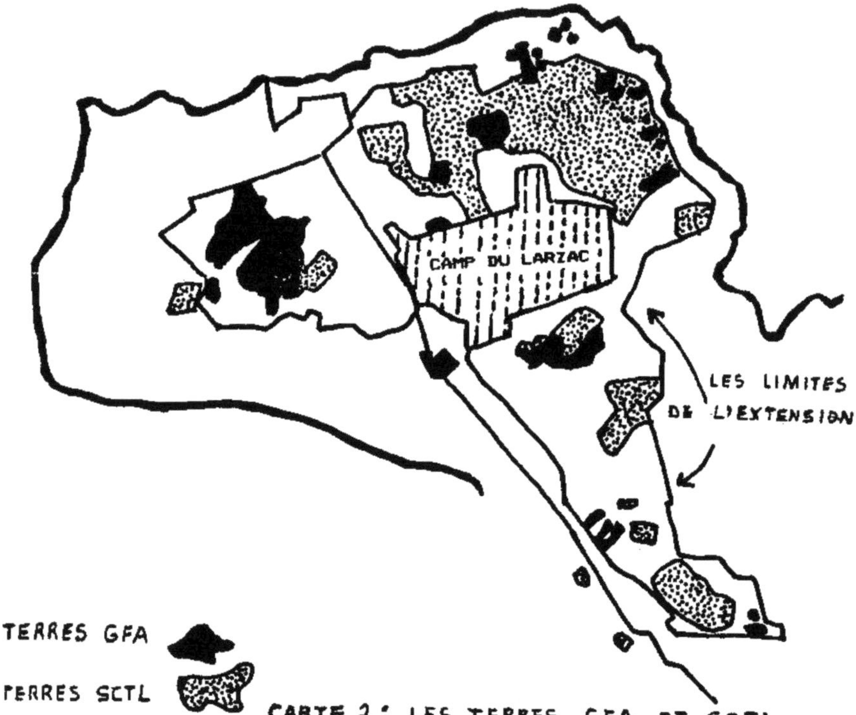

CARTE 2 : LES TERRES GFA ET SCTL
EN 1992

Introduction

Le Larzac et la tradition inventée

Dans un article de *Libération* du 7 mars 1989, on pouvait lire un rapport sur un mouvement d'opposition mené par les écologistes contre la construction de barrages sur la Loire. Il commençait de la façon suivante : « Une impression de déjà vu. *Comme la naissance du Larzac...* » (p. 37). Aux alentours des sites des barrages projetés, on retrouvait dans plusieurs articles de journaux locaux ce nom de « Larzac ». C'est ainsi que l'un d'eux titrait : « Larzac sur la Loire ». Quand des paysans espagnols se regroupèrent pour s'opposer à l'extension d'un camp, le même *Libération* du 26 juillet 1989 (p. 26) sous-titrait : « L'armée a choisi ce site isolé de la Manche pour un champ de tir. Mais depuis un an les villageois se mobilisent contre le projet. *Un Larzac espagnol...* »

Qu'est-ce que le Larzac ? Peut-être devrions-nous le rappeler avant d'aller plus loin. C'est une région agricole relativement pauvre dans le sud de la France ; un plateau de calcaire de cent mille hectares situé en majeure partie dans le département de l'Aveyron. Avec d'autres régions agricoles pauvres du sud du pays, il souffre d'une tendance au dépeuplement causé par une marginalité économique qui a commencé juste après la guerre de

1914 et qui s'aggrave depuis. La notoriété moderne du plateau s'est établie soudainement en 1971, quand il est devenu le centre d'une lutte populaire contre l'autorité de l'État, situation qui devait durer dix ans. Il s'agissait d'un combat mené contre le projet gouvernemental d'agrandir le camp militaire, qui se trouvait dans le secteur nord du plateau, de 3 000 à 17 500 hectares.

A peine quelques années plus tôt, un nombre considérable d'agriculteurs avaient supplié l'armée d'acheter leurs terres. Le gouvernement fut par conséquent pris de court quand, aux niveaux local et national, le projet d'extension devint rapidement une cause célèbre. Dans l'Aveyron, l'opposition regroupait un public très hétéroclite. On y rencontrait de nombreux leaders religieux et laïques, des occitanistes et des membres de tous les partis politiques (sauf les gaullistes qui avaient, eux, proposé l'extension). Au niveau national, la protestation venait de la gauche de l'échiquier politique. Elle se composait en majeure partie de pacifistes, de catholiques de gauche, d'écologistes et de groupuscules gauchistes. Ce qui a permis à ces groupes variés, aux idéologies disparates, de travailler ensemble, c'était leur parti pris de non-violence, choix qui leur avait été imposé par les agriculteurs du Larzac, eux-mêmes tôt convertis dans la lutte par Lanza del Vasto, le leader charismatique de la communauté pacifiste de l'Arche. Pendant dix ans cette alliance peu naturelle unit ses efforts pour maintenir son opposition au gouvernement dans l'espoir que la gauche accéderait un jour au pouvoir. Finalement, cette lutte se solda par une victoire en 1981 avec l'élection de François Mitterrand comme président de la République. Ce dernier tint sa promesse — faite sur le Larzac en 1974 — d'annuler le projet d'extension.

Les années 1970 ont été une période turbulente dans l'histoire de la France. La révolte de 1968 a favorisé l'éclosion de mouvements locaux contre le pouvoir central, animés par l'idéologie du retour à la terre d'un certain nombre de militants de gauche, de « marginaux », d'écologistes et de séparatistes régionaux — ces derniers se trouvant surtout en Bretagne et dans le Midi, en Languedoc. Parmi les mouvements sur lesquels les médias ont le plus mis l'accent, on peut citer Lip, l'usine de montres à Besancon où, pour une courte période, les ouvriers avaient occupé leurs lieux de travail et Plogoff en Bretagne, où l'opposition violente contre la construction d'une centrale nucléaire avait causé son annulation, mais seulement après l'élection de François Mitterrand. Parmi tous ces mouvements, y compris d'autres qui leur ressemblaient, c'est celui du Larzac qui aura duré le plus longtemps et aura été le plus réussi. Les dix ans de lutte sur le Larzac, sa victoire finale ainsi que la détermination de ses militants de poursuivre des objectifs développés au cours de la lutte ont fait du Larzac un symbole politique encore vivant en France aux yeux de la gauche comme de la droite.

A l'heure actuelle, tandis que la presse de gauche traite le Larzac avec une nostalgie respectueuse, dans les journaux de droite, pour peu qu'on en fasse mention, le ton est péjoratif. Pour ceux-ci, le Larzac est devenu le signe essentiel d'une survivance des révoltes d'étudiants de 1968 à Paris, un vestige à ne pas prendre au sérieux, mais néanmoins irritant, de ces années où un agglomérat de groupuscules de gauche, et pire, de « babas cools » avait constitué une menace importante pour les valeurs de la classe moyenne et pour la stabilité politique. Encore aujourd'hui, le mot « Larzac » prononcé en public est capable d'éveiller des passions à la fois à gauche et à droite de l'éventail politique.

Comment cette petite région, peu peuplée, isolée, a-t-elle pu réussir là où d'autres mouvements ont échoué ou bien perdu toute leur force après la victoire ? Comment le Larzac a-t-il pu jouer un rôle aussi important dans l'histoire de la politique française et peut-il, dans le contexte de la France actuelle, symboliser, pour les uns, la justice et la fierté sociales, pour les autres, une menace anarchique ? Ce livre essayera de répondre à ces questions par une analyse des événements de la lutte entre 1971 et 1981, et de l'après-lutte, jusqu'à la fin de 1992.

Bien que le mouvement du Larzac ait été peu connu aux USA (la section américaine du MIR — Mouvement International de Réconciliation, une association pacifiste — a en effet manifesté à New York en 1975 contre l'extension du camp), il ne nous était pas étranger à ma femme, Sonia, et à moi. Depuis 1957, quand nous y avons effectué notre premier voyage ensemble, la France nous attirait. Mais ce n'est que dix ans plus tard, en 1967, que nous avons pu acheter une maison dans un village du Midi, juste au pied du Larzac. A partir de 1968, nous y avons passé chaque été et quatre années sabbatiques : 1980-81, 1987-1989 et 1991-1992. C'est de ce village, Soubès, que nous avons observé la culture et la politique françaises et, depuis le début de nos recherches en 1984, les activités de la communauté du Larzac. Le flanc sud du plateau se trouve seulement à cinquante minutes si, d'un pas vigoureux, on monte le chemin de la forêt qui serpente entre les sapins au-dessus du village. Par la route, en voiture, on y est en un petit quart d'heure. La vie sur le Larzac pourtant est très différente de celle du village qui, bien que sa terre communale s'étende jusqu'aux bords du plateau, est, avec ses vignes et ses arbres fruitiers, typique du Midi. Quand nous avons commencé nos recherches, nous avons dû nous familiariser avec une région qui aurait pu être à mille kilomètres plutôt qu'à côté. Le fait que nous possédions une maison dans la région depuis tant d'années, cependant, nous a aidés dans nos contacts avec les habitants du Larzac qui nous ont perçus comme des voisins lointains en même temps que des étrangers et des Américains.

Nous étions horrifiés, comme on peut l'imaginer, quand on nous a informés du projet de l'extension du camp, même si, du moins au moment où l'extension a été annoncée, seule la moitié nord du plateau était concernée. Des rumeurs d'une extension plus étendue ne manquèrent pas d'ailleurs, dès le début, de se propager. Au fil des ans, nous nous sommes de plus en plus préoccupés de ce qui représentait une menace sur la vie du plateau du nord sûrement et peut-être même du plateau en entier.

Pendant les premières années du mouvement sur le Larzac, nous avons eu l'idée d'en faire un sujet d'étude, mais notre projet n'a pas pris corps à l'époque. Néanmoins, nous nous sommes tenus au courant des événements et avons assisté à certaines manifestations importantes contre l'extension. En 1973, nous étions présents à Paris quand un cortège de tracteurs du Larzac est arrivé dans la ville. Nous avons participé aussi à une énorme manifestation qui a eu lieu sur le plateau en août 1974. Pendant notre année sabbatique en 1980, nous avons assisté à une réunion publique à Millau où François Roux, l'avocat du mouvement, a annoncé la décision judiciaire qui annulait, pour des raisons techniques, une partie importante des expropriations. Dans la même année, nous nous trouvions à Paris quand les militants du Larzac ont occupé le Champ-de-Mars. A notre surprise, nous les avons rencontrés au Forum des Halles. Un certain nombre avaient choisi cet endroit pour manifester après avoir été expulsés de leur campement improvisé. Finalement, nous avons assisté à la célébration de la victoire qui a eu lieu sur le Larzac, l'été 1981. Mais ce n'étaient que des contacts sporadiques. La plus grande partie de notre temps était consacrée à d'autres projets. C'est en 1981 seulement que nous avons commencé à songer sérieusement à des recherches. Enfin, en 1984, nous nous sommes mis au travail. Dès le début nous avions l'intention de concentrer notre étude sur la communauté actuelle [1] plutôt que sur la lutte elle-même. Pour ce faire, nous devions nous renseigner autant que possible sur la période de 1971 à 1981.

Nous nous sommes servis de cette information pour la partie historique du texte (chapitres un à cinq inclus).

On sait que ce qui différencie l'être humain des autres espèces réside dans le fait que nous sommes sujets et objets de l'histoire. Cette ambiguïté rend toutes les sciences sociales — et l'ethnologie en particulier, où l'outil majeur de la recherche consiste en l'expérience personnelle — bien problématiques. Les ethnologues, aussi méticuleux qu'ils soient dans la collecte des données, sont inévitablement influencés dans l'interprétation de leurs observations par leur formation et un ensemble de préjugés culturels qu'ils apportent avec eux sur le terrain. Ceci soulève une question tout à fait légitime : comment, prisonniers de notre propre culture, pouvons-nous décrire et interpréter une autre culture ? En outre, en s'introduisant dans une communauté en tant qu'« observateurs-participants », les ethnologues vont obligatoirement avoir un effet — plus ou moins grand — sur la vie de tous les jours, qui va rejaillir sur leur propre expérience du quotidien ainsi que sur celle des gens qu'ils sont venus étudier. Par ailleurs, dans cette période « post-moderne », bien des personnes à l'intérieur et à l'extérieur de la profession se sont sensibilisées à la problématique de notre position privilégiée d'enregistreurs et d'interprètes supposés de la vie d'autres individus. On met en doute non seulement la capacité d'en faire un exposé objectif mais aussi le droit que les ethnologues s'octroient de décrire, d'interpréter et parfois même, de parler pour les autres. Il va sans dire que les débats récents à ce sujet ne nous ont pas laissés indifférents (cf. Carrithers 1988 ; Clifford 1983, 1988 ; Clifford et Marcus 1980 ; Crapanzano 1977 ; Dwyer 1977 ; Geertz 1988 ; Laurie 1989 ; Marcus 1980 ; Marcus et Fischer 1986 ; Polier et Roseberry 1989 ; Rabinow 1977, 1986 ; Said 1982 ; Tedlock 1979).

Tout en tenant compte de ces arguments, nous continuons à croire que la description et l'interprétation ethnologiques sont possibles et nécessaires. Notre livre peint donc la communauté du Larzac mais, bien sûr, de notre point de vue. Il décrit comment elle s'est produite, ce qu'elle représente et pourquoi ses membres, en dépit de leurs divergences, ont pu rester relativement unis après la victoire. Le propos de ce livre n'est pas de présenter les deux camps de la lutte du Larzac. Nous ne prétendons parler ni pour le peuple du Larzac ni pour ou contre leurs adversaires. Notre but est plutôt de fournir une analyse à propos des opposants à l'extension du camp militaire, ceux que nous avons appelés « la communauté du Larzac » (une définition plus précise de cette communauté se trouve plus loin). C'est ainsi que nous examinerons la bataille qu'ils ont gagnée contre le pouvoir de l'État et la transformation qui en a résulté.

Le travail à long terme sur le terrain est de nature spéciale. Au début, « objectif », extérieur à la communauté, il se métamorphose lentement en une expérience « subjective », vécue et ressentie presque, mais jamais tout à fait, de la même manière qu'un membre de la communauté. Ce qui suit est donc un récit personnel. Certes, ce n'est pas une ethnographie *réflexive* dans laquelle les joies et les peines du travail sur le terrain sont mises en relief avec, en arrière-plan, la culture de « l'autre ». Néanmoins, il reste personnel car, à travers les années, nous en sommes venus à nous identifier de diverses façons à la communauté du Larzac, entretenant des rapports d'amitié, toujours croissants, avec bon nombre de ses habitants. Depuis le début de notre travail, en 1984, nous avons partagé les moments de joie ainsi que la période de profonde tristesse produite par la mort prématurée d'un personnage du Larzac qui était devenu un ami très cher. Nous étions troublés par les conflits importants qui ont surgi sur le plateau et qui semblaient signaler la destruction d'un ordre social fragile, et nous nous sommes réjouis quand ces conflits furent finalement résolus.

Nous ne voulons pas cacher nos préférences au lecteur. Bien que nous n'approuvions pas toutes les actions entreprises sur le Larzac (le consensus est possible mais l'unanimité entre les habitants du plateau est rare aussi), nous nous sentions en accord avec beaucoup de leurs objectifs et de leurs méthodes. Ainsi, nous étions, comme eux, opposés à l'extension du camp. De toute façon, nous estimions les arguments contre le projet plus convaincants que ceux proposés par les gens qui le soutenaient. Il y avait, par exemple, les indices (présentés plus loin) d'une spéculation foncière qui aurait joué un rôle — du moins en ce qui concernait certaines personnes en faveur de l'extension et qui se trouvaient proches du siège du pouvoir. De plus, les experts militaires n'étaient pas du tout unanimes dans leur soutien au projet. Quant aux gens de la localité qui soutenaient le camp, nous comprenions bien pourquoi les commerçants et les membres du conseil municipal de La Cavalerie — la commune où se trouvait le camp — étaient en faveur de l'extension. Mais nous ne pouvions pas approuver leur attitude généralement agressive vis-à-vis de leurs voisins qui couraient le risque de perdre leurs fermes. Les commerces de La Cavalerie auraient certainement tiré des bénéfices de l'extension. Par contre, son annulation n'entraînait pas la faillite des affaires du village.

En outre, même si cela reflétait nos propres préjugés, la réaction des sympathisants du camp nous a affectés d'une manière tout à fait négative. Leurs récriminations s'exprimaient souvent dans des termes vulgaires et abusifs. Les mœurs des jeunes venus de l'extérieur leur donnaient d'ailleurs l'occasion d'attaquer avec véhémence. Par exemple, un « appel à la population », distribué au début du conflit, exhortait les gens à se grouper « pour chasser les hippies qui déshonorent nos tombes et nos églises. Non à l'amour libre dans les cimetières et les églises ». Nous admettons aussi notre répugnance a priori pour toute action fortement soutenu — comme l'était l'extension — par le Front national. De toute manière, il n'était pas facile de s'informer sur la position en faveur de l'extension. Sauf dans des articles de presse et les tracts du gouvernement, il existait bien peu de textes édités qui exprimaient ce point de vue. Nous avons pu pourtant interviewer celui qui est actuellement le maire de La Cavalerie (pendant la lutte, membre du conseil municipal qui soutenait l'extension) dont la position modérée d'aujourd'hui a permis un rapprochement avec la communauté anti-extension. Les commerçants qui ont favorisé le projet restent néanmoins amers et refusent de parler aux gens de l'extérieur.

A notre avis, si l'on veut faire du bon travail, il faut ressentir de l'empathie envers les personnes qu'on a l'intention d'étudier. La concentration exclusive sur la communauté de protestation qui se trouve dans ce livre résulte donc d'un choix personnel et pragmatique. Mais il faut dire clairement aussi que, même si ce qui suit représente une vision du Larzac de *l'intérieur*, elle est loin d'être *exclusivement* de l'intérieur. Notre intégration à la communauté ne fut jamais totale. Au mieux, nous avons atteint le statut de confidents.

Accueillis, à cause de notre présence continue et des liens que nous avions tissés, à l'intérieur de l'univers du Larzac, nous y restions tout de même étrangers. Notre qualité d'observateurs étrangers (mis en relief pendant toute la période, par nos constantes allées et venues au plateau) nous était utile, mais entraînait aussi certains risques. Nous avions accès à une information importante précisément parce que nous étions considérés, du moins en partie, comme des personnes qui apporteraient le message du Larzac aux lecteurs américains. Pourtant, cela nous exposait au risque de servir de caisse de résonance pour la communauté qui ne nous dirait que ce qu'elle voudrait qu'on entende. Le danger a été, dans une large mesure, évité par notre observation assidue. Nous avons participé à la vie sociale et avons assisté à chaque réunion — ou peu s'en faut — d'à peu près toutes les associations sur le Larzac pendant une période de vingt-six mois. Si notre présence avait inhibé la discussion normale, et parfois houleuse, des problèmes, le plateau aurait été paralysé pendant plus de deux années, incapables de poursuivre ses objectifs sociaux et politiques. Il est évident que le Larzac n'a pas été handicapé de cette façon. Au contraire, nos informateurs commençaient assez rapidement à s'attendre à nous voir aux différentes rencontres et, d'après ce qu'on pouvait en juger, n'étaient pas affectés par notre présence comme observateurs. D'ailleurs, il ne faut pas oublier les avantages d'être précisément de l'extérieur. Parfois cela nous a donné accès à des renseignements d'une nature assez délicate. On nous a demandé, par exemple, de participer en tant que membres non votants, à une commission qui était chargée de s'occuper d'un désaccord important. Ce dernier menaçait le tissu de la vie sociale du plateau et avait provoqué la dissolution d'une association clé. L'information recueillie par cette commission à l'aide des interviews et des documents nous a procuré des données que nous n'aurions pas pu obtenir autrement. Les gens du Larzac nous ont donc fait confiance justement parce que nous venions de l'extérieur, parce que nous n'étions pas acteurs dans les drames du plateau. En même temps, ils pouvaient parler et se comporter en notre présence comme si nous étions de « l'intérieur », un des « leurs ».

Ces relations contrastent avec d'autres que j'ai entretenues en faisant des recherches auprès d'un groupe de théâtre à New York qui avait décidé de monter une pièce de Genet. J'ai assisté à toutes les répétitions, j'ai été présent du début de la sélection des acteurs jusqu'à l'ouverture. Après quelques mois de recherches, les acteurs m'ont attaqué, m'accusant d'avoir « volé » leur travail qui, m'ont-ils dit, serait la matière de mon livre. J'ai dû leur expliquer qu'ils avaient leur travail et que j'avais le mien. Le livre qui en serait le résultat ne contiendrait pas le matériel brut des répétitions mais plutôt mon analyse du processus impliqué dans la création d'une pièce. On n'avait pas ce même différend avec les gens du Larzac. Il n'y avait pas de doute que, une fois les premiers contacts noués, ils acceptaient notre présence sans problème et attendaient, même avec un peu d'impatience, de pouvoir lire notre analyse à laquelle ils auraient servi de « matériel brut ».

Bien qu'elle ne soit pas complètement absente, le lecteur trouvera peu de théorie dans ce livre. Son but est *ethnographique*, c'est-à-dire, de présenter une description analytique de la vie d'un peuple déterminé. J'admets volontiers que je me méfie de ce que l'on qualifie de « théories » en ethnologie. Depuis mes études de doctorat, il y a plus de trente ans, j'ai vu l'apparition d'une quantité de constructions théoriques qui promettaient d'explorer les secrets du comportement humain pour, plus tard, s'avérer fausses ou, dans le meilleur des cas, exagérées. Freud et Marx, parmi les quelques grands théoriciens des sciences sociales, ont laissé leur empreinte sur la discipline. Les ethnologues freudiens et marxistes, toutefois, composent un groupe sectaire. Souvent, ils se querellent entre eux autant qu'avec d'autres du métier dont ils ont des approches théoriques différentes. Quant au post-modernisme — à la mode à l'heure actuelle — il a pris le plus souvent, une position interprétative et (si l'on peut faire des généralisations à son sujet) traite les données et les textes ethnologiques comme s'il s'agissait de littérature. Les post-modernes sont donc relativistes et anti-scientifiques. Les généralisations sur les processus culturels et historiques ne leur conviennent pas. Le meilleur de cette approche mérite certes une place dans la discipline, en apportant une correction importante à l'arrogance déployée par tant d'ethnologues « scientifiques », mais il faut reconnaître le post-modernisme pour ce qu'il est : une méta-ethnologie plutôt qu'une ethnologie tout court. A mon avis, les recherches sur le terrain doivent continuer à être le support d'un bon travail ethnologique. Ce qui reste après la disparition du débris des théories est le centre des descriptions ethnographiques qui serviront aux futures générations de chercheurs, quelle que soit leur orientation théorique.

Le discours ethnographique, depuis son véritable début dans les années 1920, offre une base solide pour comprendre le fonctionnement d'une culture ou d'une société particulière. C'est cette base, plutôt que des fragments de théorie, qui a servi de guide à notre collecte et à notre analyse des données. Si dans le temps, l'ethnographie a eu un penchant anti-historique, depuis deux ou trois décades les ethnologues apprennent à observer la culture (les systèmes qui guident les croyances et les pratiques) et la société (les relations entre des groupes sociaux significatifs) par rapport aux conditions matérielles et historiques spécifiques, internes et externes, en prenant en considération leur influence sur la vie des individus qui y sont enracinés. Dans ce texte, nous avons organisé les données selon ces principes en les appliquant au cas particulier du Larzac. Un nombre restreint de savants contemporains ont aussi guidé l'interprétation. Parmi ceux-là se trouvent des philosophes concernés par le rôle de l'individu dans la « fabrication » de l'histoire (Popper 1957, Danto 1985, et

Aron 1987) et des spécialistes des sciences sociales (Hobsbaum et Ranger 1983 ; Cohen 1980) qui s'occupent des processus par lesquels les groupes sociaux établissent leur identité en face du pouvoir de l'État. Les études des moyens avec lesquels les gens construisent une mythologie qui s'accorde avec leurs intérêts (Sahlins 1981) ont été, en plus, très utiles.

L'étude historique et ethnologique que le lecteur trouvera dans les chapitres qui suivent couvre vingt et un ans : les dix ans de la lutte et les années de changements et de consolidations produits jusqu'au moment de sa rédaction en 1990-1992. L'analyse prendra en compte les raisons du succès spectaculaire de la lutte du Larzac comme de ses échecs, de ses fractures et de ses contradictions. Pendant les années de lutte, il était nécessaire d'enterrer les divergences idéologiques et stratégiques. L'existence d'un ennemi commun rendait cette tâche relativement facile. Pourtant, après la victoire, des oppositions sont apparues au grand jour, provoquant des dissensions considérables, difficiles à gérer. Nous fûmes témoins de plusieurs conflits qui ont éclaté après 1981 et qui ont envenimé l'ambiance du plateau pendant une période importante. L'âpreté des controverses menaçait les buts économiques, sociaux et politiques qui avaient émergé de la lutte. Ces objectifs étaient devenus si nécessaires à cette nouvelle communauté du Larzac qu'un énorme effort a été fait pour maîtriser les affrontements. Un aspect important de l'analyse ethnographique à suivre consistera en la description et l'analyse de ces conflits : les éléments structuraux et personnels qui les ont produits en premier et puis les moyens employés pour les résoudre.

L'exemple du Larzac attire notre attention sur des sujets d'une importance fondamentale pour l'ethnologie. Dans ce livre, nous étudions le cas d'une population agricole d'une petite région qui a prévalu contre le pouvoir hautement centralisé de l'État. La lutte du Larzac a été un processus au cours duquel les habitants locaux et leurs alliés se sont servis de symboles, d'actions et de mythes pour construire un mouvement et après 1981, pour consolider leur victoire. Depuis quelques années, la résistance indigène contre un pouvoir coercitif constitue un sujet important pour l'ethnologie (voir Bloch 1985 ; Comaroff 1985). Dans la plupart des études, il s'agit de peuples indigènes « non occidentaux » qui ont résisté à un colonialisme « occidental ». Le Larzac s'en distingue puisqu'il fournit l'exemple d'une résistance à l'intérieur d'un État contre le pouvoir central, résistance qui a eu lieu dans une nation démocratique de l'Europe occidentale.

A égalité d'importance, la lutte du Larzac nous offre un exemple de consolidation de la culture et de la collectivité et, par conséquent, contribue au travail de Hobsbawm et Ranger (*The invention of tradition*). Ces auteurs notent qu'un des moyens auxquels ont recours les groupes sociaux pour établir et justifier leur identité particulière réside en la création des traditions qu'ils prétendent anciennes mais qui sont, en réalité, de date récente ou, même, créées de toutes pièces. Hobsbawm et Ranger leur donnent le nom de « traditions inventées ».

> La « tradition inventée » s'applique à des pratiques normalement gouvernées par des règles acceptées d'une manière ouverte ou tacite et qui sont d'une nature rituelle ou symbolique. Elles cherchent à inculquer certaines valeurs et normes de comportement par répétition, laquelle implique automatiquement une continuité avec le passé. En réalité, là où cela est possible, elles essaient d'établir une continuité avec un passé historique qui convient (Hobsbawm et Ranger 1983 : 1. Traduit de l'anglais par S. Alland).

Hobsbawm continue à expliquer que de telles traditions inventées constituent des réponses à des « situations nouvelles qui prennent la forme de situations anciennes... » (p. 2). Dès le début de la lutte, la communauté du Larzac a essayé d'asseoir sa légitimité en revendiquant le statut ancien de paysan avec tout ce que cela impliquait dans la culture française (voir chapitres un et sept). La construction d'une telle identité fonctionnait, à l'intérieur du plateau, en stimulant la cohésion d'éléments sociaux disparates et, à l'extérieur, en justifiant le droit qu'avait la population de garder ses fermes en dépit du prétendu intérêt de la Nation. De cette façon, le peuple du Larzac a consciencieusement renversé le processus typique de la France rurale, commencé le dernier quart du dix-neuvième siècle et complété en 1914 (cf. Weber 1976), où l'on transformait les paysans en Français. Eux, ils ont transformé les Français en paysans.

Mais si le statut de paysan assumé par les agriculteurs du Larzac était un élément principal de « la tradition inventée », le Larzac a développé aussi ce que le critique d'art, Harold Rosenberg, a appelé « la tradition du nouveau ». Il en parle dans les termes suivants :

> Celui qui entreprend de créer se trouve engagé dans la création de lui-même.
>
> La transformation de soi et la transformation des autres ont constitué l'intérêt révolutionnaire de notre siècle, que ce soit en peinture, en psychiatrie ou dans *l'action politique*. Des personnes plus ou moins ordinaires ont été tentées d'assumer le risque ou bien de continuer à être ce qu'elles ont toujours été ou de changer pour s'adapter à un rôle plus attirant ; *d'autres ont eu une substitution de soi imposée* (1981 : 10. Les italiques sont de moi. Traduit de l'américain par S. Alland).

La récréation de la paysannerie sur le Larzac comprenait la « redécouverte » non seulement d'une vieille identification avec la terre mais aussi d'une nouvelle identification avec les paysans du tiers-monde. L'agriculture traditionnelle à petite échelle était revalorisée. En même temps, on apprenait à apprécier les idées qui émergeaient du mouvement écologique, orienté vers une politique de gauche. En outre, le nouveau « paysan » du Larzac, contrairement aux paysans du passé, ressentait une affinité avec les luttes des militants (non-communistes) de la classe ouvrière. Et enfin, ce paysan du plateau a découvert la non-violence, en l'introduisant au centre de son idéologie.

Le nouveau penchant du Larzac pour l'innovation s'est manifesté aussi dans le développement — pendant et après la lutte — d'un grand nombre d'associations qui, en entreprenant des tâches et en stimulant des activités, ont établi une autre vie sur le plateau. A la fin de la lutte, en 1981, le Larzac a tourné son attention vers la création d'une procédure pour installer de jeunes agriculteurs sur des fermes à loyer modeste. De cette façon a été renversée la tendance à la dépopulation qui avait commencé après la première guerre mondiale. Ce succès a exigé un accommodement avec le nouveau gouvernement. De plus, il a fallu l'apport d'une association foncière corporative, elle-même employée d'une manière créative (cf. la discussion de ces Groupements fonciers agricoles plus loin). Le résultat a placé le Larzac au premier rang de l'expérimentation sur le foncier à un moment délicat dans l'évolution d'un programme global d'agriculture pour la Communauté européenne.

En réalité, le Larzac n'est pas et n'a jamais été un mouvement paysan. En dépit d'un certain degré de régionalisme manifesté par les occitanistes, le Larzac n'offre pas l'exemple d'une population « traditionnelle » avec une identité distinctive, forgée de longue date, qui résiste au pouvoir central. Les habitants du Larzac et leurs alliés n'avaient pas de liens intrinsèques qui les unissaient — seulement le projet d'empêcher les militaires de saisir la terre afin de la garder entre les mains des éleveurs locaux. Le mouvement était constitué de soi-disant « traditionalistes » et de gens de l'extérieur. Des personnes profondément attachées à la terre y participaient à côté de gauchistes, d'intellectuels, et de « babas cools ». C'était un pot-pourri d'idées folkloriques, d'idéologies, et de cultures, le tout cimenté par le désir de maintenir la terre pour l'agriculture et la nécessité de mobiliser un mouvement politique populaire pour atteindre ce but. Malgré d'énormes différences d'éducation socio-économique, culturelle, et politique, ces personnes se sont unies parce qu'elles avaient les mêmes soucis. Tout en préservant leurs différences, elles ont trouvé leur point de jonction dans une participation aux mêmes événements et actions. Chacun a influencé l'autre — l'agriculteur traditionnel, l'idéologue de gauche, le baba cool — et chacun, en retour, a été marqué par les événements partagés et une compréhension mutuelle qui, petit à petit, s'est enrichie. Notre examen de la lutte du Larzac est l'examen d'un processus : la construction d'une culture, d'une idéologie et d'une communauté.

Ce livre explore les expériences, les interprétations, les innovations et la création de mythes qui ont résulté de la lutte et qui continuent à unir la collectivité récemment formée. Les chapitres un à cinq inclus traitent, en grande partie, de l'histoire et se fondent sur des interviews, du matériel édité et les archives du Larzac. Les chapitres six a dix inclus, tout en se servant du même genre de matériel précédent, donnent plus de poids à nos recherches sur le terrain qui ont commencé l'été de 1984 et ont continué pendant deux années sabbatiques, de 1987 à 1989. Nous avons poursuivi nos recherches pendant les vacances d'hiver en 1990 et 1991 comme pendant l'été de ces deux années et avons profité d'une autre année sabbatique, en 1991-1992, ainsi que du congé d'hiver de 1992-1993 pour continuer à nous informer.

Le premier chapitre décrit le contexte géographique, écologique et historique du Larzac et la région dans laquelle il s'insère. Il traite aussi de la croissance et du développement du mouvement au moment où il démarrait.

Les chapitres deux, trois et quatre suivent l'évolution de la lutte jusqu'à sa victoire en 1981. Ils développent le processus de création des stratégies locales et nationales pour contre-attaquer la pression exercée par le gouvernement dans le cadre de l'expropriation. Ils décrivent également le nombre grandissant d'associations créées localement. Chacune a eu un rôle à jouer dans la lutte. Elles ont constitué un élément important du mouvement du Larzac et ont contribué à sa réussite. Certaines d'entre elles ont disparu après la victoire en 1981, d'autres continuent à participer à la vie actuelle du plateau. Encore d'autres organisations ont été créées depuis 1981 pour poursuivre divers buts et activités. Le grand nombre d'associations sur le Larzac fournit une structure souple permettant aux habitants de choisir les activités les plus intéressantes ainsi que les interlocuteurs avec qui ils ont envie de travailler.

Le chapitre cinq met en avant la période qui suit immédiatement la victoire. On y trouve la formulation de projets pour l'avenir du plateau et l'évolution des structures et des associations nécessaire pour rendre ces projets opérationnels. Il introduit aussi une note critique avec la voix d'un militant important qui pensait, même à ce premier stade de la période d'après-lutte, que les idéaux développés pendant la lutte avaient été vite écartés par les agriculteurs conservateurs (qui, à son avis, avaient pris le contrôle, dès le printemps de 1991, de l'association principale).

Le chapitre six contient une analyse de cette critique par rapport à mes constatations des réalités économiques après l'installation légale des agriculteurs. Ce même chapitre confronte aussi les projets utopiques formulés en 1981 et la vie réelle qui se manifestait sur le plateau dans l'après-lutte immédiate.

Le chapitre sept analyse les moyens que les militants du Larzac ont utilisé pour créer un système symbolique fonctionnel qui leur a permis de porter leur lutte à l'attention du public et qui a servi de contrepoids à la machine de propagande du gouvernement national. Dans ce contexte, je démontre comment ce système symbolique en évolution a changé graduellement d'une forme de sélectivité historique à un mythe d'origine, en forme écrite, qui allait servir de charte pour des actions dans l'avenir. Un fil d'Ariane traverse ce passage : l'idée qu'une grande partie du pouvoir inhérent aux symboles viendrait de leur multivocalité, de leurs nombreuses connotations et des sentiments qui y sont associés (Turner 1975). Ici, j'examine les moyens par lesquels l'action politique conduisait à la transformation du contexte culturel. Ce chapitre sept et jusqu'à un certain point, les chapitres suivants, pour reprendre les termes d'Abner Cohen :

> ...explorent les processus dramatiques qui sont sous-jacents aux rites, aux cérémonies et à d'autres types d'activités symboliques répandues dans la vie sociale. Avec cette approche, l'étude des raisons d'un changement socioculturel devient l'analyse de la création ou transformation de formes dramatiques, de leur production, direction, validation, techniques employées ; et la transformation qu'elles apportent aux relations entre les hommes et les femmes qu'elles engagent (Cohen 1980 : 65. Traduit de l'anglais par S. Alland).

Un des éléments principaux du chapitre sept consiste en une analyse du processus avec lequel les leaders de la lutte du Larzac ont orchestré les faits historiques et ont fini par les transformer en un mythe-charte qui devait servir de guide à la communauté (et qui l'a effectivement guidée) après la victoire en 1981. Comme Arthur Danto (1985) l'a montré, l'histoire, au bout du compte, est une réalité qui ne prend corps qu'après l'accomplissement des faits. C'est-à-dire, en me servant de l'exemple proposé par A. Danto, la phrase, « la guerre de cent ans commença en 1337 », est un constat qui n'aurait pu être fait qu'à la fin de cette guerre. Personne, pas même ceux qui en étaient les instigateurs, n'aurait pu savoir à son commencement le temps qu'elle durerait. Il en serait de même pour toute analyse historique car de manière générale, on interprète le fait a posteriori en trouvant la « cause » dans les événements antérieurs. L'histoire par conséquent — du moins les chroniques de l'histoire — appartient aux historiens plutôt qu'aux gens qui ont traversé les événements. En d'autres termes, on peut penser qu'à un certain moment dans le temps, on est en train de créer l'histoire — une pensée qui peut, c'est selon, être vraie — mais on ne peut pas savoir *quelle* histoire on est effectivement en train de créer.

Le mythe, quand on le compare au flot des événements historiques et aux interprétations qui en découlent, prend une position génératrice et une relation avec le temps tout autre. Le mythe présuppose que le passé — c'est-à-dire le passé mythique — servira à créer l'avenir. Il construit sa version de la réalité en choisissant les éléments qui s'y prêtent le mieux. Un mythe-charte est donc une justification de l'action qu'on devrait suivre sur le chemin du futur. Quand à la fin de la lutte, les militants du Larzac ont appréhendé la période cruciale de dix ans et transformé le pot-pourri d'événements en une forme plus cohérente et réfléchie, ils ont converti la lutte de dix ans en un mythe. En créant le mythe, ils essayaient d'un manière consciente ou non, de prendre l'histoire en main et garantir l'avenir de leur mouvement.

Les chapitres huit et neuf traitent des contradictions et du conflit sur le plateau. Le premier de ces deux chapitres tire en grande partie sa matière d'interviews avec des militants anciens et d'aujourd'hui. On y examine les divisions culturelles et politiques qui étaient évidentes sur le Larzac, et qui le sont toujours. Il démontre comment les germes de dissension ont été semés par les différences structurales entre les habitants du plateau et par la nécessité pendant la lutte de prendre des décisions rapides, souvent d'une façon plus ou moins secrète et non démocratique.

Le chapitre neuf aborde les deux conflits principaux (résolus après beaucoup d'efforts) qui ont éclaté pendant la période de l'après-lutte.Ils avaient pourtant des racines profondément enfouies dans les divergences qui ont existé dès le début entre les membres de la communauté. Chaque conflit s'est joué dans un contexte de structures institutionnelles différentes et avec un léger écart dans la distribution des personnages. La comparaison des deux situations me permettra de faire comprendre la façon qu'ont les diverses formes d'organisation de susciter ou d'empêcher la résolution de conflits sur le Larzac. Dans ce même chapitre, j'essaie aussi de démontrer combien les différences d'idéologie et de statut social ont joué un rôle dans la création comme dans la solution des conflits. C'est dans les chapitres huit et neuf que je distingue entre ce que j'appelle les « affectifs » et les « politiques » de la communauté actuelle du Larzac. Je nomme « affectifs » les individus pour qui, dans le contexte du conflit, les relations personnelles importent le plus. Les « politiques », par contre, considèrent que les objectifs qu'ils visent sont au-dessus de leurs sentiments personnels. Bien que ces deux termes ne décrivent pas d'une façon absolue les disparités entre les individus du Larzac, je crois qu'ils peuvent aider le lecteur à comprendre le développement des dynamiques de conflit et de résolution dans la période de l'après-lutte. Je crois aussi qu'on pourra étendre cette distinction à partir de cette matière à d'autres mouvements populaires de protestation.

Le chapitre final sert de conclusion au livre. Il résume la situation culturelle et sociale de la communauté actuelle du plateau. Plus de vingt années « larzaciennes » fournissent les éléments avec lesquels on peut éclaircir le débat qui persiste entre historiens et philosophes concernant ce qu'on appelle « l'historicisme » (Popper 1957). Certains historiens, notamment la majorité des marxistes, prétendent que l'histoire est contrôlée en grande partie, sinon entièrement, par les forces sociales, en particulier par la lutte des classes. En revanche, les partisans des idées de Popper avancent que, si on regardait de près l'histoire, on verrait qu'elle se fait exclusivement par des individus dont les nombreux actes, souvent accomplis d'une façon anonyme, sont la seule source du changement. Dans ce chapitre, j'essaie de répondre aux questions suivantes : quelle est l'importance de certains individus dans le processus social ? Comment — à supposer que ce soit le cas — le processus social peut-il limiter et diriger le changement ? Ici, je prends une position intermédiaire entre Popper et les marxistes, proche de celle de

Raymond Aron (1989), qui a souligné que ce sont les individus qui font l'histoire, mais seulement dans un contexte institutionnel. Une telle conclusion, me semble-t-il, est logique et en aucune manière surprenante. Elle doit néanmoins se fonder sur des données empiriques. Cette étude nous fournit des données qui démontrent que la lutte du Larzac a été bel et bien façonnée par des individus spécifiques dont les actions, bien que novatrices, ont été à leur tour influencées par la place de l'individu dans l'histoire comme dans la culture. Aucun moyen employé par les militants du Larzac n'a été complètement novateur. En fait, la plupart ont été empruntés à des mouvements populaires du passé (Tilly 1986), en France et ailleurs. Mais ils ont été utilisés de façon extrêmement habile et à des moments judicieux. Comme guides, il y a eu une série de fortes personnalités, chacune jouant un rôle principal et, en même temps, spécifique dans la lutte.

L'histoire de la lutte du Larzac est celle du voile de la conscience factice arrachée à l'idéologie d'un groupe de petits éleveurs. Jusqu'à la déclaration de l'extension du camp, ils croyaient avec sincérité à la loi et à l'ordre et suivaient les autorités religieuses et laïques de leur région conservatrice. Il est clair que la motivation initiale de l'opposition avait pour dessein de sauvegarder la terre de l'expropriation. Toutefois avec l'acceptation de la non-violence inspirée par un leader charismatique (qui lui-même remettait en question l'autorité légale et politique), une nouvelle idéologie de non-violence a pris racine. Elle a acquis sa propre force charismatique en agissant sur les agriculteurs du Larzac et sur ceux qui les soutenaient.

Un dernier mot avant de porter notre attention aux méthodes de recherche. Le terme « paysan » apparaît fréquemment dans ce livre. Pourtant il n'y a plus de paysans en France depuis au moins la fin du XIXe siècle (voir le premier chapitre). J'ai déjà noté que le concept de « paysannerie » présenté dans ce texte reflète la *tradition inventée* de la communauté du Larzac. Par conséquent, il ne faudrait pas considérer le livre comme une étude sur des paysans. Il ne s'agit pas non plus, à proprement parler, d'agriculteurs. Ils sont au centre de l'étude tout simplement parce que les acteurs locaux dans le développement d'un mouvement social qui a réussi et qui a pris une dimension nationale étaient justement des agriculteurs. Le texte offre plutôt une analyse de ce mouvement dont la nature exemplaire recèle une importance potentielle pour les régions agricoles marginales en France, et surtout à l'époque de la Communauté européenne qui se construit, pour celles d'autres pays aussi.

Dans la plupart des études ethnologiques, il s'agit de collectivités déjà établies de longue date : les soi-disant sociétés « traditionnelles ». Des communautés modernes ont aussi servi de sujets d'étude. C'est en revanche une communauté *en formation* qui fait l'objet de notre propos : un rassemblement artificiel d'éléments disparates à un carrefour historique, un moment où des gens ont été obligés de négocier une identité en commun afin de survivre. Devant le risque d'être expropriés, ils ont rapidement développé leurs propres façons de définir leurs valeurs, leurs manières d'agir, en somme, une base pour une continuité culturelle. Dans le processus, chaque personne impliquée devait se mesurer par rapport au champ social qui se créait à l'intérieur et à l'extérieur de la communauté. Les agriculteurs du Larzac déjà établis — les petits comme les gros — sont devenus aisément « paysans ». Les squatters, qui, pendant la lutte, avaient vécu dans des conditions précaires, ont dû attendre la victoire avant d'obtenir ce statut. Hormis une personne, les ouvriers agricoles et les bergers qui sont restés sur le Larzac ont été convertis en partenaires à part entière dans la gestion des fermes. Ils sont dès maintenant « paysans ». Les jeunes agriculteurs qui se sont installés sur le Larzac après la lutte sont toujours en train de se définir. Bien que quelques-uns seulement s'investissent dans la vie politique du plateau ils ont déjà gagné le respect de la communauté par leur volonté de s'engager dans un travail dur, ce qui reste un critère pour se faire accepter dans le monde restreint de l'Aveyron et même dans celui du plateau du Larzac.

Méthodes de recherche

Comme je l'ai déjà indiqué, cette étude est à la fois historique et ethnographique. Elle se fonde sur une recherche bibliographique et archiviste et inclut des recherches extensives sur le terrain. C'est le résultat d'un projet à long terme qui a commencé en 1984 et qui se poursuit jusqu'à aujourd'hui.

Nos premiers contacts avec la communauté ont été facilités par un heureux hasard. Un de mes livres, *La dimension humaine*, se trouvait sur les rayons de la bibliothèque du Cun, un centre pour la non-violence, situé sur le plateau. La présence de ce livre rassurait. Elle nous faisait connaître comme des personnes en qui on pouvait avoir confiance. C'était donc au Cun que nous avons commencé notre travail en interviewant Hervé Ott qui, plus tard, nous a servi d'intermédiaire avec les militants. Cet été de 1984, il nous a invités aux réunions du Bureau, le groupe qui représentait les différents secteurs du Larzac et qui, à l'époque, se réunissait toutes les deux semaines. Nous n'avons pas assisté aux réunions des autres associations durant cet été-là, mais nous avons pu faire quatorze interviews.

Nous avons continué les interviews pendant toute la période de nos recherches. Sonia a fixé les rendez-vous par téléphone avec les personnes que nous souhaitions interviewer. La plupart des gens — et ce, dès le début — ont bien voulu participer à notre projet. A la fin de l'étude, nous avions interviewé plus de 150 individus. Trois personnes seulement nous ont opposé un refus. Trois autres n'ont pas désiré que leurs interviews soient enregistrées. Dans ces cas, Sonia et moi avons immédiatement enregistré nos impressions. Sonia a posé la plupart des questions pendant les interviews qui ont duré en moyenne une heure. Nous avons suivi la pente de la discussion d'une façon informelle, ce qui excluait la préparation de la plupart des questions. Toutefois nous en posions obligatoirement certaines à chaque interview pour être sûrs d'avoir quelques informations de base ; par exemple, celles qui concernaient l'âge de la personne interviewée, ses origines, son milieu social, ainsi que son niveau d'instruction. En ce qui concernait les agriculteurs, nous demandions des précisions sur la dimension de leurs fermes et leur type d'installation. Nous avons également interrogé chaque personne sur ce qu'elle connaissait de la lutte, l'étendue de sa participation, sa situation actuelle sur le plateau, et ses opinions personnelles à propos des différends et/ou des projets qui pouvaient être d'actualité au moment de l'interview. Sauf pour celles qui demandaient une réponse concrète, les questions restaient souples et permettaient une réponse libre.

Les interviews n'ont pas été transcrites. J'ai simplement élaboré des notes suivant les cassettes et transcrit seulement les passages que je pensais citer plus tard dans le corps de notre texte. Quand j'étais en train de l'écrire, j'ai écouté à nouveau certaines cassettes. Les citations venant des interviews contenaient de temps à autres des fautes de grammaire peu importantes que nous avons corrigées lorsque le besoin s'en faisait sentir, et certaines phrases ont été remaniées pour faciliter le flot des idées. Le but était de ne modifier ni le contenu ni l'aspect affectif mais plutôt de les clarifier en accommodant l'idée aux exigences de l'expression écrite. Transcrire une idée exprimée par la parole, c'est déjà la changer. Dans une rédaction faite avec soin, on peut minimiser les distorsions causées par ce type de transcription. A moins qu'il ne s'agisse d'une analyse linguistique, ce qui rendrait absolument nécessaire la transcription de tous les mots, hésitations et fautes grammaticales des informateurs, la rédaction des expressions verbales est souvent plus fidèle au contenu qu'une transcription littérale. Cette sorte de composition sert à transmettre le point de vue et les sentiments vis-à-vis d'un sujet, pourvu que celui ou celle qui a fait l'interview la rédige soigneusement et *seulement* après s'être familiarisé avec les individus et la culture en question [2].

A la lumière de notre expérience, je ne pense pas que nous aurions pu procéder aussi rapidement avec notre travail si nous n'avions pas commencé l'étude avec ces interviews. Elles n'étaient pas utiles seulement pour les renseignements qu'elles nous fournissaient. Les interviews nous aidaient, en même temps, à faire la connaissance des habitants dispersés du plateau. Le tête-à-tête en privé offrait aussi aux gens l'occasion de satisfaire leur curiosité envers nous et nos intentions — un premier pas pour établir la confiance nécessaire pour notre travail.

Afin d'éviter à notre vieille voiture les kilomètres à parcourir et pour voir notre population dans le plus de situations possibles, nous avons organisé des séjours d'environ une semaine dans divers hameaux et fermes : Les Truels, Montredon, Les Baumes, et la Salvetat. Ces visites nous permettaient de fixer des interviews plus rapprochées. Nous pouvions aussi passer notre temps libre en nous arrêtant dans des fermes. Les discussions qui s'ensuivaient nous aidaient à aller plus loin dans la compréhension des attitudes qui prévalaient à l'époque. Naturellement les repas partagés (et parfois le travail) et les soirées de conversation ont contribué à former une relation avec les personnes qui nous recevaient.

Avec le temps, les gens commençaient à reconnaître notre vieille Renault 4 orange sur les petites routes qui traversaient le plateau. Bientôt nous échangions des coups de klaxon et des gestes de salutation avec les habitants quand nous les croisions en route à nos divers rendez-vous. Notre présence fréquente semblait renforcer la confiance que nos informateurs avaient dans le sérieux de notre projet. A la fin des recherches, notre voiture avait fait 40 000 kilomètres.

Les gens du Larzac avaient l'habitude d'être interviewés et, en général, n'hésitaient pas à parler de leurs expériences. Ils le faisaient avec le naturel et l'enthousiasme qu'on pouvait attendre de leur culture où la parole est privilégiée. Ils s'intéressaient aussi à ce que leurs points de vue soient communiqués à l'extérieur, au niveau national et international. Après avoir eu le temps de connaître un peu mieux les habitants du Larzac, nous trouvions amusant le constat fait par tant d'orateurs du Larzac au début de leurs discours. Ils commençaient essentiellement sur une variation du cliché : « Je n'ai pas l'habitude de prendre la parole en public, mais... » Même ceux qui apparemment étaient gênés de parler devant un public ou même dans les réunions des associations semblaient être à l'aise pendant nos interviews en privé. En effet, la plupart de nos informateurs donnaient l'impression de prendre plaisir à parler de leurs expériences passées comme de celles de l'actualité. Beaucoup d'entre eux ne manquaient pas d'éloquence en décrivant la lutte, un point fort de leur vie qui a laissé de vifs souvenirs. Pour leur rendre l'hospitalité et afin de renforcer les relations personnelles qui commençaient à se créer, nous avons invité un certain nombre d'informateurs à manger à la maison où, autour de la table, nous pouvions discuter des événements du Larzac sans la formalité d'une interview. Avant la fin de la période de recherches, nous pouvions compter un certain nombre de résidents du plateau parmi nos amis.

L'été de l'année 1985, nous nous sommes présentés au conseil d'administration d'une des associations principales du Larzac, l'Association pour l'aménagement du Larzac (APAL), et nous y avons reçu la permission d'assister à ses réunions mensuelles. Mais ce n'était qu'au moment de commencer nos recherches sans interruption, en juin 1987, que nous avons demandé — et reçu — la permission d'assister aux conseils d'administration de toutes les associations du Larzac. A partir de ce moment-là, nous étions présents quasiment à toutes les réunions, sauf pendant le mois de février 1989 quand nous avons fait un voyage en Espagne. Sonia et moi prenions beaucoup de notes à chaque réunion, elle en français et moi en anglais. En rédigeant le manuscrit, nous pouvions consulter les deux versions pour plus de précision et pour contrôler les différences d'interprétation qui, parfois, se produisaient. Comme nous participions aux réunions d'une manière assidue, les gens au bout d'une certaine période ne semblaient plus prêter attention à nous, ou s'ils s'en apercevaient, c'était à peine comme si nous faisions partie du décor. Assez rapidement, ils se sentaient suffisamment à l'aise pour étaler leurs divergences devant nous, quelquefois avec passion. Pendant toute la période de nos recherches, nous avons été exclus d'une seule réunion (du conseil de l'APAL, pour une discussion sur leurs finances) et cela, tout au début de notre long séjour dans la région qui avait commencé en 1987. La plupart de nos informateurs ont été tellement gênés par notre exclusion à cette occasion qu'ils se sont empressés, ensuite, de nous décrire ce qui s'y était passé. Il est intéressant de constater le souci d'exactitude déployé dans ces différents rapports. Ils étaient non seulement détaillés mais en accord l'un avec l'autre.

Au fur et à mesure qu'on nous connaissait, on sollicitait de plus en plus fréquemment notre opinion et, quand il ne s'agissait pas de situations conflictuelles, nous la donnions. Notre présence était d'une telle régularité qu'elle provoquait une plaisanterie au sujet de l'horaire des réunions spéciales des associations. Quand il fallait en fixer la date, il était souvent nécessaire de nous consulter pour trouver le meilleur moment — celui qui ne serait pas en conflit avec un autre événement sur le plateau. On commençait à s'apercevoir, avec un mélange de sérieux et d'humour, que nous étions les mieux placés pour avoir le calendrier du Larzac le plus complet ! Assister aux réunions d'association a été un élément crucial pour cette étude, car il a fourni des renseignements directs sur le fonctionnement, dans des situations diverses, de la forme de structure sociale principale du Larzac.

Outre le fait d'assister aux réunions et de faire des interviews, nous essayions de nous rendre utiles à la communauté. En 1985, nous avons commencé à passer plusieurs journées de l'été à tenir bénévolement l'écomusée en vendant les tickets pour l'exposition, des livres et des affiches ainsi que des objets artisanaux fabriqués sur le plateau. Après un certain temps, nous nous étions suffisamment familiarisés avec le plateau et son histoire pour être capables de répondre aux questions et donner des conseils aux touristes quant aux sites intéressants et aux endroits où ils pouvaient trouver un logement pendant leur visite sur le plateau. Nous avons aussi adhéré au SCI-CUN (Société civile immobilière du CUN), une association qui soutient les projets de construction au Cun. Plus tard nous sommes devenus adhérents d'autres associations du Larzac. Durant l'automne1987, nous avons acheté une part dans un Groupement foncier agricole (GFA) qui avait été créé pendant la lutte. Ceci nous permettait d'assister à une assemblée générale qui allait avoir lieu l'été suivant et qui promettait d'être houleuse. Plus tard, pour soutenir cette association, nous avons promis d'acheter d'autres parts.

Au printemps de 1988, nous avons fait notre première visite à la maison d'un ancien militant du Larzac, Robert Pirault, qui, à l'époque, s'occupait des archives du Larzac. Tout en consultant les documents, nous aidions notre hôte à avancer dans le travail monumental de classement des matériels que les militants lui envoyaient depuis des années. En tout, nous avons passé dix journées, réparties sur plusieurs visites, bien remplies. Entre les visites, Robert Pirault a bien voulu nous permettre d'emporter quelques dossiers chez nous afin que nous puissions les examiner plus longuement. En outre, pendant l'hiver 1988, j'ai été invité à Paris par un ancien militant qui, à l'époque, travaillait comme conseiller pour Michel Rocard, alors Premier ministre. J'avais sa permission de consulter des documents sur le Larzac. Le dossier comportait : la décision initiale d'étendre le camp ; les documents du gouvernement associés aux années de protestation ; ceux qui décrivaient les conditions dans la région à la fin de la lutte, et les recommandations ministérielles quant aux projets économiques et sociaux destinés à la région du Larzac pour la période de l'après-lutte. En plus de ces sources d'une grande valeur, j'ai pu consulter tous les numéros du journal du Larzac, *GLL* (*Gardarem Lo Larzac*), grâce au bureau du journal qui nous a généreusement fourni la série complète, jusqu'à l'époque de notre propre abonnement en 1984.

Les lecteurs qui connaissent la technique habituellement employée dans les écrits ethnologiques — celle où les personnes, tout comme les événements, sont placés dans un « présent ethnologique » statique — noteront que j'ai évité ce procédé dans ce livre. Je partage l'opinion de Fabian (1983) pour qui l'emploi d'une procédure essentiellement littéraire sert aux ethnologues — aussi bien qu'à leurs lecteurs — à se distancier des sujets de l'ethnologie, de ces « autres » qui, étant exclus par cette technique de leur contexte historique, sont automatiquement relégués au rang des habitants d'un monde lointain, inférieur et figé.

J'ai choisi d'étudier le flot historique de la lutte du Larzac ainsi que le tissu social qui en a découlé et d'analyser le rôle de ces événements dans un processus global de changement. La documentation et l'analyse dans ce livre sont par conséquent liées à des périodes spécifiques jusqu'à la fin de l'année 1992. Ce qui adviendra après cette date pourra servir de sujet à une autre étude d'un Larzac où, à n'en pas douter, la vie aura continué à évoluer. Puisque cette étude se fonde sur des recherches qui couvrent vingt et un ans d'une histoire qui change rapidement, il aurait été d'une absurdité patente de se servir du présent ethnographique.

Ce travail est le résultat d'un effort mené entre les ethnologues, Sonia et moi-même, de concert avec les gens du Larzac qui ont « subi » notre présence pendant tant d'années. Une version antérieure de ce texte (les chapitres d'introduction et de conclusion ont été modifiés), écrite en anglais, a été lue par cinq militants, actuels ou anciens, du Larzac qui connaissent l'anglais (José Bové, Chantal de Crisenoy, Suzie Emmick,

Catherine et François Boé). Je suis pourtant responsable du choix définitif de ce qui est inclus ou exclus, des voix qu'on entend ou qu'on entend pas, soutenu par une lecture attentive du texte de la part de Sonia. J'ai essayé d'être à la hauteur de cette responsabilité en fournissant au lecteur ce que je considère comme un échantillonnage représentatif des nombreuses voix qui composaient le Larzac avant et pendant la période de notre présence. Mon intention a été d'exposer les données du livre d'une manière multivocalique. J'assume aussi l'entière responsabilité des interprétations et de l'analyse qui s'y trouvent. Dans la division de travail dont est constituée l'ethnologie (est-il nécessaire de le préciser ?), c'est l'informateur qui renseigne l'ethnologue, mais c'est ce dernier qui, muni de sa formation professionnelle, présente et analyse le matériel.

Nous étions du côté du Larzac dès le début et au commencement, nous aurions voulu qu'il corresponde à l'image idéale que nous en avions. Il est intéressant de noter que plusieurs informateurs nous mettaient en garde contre une telle attitude. Ils affirmaient que le Larzac n'était pas le paradis et qu'une telle présentation, en fin de compte, ne lui rendrait pas service. Sonia et moi sommes toujours fortement attirés par l'idéalisme de la communauté du Larzac. Nous nous identifions avec conviction à beaucoup de ses objectifs passés et actuels. Pourtant, nous n'avons pas l'impression que notre subjectivité à cet égard nous ait aveuglés sur l'existence des inévitables conflits et contradictions. Ils font partie de la praxis vécue par la communauté du Larzac. Nous espérons qu'un engagement lucide nous a permis de reconnaître l'influence réciproque entre :

— d'un côté, les difficultés du quotidien, les conflits entre personnes, et les problèmes économiques.

— et de l'autre, l'idéalisme toujours présent.

Une société est en train de se forger. Elle évolue constamment. Bien que toujours passionnante, elle n'est pas pour autant parfaite.

NOTES

1. Le mot «communauté» a une signification particulière dans cet ouvrage. La population de la moitié nord du Larzac comptait au début de la lutte approximativement 1 700 individus, y compris ceux qui habitaient La Cavalerie, siège du camp militaire où la majorité soutenait l'extension. Les personnes originaires du plateau qui s'y opposaient comprenaient un peu plus de 500 individus (avec les enfants). Se joignaient à eux, d'abord, les militants de Millau, le centre urbain au nord du plateau. Pendant la lutte, des douzaines de squatters d'autres régions se sont installés sur des fermes que le gouvernement avait achetées ou avait l'intention d'acheter. Dans la période de l'après-lutte, beaucoup de ces personnes se sont établies en fermiers sur des exploitations qui avaient été expropriées mais qu'après le conflit, le gouvernement louait à une association du Larzac. En 1991, les habitants qui restaient concernés, bien qu'à des degrés différents, par le programme économique, politique et social se composaient d'à peu près 160 individus : agriculteurs natifs du Larzac ou qui y sont venus dans les années 1950 ou 1960, ex-squatters, et ceux qui s'y sont installés après la lutte. C'est à ces personnes que, dans ce livre, le terme de «communauté» s'applique.

2. Voir Malcolm 1990 pour une discussion intéressante de ce problème d'un point de vue journalistique.

LA CRÉATION DE LA COMMUNAUTÉ

Chapitre premier

La toile de fond

Ratissé par le vent, trempé l'automne et l'hiver par les pluies apportées à l'arrière-pays par le vent marin qui ramasse sa force au-dessus de la Méditerranée, brûlé l'été par le soleil et le vent du nord féroce, le Larzac est une région d'influences climatiques extrêmes. Parmi les cinq grands plateaux calcaires (ou Causses), il est situé le plus au sud dans le département de l'Aveyron s'étendant jusqu'à 70 kilomètres de la mer. Comme ses congénères, le Larzac se compose des restes sédimentaires d'innombrables animaux microscopiques déposés dans un océan qui submergeait autrefois la terre reliant les deux chaînes de montagnes les plus au sud du Massif central. Entre 560 et 950 mètres au-dessus du niveau de la mer, et 1 000 kilomètres carrés de surface, le Larzac amène l'hiver froid du Massif central à portée de vue du sud clément, du Midi. Les habitants originaires du Larzac se considèrent comme les occupants têtus d'une terre rude et mesquine sur laquelle le maigre sol et le climat imprévisible faisaient du pastoralisme la seule façon possible de survivre. Ils n'ignorent pas ce qui fait le contraste entre « leur » plateau et les vallées où les longues saisons stables de récolte favorisent la culture de vergers de pêches, d'abricots, d'amandes et d'olives ainsi que les vignes pourvoyeuses de raisins de table et de vin. On entend souvent les agriculteurs du Larzac se référer à cet autre monde qui en réalité se trouve seulement à quelques kilomètres de distance, comme si des centaines de kilomètres le séparaient du Larzac. Ils sont fiers de leur capacité de vivre et de travailler dans un milieu tellement ingrat. Comme l'a exprimé Pierre Burguière, un des protagonistes de ce livre, et qui se fait ici le porte-parole de beaucoup de ceux qui vivent sur le plateau : « Moi, la terre du Larzac, je l'aime comme un enfant handicapé qui vous en fait baver plus qu'un autre mais qu'on aime encore plus à cause de ça ». Auguste Guiraud, qui a des racines profondes dans le Larzac, a exprimé le même sentiment en d'autres termes : « Le paysan se marie avec la terre. Bien sûr, ici, la mariée est plutôt maigrichonne, la dot pas très épaisse, mais on est là pour l'engraisser. »

Le Larzac représente aussi une région de vastes espaces, un « far-west » en miniature (terme d'ailleurs qu'on emploie assez souvent pour décrire le paysage) qui, jusqu'à une période récente, était peu habité et sans clôtures. François Boé, un militant de l'extérieur pendant la lutte contre l'extension du camp militaire, se souvient de la première fois où, tout petit, il a vu le Larzac. « Ma grand-mère avait des vignes dans la plaine, près de Béziers. Chaque automne, elle montait au Larzac afin d'engager des gens pour les vendanges. Bien que très jeune à l'époque, la beauté et l'étendue extraordinaires du paysage m'ont frappé. Par exemple, toute ma vie je me souviendrai de l'impression faite par un coucher de soleil doré, spectaculaire, qui illuminait les rochers du Caylar. »

Pour celui qui ne fait que suivre la nationale 9, qui divise le Larzac du nord au sud, le plateau apparaît aride et désert. Le guide Michelin de la région décrit le Larzac comme rocailleux, stérile, déboisé et monotone. Pourtant, en dessous de cette surface inhospitalière, qu'on appelle parfois « lunaire », se trouve un réservoir qui nourrit soixante cours d'eau. Les pluies prodigieuses d'automne et d'hiver (le Larzac égale la Normandie en taux de pluie annuel) disparaissent rapidement de la surface pour infiltrer le calcaire poreux où elles se transforment en ruisseaux souterrains qui se déversent dans les vallées plus basses. Mais la plupart des années, il y a assez d'humidité pour nourrir la végétation et fournir au moins le minimum d'eau nécessaire pour soutenir la population rurale et ses troupeaux de brebis. S'il est vrai qu'il n'y a pas de cours d'eau sur le plateau, on peut néanmoins capter la pluie, normalement abondante, sur les toits des maisons et des bergeries et la retenir dans les citernes ou, aux parcours, dans des creux revêtus de pierres, les « lavognes », où les brebis viennent boire.

Bien que la pluie et les rochers tourmentés par le vent en formes fantasques, souvent d'une singulière beauté, soient les éléments les plus visibles du plateau, le terme descriptif « lunaire » dissimule la riche nature organique de la région. En réalité, le Larzac abrite une variété de flore qui est l'une des plus grandes de l'Europe. En traversant le plateau à plus de 100 kilomètres à l'heure, les yeux sont tout naturellement attirés par la formation spectaculaire des rochers. Pourtant, à moins d'être un passionné de la nature, le voyageur regardera à peine la surface légèrement ondulée sur laquelle poussent de l'herbe, du thym sauvage, du genévrier, du buis et des arbustes épineux. Les troupeaux de brebis sont rares. Le paysage monotone est trompeur car la majorité des fermes sont loin de la route nationale et la végétation sauvage prédominante (plus évidente au printemps quand il y a peu de touristes) consiste en plantes basses qui fleurissent selon le cycle de la saison. Situé entre la Méditerranée et les Cévennes, ainsi qu'entre les systèmes d'écoulement d'eau atlantique et méditerranéen, le Larzac accueille à peu près le quart des espèces de plantes sauvages qui existent en France.

Les forêts de chênes et de hêtres qui couvraient autrefois le Larzac ont pour la plupart disparu bien que des vestiges se trouvent toujours sur les bords nord-est du plateau qui surplombent la Dourbie. Pour le reste, l'œil peu expérimenté ne saura distinguer les effets de l'occupation humaine qui modèle le paysage — y créant dans certains endroits la flore typique d'un surpâturage — de ce qui semble être un pays sauvage naturellement appauvri. Si on regarde de plus près pourtant, on voit un Larzac qui n'est pas un chaos de rochers avec une couverture végétale monotone, mais plutôt une riche synthèse de forces naturelles et culturelles, le produit de siècles d'occupation humaine. La surface du plateau, aussi sauvage qu'elle paraisse, est habitée et travaillée depuis l'époque paléolithique.

Ici et là, le sol argileux, ainsi que d'autres sédiments déposés dans les creux de la surface ondulée du causse, attrape l'humidité qui autrement s'écoulerait rapidement dans des ruisseaux souterrains. Les « sotches » fertiles sont cultivées fournissant du fourrage pour l'hiver (qui comprend une variété de grains, du foin et de la luzerne) pour les troupeaux de brebis qui sont menés au printemps et en été sur les parcours. Pour le voyageur intéressé, il suffira d'un détour de quelques kilomètres de la route nationale sur un des nombreux chemins goudronnés qui lient les hameaux et les fermes isolées du Larzac pour se rendre compte qu'à part les sotches, il reste d'autres terrains suffisamment fertiles pour être cultivés. Ils peuvent être assez étendus et, où cela est le cas, des habitations permanentes se sont construites. Elles vont de fermes individuelles aux petits hameaux, avec seulement quelques maisons, jusqu'aux villages, assez importants. En effet, la route nationale, elle-même, divise en deux le terrain fertile le plus étendu du Larzac, là où elle divise aussi les deux agglomérations les plus grandes : L'Hospitalet et La Cavalerie. Celle-ci comptait autrefois plus de 1 500 habitants et, maintenant, environ 800 résidents. Sa population se compose d'agriculteurs, de commerçants, de touristes et d'un camp militaire qui couvre environ 3 000 hectares de ce qui, dans le temps, était constitué en grande partie de communaux.

Aujourd'hui, comme dans le passé, la ressource principale du Larzac consiste en ses brebis qu'en majeure partie on trait pour la production du Roquefort. Le lait pour ce produit de luxe provient du Larzac, de certains secteurs de l'Aveyron et de quatre départements voisins. Il est ramassé dans les laiteries centrales où la fabrication de fromage commence. On le fait cailler. On enlève le petit lait puis on serre la matière solide résiduelle en grands pains ronds qui sont ensuite ensemencés avec le champignon *Penicilium roqueforti*. Après plusieurs jours, ces pains sont transportés au village de Roquefort-sur-Soulzon, vers l'ouest, en contrebas du plateau. Là, chaque pain est apprêté. Il est salé et percé d'une série d'aiguilles pour permettre à l'air de circuler dans le fromage qui se développe. Ainsi préparés, les pains sont stockés dans des grottes naturelles qui fournissent un environnement unique pour leur mûrissement. Ce processus, qui se déroule dans une température et une humidité constantes, dure plusieurs mois.

L'industrie de Roquefort, par les activités de son association, la Fédération des industriels de Roquefort, contrôle la production du fromage. (En automne 1992, Besnier, producteur de Camembert, a acheté Roquefort-Société, l'industriel principal de Roquefort, de Perrier. Roquefort-Société fournit 80 % de la production du fromage. Cinq autres industriels en fabriquent 20 %). Cette association garde jalousement son monopole, accordé par un décret du parlement de Toulouse du 31 août 1666, qui régit ce produit laitier le plus cher de France. Les producteurs de lait pour Roquefort sont rassemblés aussi en une association : la Fédération régionale des syndicats d'éleveurs de brebis ou SEB. L'association des industriels et le SEB ont créé une confédération, la Confédération générale des producteurs de lait de brebis et des industriels de Roquefort, dans laquelle ils négocient entre eux les problèmes concernant la production, la qualité, et les prix du lait. En général, le SEB est sous le contrôle des producteurs de lait les plus importants qui constituent une minorité des éleveurs fournissant le lait à Roquefort. En 1990, un groupe de petits producteurs inspirés dans une large mesure par les militants du Larzac, a créé sa propre organisation, le Syndicat des producteurs du lait du brebis (le SPLB), mais il n'est pas encore admis aux négociations aux côtés du SEB [1].

Bien que le Larzac ne produise qu'environ 3 % du lait employé dans la fabrication de Roquefort, le plateau, avec ses espaces ouverts dans un paysage sauvage, son environnement non pollué et sa tradition de production à l'échelle du petit paysan reste le symbole de la pureté et du bien-être ruraux qui, selon les industriels qui ne se privent pas de le rappeler aux consommateurs, sont le *sine que non* de leur produit.

On prétend même que la meilleure qualité de Roquefort vient du lait des brebis du Larzac nourries de l'herbe native du causse (Develotte 1979). En plus, bien que le pourcentage de Roquefort qui se fabrique avec le lait du Larzac ne soit pas très important, plusieurs des petits industriels du fromage dépendent en grande partie du Larzac pour leur approvisionnement en lait.

Les relations entre les maîtres de l'industrie de la fabrication de fromage et les paysans de la région sont d'une nature plus paternaliste que symbiotique. Même s'il est vrai que, pour maintenir son image, Roquefort a besoin de produire du lait localement et qu'il le paie bien, les agriculteurs sont les membres dépendants d'une association inégale. Toutefois, leur vulnérabilité est devenue apparente seulement depuis peu. Une production croissante (à l'origine encouragée par l'industrie et le Crédit Agricole) a incité les industriels, au nom de la Confédération, et par conséquent, avec l'accord présumé du SEB, à imposer des quotas, dès 1988, sur la quantité de lait qui serait acheté au prix fort. Au-delà de cette quantité qui diffère d'une ferme à l'autre selon une formule compliquée basée, en grande partie, sur la production antérieure, le lait s'achète toujours, mais à un prix beaucoup plus bas, qui fréquemment ne couvre pas le prix de revient. Ceux qui souffrent le plus de ces quotas sont les paysans de petites exploitations, surtout les jeunes agriculteurs. Ils sont en train de constituer leurs troupeaux et ont emprunté des sommes considérables au Crédit Agricole. Ils ont besoin d'augmenter leur production pour survivre.

Le lecteur parvenu à ce point du texte aura noté la tendance que j'ai d'employer les termes « agriculteur » et « paysan » d'une façon interchangeable en me référant aux activités agricoles de la région associée à Roquefort. Le terme « agriculteur » devrait être suffisamment clair. On ne peut pas en dire autant pour le mot « paysan ». Pour la plupart des ethnologues, le mot « paysan » se réfère spécifiquement aux groupes de gens qui subsistent avec difficulté du travail de la terre. Ils sont plus ou moins dépendants de l'économie monétaire de la nation dans laquelle ils se trouvent. Beaucoup d'ethnologues sont d'accord aussi pour dire que les paysans se distinguent des ouvriers agricoles. En tant que membres d'un prolétariat agricole, ces derniers reçoivent un salaire pour leur travail dans l'agriculture. On peut aussi appliquer le terme — comme c'est le cas fréquemment en Amérique latine — aux métayers pauvres qui travaillent la terre des propriétaires absents, en payant leur location en liquide ou avec une partie des récoltes. L'agriculture paysanne peut créer de petits surplus, mais ceux-ci sont en général vendus ou échangés dans les marchés locaux. Les modestes profits sont consacrés aux fermages ou à l'achat d'un nombre limité de biens de nécessité qui se vendent à des prix abordables.

On dit que les paysans se distinguent des populations « prélettrées » du tiers-monde qui sont souvent étudiées par les ethnologues du fait que, contrairement à ces populations, ils n'ont ni leur propre culture ni une langue distinctive. Ils constituent plutôt des communautés plus ou moins isolées, spéciales et en même temps, défavorisées, à l'interieur d'une entité nationale. Pour cette raison, on décrit les paysans comme des groupes ayant une culture « en partie », une culture en quelque sorte distincte mais toujours liée à celle de la société plus globale qui l'entoure. Par conséquent, on trouvera des paysans français ou des paysans chinois, définis comme tels, dans le contexte d'une culture nationale. Ce que tous les paysans ont en commun — si en effet, ils ont quelque chose en commun au-delà du fait qu'ils sont tous des agriculteurs pauvres — consiste en une série de caractéristiques négatives qui viennent ou de leur exploitation par un autre segment de leur culture nationale ou de leur enclavement, ou des deux.

Le terme « paysan » contient des pièges sémantiques. Rogers (1987 : 56) observe que le mot en France est «...un symbole surchargé et facile à manipuler ». Dans certains cas, les auteurs de textes sur l'agriculture l'emploient d'une façon interchangeable avec le terme « agriculteur » pour désigner toute personne qui travaille la terre pour son compte. Dans d'autres cas, « paysan » se réfère aux petits agriculteurs traditionnels en contraste avec ceux qui gèrent des exploitations modernes étendues. Dans l'usage courant, les agriculteurs traditionnels, originaires d'une région spécifique, se servent souvent du terme pour se distinguer des agriculteurs récemment installés, de quelque dimension que soit la nouvelle ferme. Un natif du Larzac, par exemple, regardant avec nous un livre sur l'histoire de la lutte contre l'extension du camp militaire, soulignait la différence entre les paysans qui avaient leurs racines dans la région et dont les familles étaient agriculteurs depuis des générations et la population installée sur le plateau plus récemment. La plupart des nouveaux installés ne venaient pas de l'Aveyron. Pour cet informateur, ils n'étaient en aucune manière des « paysans » et il considérait « malhonnête » de les ranger dans cette catégorie.

Pour défendre mon emploi du terme dans le contexte spécifique de cette étude, je dirais d'abord que jusqu'aux années 1950, la majorité des agriculteurs dans le bassin du Roquefort partageait beaucoup — sinon toutes — les caractéristiques attribuées aux paysans dans les textes ethnologiques [2]. De fait, un grand nombre se caractérisait de la sorte même jusqu'au début des années 1970. Dans les années 1950, la ferme typique était minuscule et extrêmement pauvre. Les méthodes agricoles étaient arriérées, peu différentes de celles des siècles antérieurs quand les agriculteurs menaient des vies relativement autonomes, mais misérables. Les chiffres de production de cette période indiquent que même les agriculteurs qui avaient la chance de vendre leur lait à Roquefort avaient un niveau de vie à peine plus élevé que la simple subsistance. Les troupeaux dépassaient rarement soixante bêtes et chaque brebis ne produisait que 50 à 60 litres de lait par an, loin de la moyenne actuelle de 150 à 200 litres (Pilleboue et al. 1972 : 458).

En second lieu, d'un point de vue idéologique, il faut préciser que la lutte du Larzac a commencé dans la période qui suivait immédiatement 1968, qui vit aussi les débuts du mouvement écologique. Dans ce contexte, le terme « paysan » qui jusqu'alors avait souvent eu une connotation péjorative, commençait à s'employer de façon positive. Les petits agriculteurs qui, avant 1968, préféraient employer le terme d'« agriculteur » pour se définir se sont emparés du mot « paysan » comme d'un signe d'honneur, de la revendication d'une place stratégique et particulière dans la société française.

En troisième lieu, toujours dans le domaine de l'idéologie, les agriculteurs, dès le commencement de leur lutte de dix années contre l'extension du camp militaire, ont choisi d'utiliser le mot « paysan » pour se référer à eux-mêmes. Cela servait à couvrir les réelles différences culturelles et économiques qui existaient entre eux, leur permettant de se présenter au monde extérieur comme une force unie et homogène. Toutefois, sur le Larzac lui-même, on se rendait compte des divergences. Peu après le début de la lutte par exemple, les habitants de longue date du plateau ont créé un nouveau terme pour se nommer (« pur porc ») pour se distinguer de ceux qui, comme des pionniers, sont venus juste avant la période du conflit. Pourtant, les « purs porcs » n'étaient pas non plus un groupe homogène. Trois grandes fermes modernes dans le nord-ouest du plateau étaient habitées par des « purs porcs. » Par contraste, au nord-est, se trouvaient des agriculteurs « purs porcs » plus traditionnels installés dans de petites fermes. Les mêmes différences existaient à La Cavalerie, le site du camp militaire. Comme le terme « paysan », « pur porc » — qui reflétait l'enracinement dans un pays — était une création de la lutte. Il n'indiquait pas l'adhésion à une classe ou à des intérêts réellement en commun autres qu'une certaine approche des relations humaines qu'on voit dans la division — traitée dans le chapitre neuf — entre « affectifs » (« purs porcs » pour la plupart) et « politiques » (en général des pionniers et des nouveaux installés). En réalité, comme on le montrera plus loin, les « paysans » du Larzac étaient constitués d'un groupe d'agriculteurs, petits et grands (natifs, pionniers et à mesure que la lutte évoluait, squatters), et d'un assortiment d'ouvriers agricoles qui comprenait des bergers sous rémunérés.

Sans Roquefort, le plateau, sauf pour quelques résidences secondaires, se serait en grande partie dépeuplé au courant des cent dernières années. En effet, en dépit de Roquefort, un lent processus de dépopulation a commencé juste avant la première guerre mondiale et s'est accentué après ce conflit qui a coûté terriblement cher à la jeunesse du Midi. Il est évident que les fermes des zones de montagne isolées de l'Aveyron, avec leurs sols pauvres et un climat difficile, sont défavorisées par rapport à celles des zones plus fertiles et plus tempérées des vallées environnantes, sans parler des riches terres du nord. En 1979, par exemple, 5 046 soit 37 % des agriculteurs de l'Aveyron étaient classés comme de petits paysans, selon une unité économique équivalente à 20 hectares ou moins de terre cultivée en blé et avec un revenu annuel maximum de 84 000 francs (Jegouzo 1984 : 205).

Dans les régions montagneuses de l'Aveyron, et particulièrement sur le causse, une bonne partie de la terre consiste en pâturage rocailleux et en forêts incultivables. Peu d'agriculteurs ont plus qu'une petite proportion de leur terre cultivée en fourrage. Ceci veut dire que l'agriculture dont on peut tirer un profit — et ici cela implique l'élevage — est obligatoirement extensive plutôt qu'intensive. Les agriculteurs doivent exploiter autant que possible les parcours. Beaucoup de ceux qui n'ont pas la bonne fortune de produire pour Roquefort doivent quitter la région, et le nombre même de gens qui produisent pour Roquefort a baissé depuis quelques années. Dans l'Aveyron, entre 1975 et 1985, ceux-ci ont diminué de 3 007 à 2 178 producteurs (*Pâtres* 1986 : 52). En 1969, dans les cinq départements du bassin de Roquefort, 4 526 fermes soit 79 % ont produit entre 0 et 100 hectolitres de lait pour Roquefort. En 1986, témoignant de la nécessité d'un niveau de production minimum pour la survie d'une ferme, le nombre de petits producteurs a diminué à 574 ou seulement 19 % (*Pâtres* 1986 : 57). En 1969 également, il n'y avait pas de fermes qui produisaient plus de 600 hectolitres et en 1986, la majorité (70 %) continuait à produire seulement 400 hectolitres ou moins, juste un peu plus que le minimum nécessaire pour subvenir aux besoins d'une famille. Par conséquent, quand l'aîné de la famille prenait la ferme, ses frères plus jeunes étaient souvent obligés de quitter la région. Le nombre d'Aveyronnais qui se sont installés à Paris pour y travailler n'étonne que ceux qui ne connaissent pas la pauvreté d'une grande partie des agriculteurs du sud de la France.

Bien que Millau se trouve à une courte distance du plateau et que les paysans qui vivent sur la moitié nord du causse y fassent leurs courses, il y a une énorme différence entre la vie dans cette ville de 22 000 habitants et celle du Larzac. Millau est un centre d'industrie et de commerce. La majorité de la population, si l'on ne tient pas compte d'un nombre croissant de retraités, fait partie de la classe ouvrière. Comme on peut s'y attendre, les habitants de la ville et les paysans entretiennent des images du Larzac diamétralement opposées. Elles tirent leurs origines des manières très différentes d'exploiter le causse. Pour les Millavois, le plateau est un lieu de détente qu'ils considèrent un peu comme leur propre jardin. C'est une source d'air frais, un endroit où, les week-ends, on peut faire de la marche à pied, des piques-niques, aller à la chasse ou chercher des champignons. Pour les paysans, même s'ils l'aiment et sont fiers de sa beauté naturelle indéniable, le Larzac est un pays ingrat où, pour arracher de quoi vivre, il faut de longues heures d'efforts. Avant la lutte et dans certains cas, même aujourd'hui, sauf pour un dimanche occasionnel en automne pour aller à la chasse et une fête annuelle du village, la notion de détente était étrangère au paysan traditionnel du Larzac. Bien des vieux paysans — avant leur retraite — n'ont jamais pris de vacances.

Donc, malgré un revenu garanti avec Roquefort, la vie pour le paysan du Larzac était loin d'être facile. Sur leurs petites fermes mal équipées, les familles pouvaient à peine subsister, surtout là où un berger s'ajoutait aux habitants de la maison où, très probablement, il vivait comme un membre de la famille, mangeant à table, dormant dans la bergerie ou dans une petite pièce de la maison et travaillant pour un salaire modique. Là où il n'y avait pas de berger, c'était la femme de l'agriculteur qui s'occupait des brebis. Avec son travail habituel dans la maison, elle était responsable aussi de la production de la basse-cour et du potager. Elle participait en plus à l'agnelage et si la récolte du fourrage nécessitait de l'aide extérieur, elle préparait les repas pour les ouvriers saisonniers ou les voisins qui venaient récolter le foin ou les grains. Dans bien des cas, les femmes des paysans travaillaient aussi à la pièce pour la ganterie (qui utilisait des peaux d'agneaux du Larzac) qui prospérait à Millau jusqu'aux années 1960. Parfois, quand il y avait des conflits ouvriers et surtout en 1935, pendant une grève épique qui a duré six mois, ces femmes faisaient du travail au noir à la maison, un fait qui a aliéné la classe ouvrière de la ville des paysans du plateau.

Cette aliénation s'est amplifiée au moment de la deuxième guerre mondiale quand les habitants de Millau qui souffraient du manque de nourriture accusaient les paysans, au mieux, d'être mesquins et, au pire, de profiter du marché noir. Il est vrai que les agriculteurs, en général, trouvent plus facilement de quoi manger en temps de guerre que les citadins. Mais les histoires de paysans qui s'enrichissaient aux dépens de leurs voisins de la ville sont sans doute exagérées, même si quelques agriculteurs ont pu profiter des manques de provisions dans la ville. De telles accusations reflètent la méfiance mutuelle qui existe entre les habitants de la ville et ceux de la campagne, surtout entre le milieu des ouvriers et celui des paysans. Les agriculteurs considèrent que les ouvriers ont accès aux avantages de la vie urbaine. De plus, ils ont un horaire régulier et un nombre limité d'heures de travail. Ils reçoivent aussi un salaire préétabli et surtout, ils prennent de bonnes vacances dont la durée est garantie par la loi.

A l'inverse, les ouvriers voient les paysans comme des personnes qui profitent de la « bonne vie » de la campagne et qui sont suffisamment riches pour posséder leurs outils de travail, ainsi que leurs terres et leur maisons. Ils n'ignorent pas que des subventions sont disponibles pour les agriculteurs et ils en sont irrités. Ils reprochent aux paysans leur manque de générosité malgré une vie aisée. Comme je l'ai déjà suggéré, la population de la région Larzac-Millau entretient ces idées fausses bien que les paysans (surtout ceux du nord du plateau) et les ouvriers de Millau habitent à proximité. De réelles différences culturelles sont à la base de ces mésententes qui créent des barrières à une compréhension mutuelle difficiles à franchir.

Les conditions sur le Larzac dans l'immédiate période après-guerre n'étaient pas uniques au plateau ou même à l'Aveyron. Dans les années 1950 et jusqu'aux années 1960, la production agricole française, sauf pour quelques régions favorisées dans la moitié nord du pays, se concentrait dans les petites fermes traditionnelles qui n'excédaient pas plusieurs hectares de surface. La technologie agricole était assez primitive. Pour labourer, par exemple, on se servait d'une charrue tenue à la main. Les chevaux ou les bœufs fournissaient la traction. L'élevage était limité à de petits troupeaux d'espèces peu performantes. Bien que la production excédât ce dont les familles avaient besoin pour subvenir à leur existence, les profits de ce surplus — qui se vendait sur les marchés locaux et nationaux — servaient rarement à acquérir plus que les nécessités de base. Les conditions étaient particulièrement primitives dans l'arrière-pays montagneux du littoral méditerranéen.

Le plateau a partagé le retard et la pauvreté d'autres régions agricoles marginales de la France. En outre, sa structure géopolitique est assez particulière, ce qui a contribué à affaiblir son pouvoir politique. A l'exception de La Cavalerie, où les commerçants dominent, L'Hospitalet et le petit village de La Couvertoirade avec sa population d'artisans, les fermes dispersées et les hameaux de la moitié nord du plateau appartiennent géographiquement et politiquement à neuf communes différentes qui sont centrées dans les vallées limitrophes. Une bonne partie du rebord nord-ouest du plateau dépend par exemple de la ville de Millau ou de son village satellite, Creissels. Dans ces deux communes, la population de commerçants et d'ouvriers dépasse de beaucoup les agriculteurs.

Ce sont les intérêts du centre urbain qui, normalement, dominent les décisions politiques. Bien que les sept autres communes auxquelles s'attachent diverses parties du Larzac soient rurales par nature, le centre de la population de chacune se trouve dans un village de vallée. La majorité des habitants de ces villages sont des agriculteurs actifs ou en retraite, mais ils ont tendance à voter en bloc, plus concernés par les affaires du village que par les problèmes que peuvent avoir les agriculteurs isolés et moins nombreux du causse. On peut démontrer sans difficulté que ce décalage du pouvoir politique a eu des conséquences importantes sur la vie des paysans ruraux. On doit seulement souligner que les villages de la vallée ont reçu certains agréments à leur existence comme des routes goudronnées, l'électricité, l'eau courante et le téléphone bien avant les fermes et les hameaux du Larzac. En effet, sauf pour l'électricité qui a été installée dans la plupart des fermes, à la fin des années 1950, ces mêmes faveurs ont été accordées aux agriculteurs de la moitié nord du Larzac seulement à partir de 1982, après la lutte victorieuse contre l'extension du camp quand, pendant une brève période, le Larzac possédait la force d'une entité politique et pouvait exercer une pression sur le pouvoir politique local.

Pour mieux comprendre la dynamique de la lutte du Larzac et de ses conséquences, il nous faut examiner encore d'autres divisions géographiques du plateau. Le projet d'extension du camp militaire ne comprenait plus ou moins que la moitié nord du causse. Sur cette superficie, on peut distinguer trois zones, chacune se définissant selon des facteurs économiques et culturels qui ont eu un effet sur l'histoire du Larzac avant, pendant, et après la lutte. La première zone, située dans le sud de l'extension proposée, incluait les villages de La Couvertoirade, L'Hospitalet et La Cavalerie. Ce dernier était le site du camp militaire. Comme on pouvait s'y attendre, le noyau du soutien à l'extension se trouvait parmi ses commerçants. La Cavalerie, pourtant, avait aussi un nombre significatif de paysans dont les fermes tournaient relativement bien. Les premiers leaders contre l'extension du camp sont issus de ces agriculteurs dont plusieurs étaient aussi des membres actifs de la Fédération départementale des syndicats d'exploitants agricoles (FDSEA), qui, dès le début, s'était engagée contre l'extension. Les paysans de La Cavalerie qui s'opposaient à l'extension et leurs enfants qui suivaient les cours de l'école du village se trouvaient dans une situation difficile car ils devaient faire face quotidiennement à l'hostilité de ceux qui soutenaient le camp, y compris le personnel militaire. La lutte contre l'extension du camp créait une ambiance de crise partout sur le Larzac, mais c'était à La Cavalerie que les adversaires partageaient la vie de tous les jours. S'opposer au camp dans de telles circonstances devait être une rude épreuve.

La deuxième zone se trouvait à l'extrême nord-ouest du plateau, à l'ouest de la route nationale. Là on pouvait voir les fermes les plus grandes, les plus modernes et les plus réussies du Larzac. Deux de ces fermes avaient été développées par des individus dynamiques de l'extérieur. L'un des deux, Léon Burguière, est arrivé en 1952. D'origine aveyronnaise, il a pu s'intégrer au Larzac sans difficultés (ayant pendant la lutte le statut d'un « pur porc »). Son autorité sur les paysans grandissait à mesure que sa ferme prenait de l'importance. Cette autorité était rehaussée non seulement par sa réputation d'intégrité absolue mais aussi par le fait qu'il participait activement à plusieurs associations locales et était membre depuis des années du conseil du Crédit Agricole régional, un poste qui lui conférait le rang de notable. L'autre personne venue de l'extérieur, Guy Tarlier, avait des origines dans une famille d'agriculteurs du nord de la France. Il est arrivé sur le causse dans les année 1960 d'Afrique où il avait géré une plantation de café pendant dix ans. Ces deux individus avaient le plus à perdre dans l'extension, du moins en termes de capital et de travail investis. Tous deux avaient des personnalités très fortes et chacun devint vite un leader déterminant de la lutte, remplaçant un habitant de La Cavalerie qui, au début, y avait joué un rôle clé mais qui s'était retiré tôt. Guy Tarlier (connu sur le plateau comme « le préfet du

Larzac ») est devenu finalement le personnage le plus éminent de la lutte et de la communauté qui en a découlé.

La troisième zone se situait à l'est de la route nationale. Elle était composée de petites fermes isolées et d'un certain nombre de hameaux. Ici, beaucoup de fermes étaient inoccupées au début de la lutte. Trois hameaux — Pierrefiche, La Blaquière, et St-Sauveur — étaient habités par des agriculteurs traditionnels dans des fermes de petite dimension. Deux autres hameaux, Montredon et St-Martin, étaient complètement dépeuplés. C'était dans ce secteur qu'on rencontrait le sol peut-être le plus pauvre de la moitié nord du plateau. Plusieurs paysans de cette partie du plateau sont devenus des personnages importants de la lutte et souvent ont eu leur mot à dire à l'intérieur comme à l'extérieur des réunions. Leur contribution, cependant, se situait surtout dans le domaine de l'autorité morale plutôt que dans les rangs des stratèges. Parce qu'une telle proportion de cette zone consistait en fermes inoccupées et qu'elle se trouvait à un endroit stratégique par rapport à l'extension proposée, il y eut une concentration de squatters dont beaucoup s'installèrent sur les terres qui avaient été achetées par l'armée aux propriétaires absents. Ces personnes composaient l'élément le plus radical de l'opposition à l'extension et servaient souvent de troupes d'assaut au mouvement. Il n'est pas étonnant que, de concert avec les petits agriculteurs de cette zone, ils aient exprimé un manque de confiance vis-à-vis des agriculteurs plus aisés et plus puissants du sud et de l'ouest qu'ils soupçonnaient d'être prêts à passer un compromis avec l'armée pour sauvegarder leurs propres fermes. Des rumeurs d'un tel accord coururent pendant une bonne partie des dix années de la lutte. Comme Didier Martin l'a signalé dans son livre, *Le Larzac : utopies et réalités* (1987), les trois zones qui viennent d'être décrites, avec leurs populations différentes, chacune ayant ses intérêts propres, constituaient une base de conflits pendant toute la lutte. Que de tels conflits aient été en général surmontés — bien que parfois avec beaucoup de difficulté — témoignent de la force et de la détermination de ceux qui luttaient pour sauver leur terre de l'expropriation. Quand la lutte s'est terminée et avec elle, l'existence d'un ennemi commun, les tensions entre les habitants de ces trois zones ont resurgi. Pour certains conflits, elles sont devenues aiguës.

Il serait donc utile de diviser la partie du Larzac affectée par l'extension du camp en trois zones socio-économiques. Pourtant, nous devons aussi définir la surface géographique spécifiquement concernée par le projet. Le camp actuel se situe, depuis 1902, juste à l'est du village de La Cavalerie. Avec l'extension, il agrandissait sa superficie initiale de 3 000 hectares pour en atteindre un total de 17 000. Le camp devait couvrir la plupart du plateau au nord de La Cavalerie des deux côtés de la nationale 9 et, au sud, une bande de terrain relativement étroite le long de la nationale à l'est, allant jusqu'à La Couvertoirade, un petit village fortifié, fondé par les Templiers au XIIe siècle, et maintenant en grande partie restauré. L'extension épargnait les villages eux-mêmes, de L'Hospitalet, La Cavalerie et La Couvertoirade. Le bien-être de ce dernier, toutefois, dépend essentiellement du tourisme auquel il aurait été porté sévèrement atteinte si le camp avait été agrandi jusqu'à ses portes. Deux hameaux près de La Cavalerie, Les Liquisses et La Blaquererie ont été épargnés. Mais ces agglomérations dépendent presque entièrement de l'agriculture. L'extension aurait privé la plupart des résidents-agriculteurs de leur moyen de vivre. Cela ne veut pas dire que tous les propriétaires, ni même tous les paysans du Larzac, étaient contre l'extension du camp. Quelques propriétaires absents à qui appartenaient de grandes surfaces avaient vendu tôt et tiré des profits considérables de terrains qu'ils possédaient depuis peu d'années seulement. Ces transactions ont mené bien des opposants au camp à conclure que le projet d'extension avait été organisé par le gouvernement à Paris pour favoriser des amis qui avaient acheté en vue de la spéculation. Il est bien connu qu'un ami proche de Michel Debré, le ministre de Défense de l'époque, qui a présenté le projet d'extension à la nation, avait gagné une somme importante d'argent de la vente d'un terrain qu'il avait acheté peu de temps avant et qui était inclus dans l'extension.

Afin de comprendre la dynamique de résistance qui s'est établie à partir de 1971, il nous faut faire marche arrière jusqu'à la création du camp, regarder de nouveau l'état de l'agriculture sur le Larzac au moment où l'extension a été annoncée, et noter la façon qu'avait choisie le gouvernement de rendre public sa décision en faveur de l'extension.

C'était en 1899 que les recherches ont débuté dans la région du Larzac pour construire un camp militaire. La population locale, souffrant de difficultés économiques, a accueilli cette initiative, et le 10 septembre 1899, le conseil municipal de La Cavalerie a proposé que le village cède aux militaires, à titre gratuit, une partie du terrain communal. Entre 1900 et 1902, le gouvernement a conduit le processus d'expropriation obligatoire qui a abouti à l'acquisition de 1 500 hectares de Millau, 1 400 hectares de La Cavalerie et 150 hectares de la commune de Nant qui se trouve à l'est dans la vallée de la Dourbie (*Boyer et al.* 1986 : 6). L'armée a signé un accord en 1927 avec les communes de Millau, La Cavalerie, Nant et La Roque-Sainte-Marguerite qui donnait aux habitants de ces communes le droit de faire pâturer leurs brebis entre les limites du camp de manœuvres. En retour, on accordait à l'armée le droit d'installer des batteries d'artillerie sur le terrain de ces communes.

En 1951, le gouvernement a développé son premier projet d'extension selon lequel le camp devait être agrandi à 20 000 hectares. En 1963, de leur propre initiative, huit propriétaires absents y compris un propriétaire belge ont adressé une pétition au gouvernement afin qu'il étende le camp. Plus tard, cette même année, les maires de Nant et de La Roque-Sainte-Marguerite et le premier maire-adjoint de Millau ont parlé en public en faveur de l'extension proposée. Cette position a été renforcée en 1965 quand les maires de Sainte-Affrique, de Millau, de L'Hospitalet et de La Cavalerie ont tous demandé que le camp soit occupé d'une façon permanente par des troupes françaises et étrangères. Des troupes anglaises se servaient du camp comme base militaire, à coté de l'armée française, depuis déjà un certain temps. Comme on pouvait s'y attendre, des rumeurs existaient pendant cette période concernant une extension, mais plus elles couraient moins on les prenait au sérieux. Enfin, en octobre 1970, bien que le gouvernement n'ait pris aucune position officielle, le ministre de la Défense, interrogé par un paysan lors d'une réunion politique locale à La Cavalerie au sujet de l'installation de l'eau sur le plateau, a, au détour de sa réponse, indiqué qu'un tel aménagement serait payé par l'armée au moment de la future extension. Le 9 mai 1971, un groupe de gauchistes et de pacifistes de Millau a organisé la première manifestation publique contre le camp. Mais les paysans n'étaient pas de la partie. Ces derniers mobilisaient leur propre opposition au camp avec l'aide des notables locaux et des responsables syndicaux.

La réaction de la population locale au projet d'extension a dû surprendre Paris. Certes, les commerçants de La Cavalerie l'avaient accueilli positivement. Mais ailleurs dans l'Aveyron fusèrent des protestations immédiates et étendues. Des discussions au sujet de la proposition eurent lieu dans la ville de Rodez entre les opposants du camp et le préfet de l'Aveyron. Étant donné la dimension et le caractère représentatif de l'opposition, ceux qui étaient contre le camp ne doutaient pas que le projet pouvait être annulé ou du moins modifié pour donner satisfaction à l'opinion régionale. Puis, le 28 octobre 1971, Michel Debré, invité à participer à une émission à la télévision, annonça la décision définitive du gouvernement d'étendre le camp à 17 000 hectares. Les paysans et leurs alliés étaient furieux. Leurs principes conservateurs les avaient amenés à faire confiance à l'autorité. Plusieurs personnes nous ont confié dans les interviews : « On était plutôt apolitiques. Les politiques, c'était la gauche ! On croyait à l'honnêteté absolue du clergé, du préfet et de nos élus ». Même le maire actuel de La Cavalerie, qui avait été partisan de l'extension, nous a affirmé que le fait d'annoncer le projet à la télévision, sans donner de préavis officiel ni aux responsables locaux ni au grand public, fut une erreur colossale de la part du gouvernement. Après l'annonce, on avait l'impression que les négociations à Rodez n'étaient faites que pour camoufler la volonté d'imposer de façon unilatérale un projet qui devenait rapidement une chose inacceptable.

L'explosion de populisme, aussi réelle qu'elle ait été, n'explique pas entièrement le changement massif dans l'opinion du public vis-à-vis de l'extension. Sa rapidité et son ampleur ne peuvent être comprises que par rapport à la transformation radicale des conditions économiques dans le secteur agricole qui s'était déroulée, presque inaperçue, au cours des années 1950 et 1960. A partir de 1970, il y avait parmi les fermes productives de La Cavalerie au moins deux cas d'agriculteurs qui s'étaient associés. Dans le nord-ouest, deux grandes fermes avaient été développées par des gens qui s'étaient installés récemment. Même sur le sol plus pauvre du secteur est, des personnes qui venaient d'arriver s'étaient mises ensemble sur la ferme des Baumes pour retravailler une terre abandonnée depuis longtemps. Une minorité dynamique d'agriculteurs était en train de démontrer que le Larzac pouvait être une région agricole viable.

Les premiers changements importants dans l'agriculture sur le Larzac voyaient donc la création et la modernisation de fermes d'une surface importante. Avant l'annonce de l'extension du camp, comme Pilleboue et al. (1972) l'ont bien signalé, la situation démographique sur le plateau avait rendu disponible une quantité appréciable de terre. Quelques individus qui voyaient plus loin ont su en profiter. On peut dater les méthodes agricoles avancées sur le Larzac de 1952 avec l'arrivée de Léon Burguière et sa famille. Né à Espalion, au nord-ouest de Millau, dans l'Aveyron, Léon Burguière travaillait pour ses grands-parents sur une petite ferme qu'ils avaient en location. Deux années après avoir accompli son service militaire, il s'est marié et a commencé à chercher une ferme qui lui appartiendrait. Sa femme venait de la région de Millau et c'est là qu'il s'est mis en quête. De fil en aiguille, il a fini par découvrir que la grande ferme de L'Hôpital (nommée ainsi parce que l'hôpital de Millau en était propriétaire) était disponible. Arrivé sur le Larzac, il a été saisi immédiatement par sa beauté et son vaste espace. Il s'est rendu compte aussi qu'avec beaucoup de travail et de méthodes modernes, L'Hôpital, qui a l'époque se trouvait en mauvais état, pourrait être une ferme avantageuse. Il nous a décrit la situation sur le Larzac à ce moment-là.

> Nous avons acheté le premier tracteur employé sur le plateau. Nous sommes arrivés à la fin de septembre. Mon beau-frère est venu me donner un coup de main. Travaillant seuls ou parfois avec quelques ouvriers, nous avons commencé à une petite échelle et avec le temps, nous avons petit à petit augmenté notre production. Quand nous avons pris L'Hôpital, seulement quelques hectares étaient cultivés. C'était le tracteur qui faisait la différence. Quand au reste du plateau, à l'époque, il y avait certains endroits qui avaient été complètement abandonnés. Les conditions étaient très primitives. Il n'y avait pas de routes, pas

> d'électricité, pas d'eau. La vie était très difficile. Les parents voulaient que leurs enfants s'en aillent. Si l'armée avait décidé d'étendre le camp à ce moment-là, elle n'aurait pas eu de problèmes. Le progrès dans l'agriculture est venu avec l'emploi de machinerie moderne — surtout les concasseurs de pierre — l'engrais et l'augmentation de la production de lait par brebis, le résultat d'un élevage plus sélectif y compris l'introduction de la race de brebis Lacaune. Nous commencions a recevoir des conseils des techniciens agricoles aussi.

Quand le projet d'extension a été annoncé, en 1971, Léon Burguière venait de prendre sa retraite. Il a laissé la ferme à ses deux fils, Pierre et Jean-Marie, qui ont concrétisé leur association sous forme d'un GAEC (Groupement agricole d'exploitation en commun). A l'époque, l'Hôpital s'étendait sur 750 hectares dont 210 plantés en fourrage de différentes sortes. Le troupeau, qui comptait 750 brebis, bonnes productrices de lait, était d'une dimension suffisante pour soutenir deux familles [3].

Guy Tarlier, avec sa femme Marizette, s'est installé comme agriculteur sur le Larzac en 1965. Il nous a parlé de leur décision d'habiter le plateau.

> Nous avons choisi le Larzac pour un certain nombre de raisons. Mon frère, qui était ingénieur agricole, travaillait à Millau, ce qui fait que nous avons entendu parler de la région et savions qu'il y avait des terres disponibles. Je suis venu ici pour la première fois en 1960. Il y avait beaucoup de terrains à vendre et si l'armée avait voulu étendre le camp à ce moment-là, il n'y aurait pas eu de difficultés. Nous avons choisi cette région, aussi, pour des raisons esthétiques. J'ai été frappé par la beauté du Larzac dès le début et, bien que Marizette eût préféré rester en Afrique, maintenant elle est aussi attachée au causse que moi. Quand j'ai acheté la ferme de Devez Nouvel (*"devez" signifie pâturage, en occitan*) j'avais déjà vu les possibilités pour agrandir. A l'époque la ferme avait deux bœufs, 100 brebis et un cheval. Il y avait quatre hectares cultivés.

Jusqu'à son décès, en mai 1992, Guy Tarlier était membre d'un GAEC, avec comme partenaires, trois jeunes agriculteurs. Le GAEC se compose de trois fermes dont deux appartenaient, à l'origine, à G. Tarlier, la troisième étant louée à un GFA (Groupement foncier agricole), une association d'actionnaires qui achète de la terre, qu'elle loue ensuite aux agriculteurs. Dans ce cas-ci, des militants avaient créé le GFA pendant la lutte afin d'acheter des parcelles qui, autrement, auraient pu être vendues à l'armée. Le GAEC est fortement mécanisé. Il se compose d'approximativement 1 000 hectares dont 200 cultivés. On trait 950 brebis avec un rotolactor — machine à traire qui fait tourner les animaux — adapté par Guy Tarlier lui-même à la traite des brebis. Le GAEC adhère aussi à une CUMA (Coopérative d'utilisation du matériel agricole) organisée par un groupe d'agriculteurs du Larzac qui vivent dans les secteurs nord-est et nord-ouest du causse. La CUMA achète les machines agricoles les plus employées, puis, les loue au prix de revient. De cette manière, une machine qui coûte cher, mais dont on se sert seulement pendant un nombre limité de jours de l'année, peut circuler entre les membres à frais réduits pour tout le monde.

A présent, avec la Communauté européenne prête à abolir les barrières commerciales entre ses membres, l'attention se concentre sur la production agricole menacée depuis quelques années par des excédents trop grands pour que le marché puisse en disposer d'une manière normale. Dans ce contexte, la France et ses onze partenaires sont en train de rationaliser l'agriculture en essayant d'établir les besoins des différentes nations et en imposant sans doute des sacrifices. En dépit du haut niveau de la production européenne, la France voudrait voir sa propre agriculture — surtout pour les céréales et les oléagineux tels que le maïs, le colza et le tournesol — continuer à rapporter les excédents dans le commerce qui compensent la performance moins impressionnante de son industrie. Ceci va mener à la disparition en France d'un nombre considérable de petites fermes en faveur du secteur plus productif. En effet, la CEE a déjà décrété la suppression de la production, dans les années qui viennent, de milliers d'hectares. La plupart se trouveraient dans le sud de l'Europe, surtout dans le bassin méditerranéen où il existe toujours une majorité d'agriculteurs traditionnels. Ce programme inquiète les écologistes engagés et un grand nombre de petits agriculteurs qui veulent conserver un mode de vie qui revêt pour eux une grande valeur. Ils signalent que les paysans qui se servent de méthodes agricoles traditionnelles sont les mieux placés pour maintenir la terre dans un état de semi-domestication, bénéficiaire pour l'environnement et la société en général. On considère que, à la différence de « l'agro-business », qui, comme il a été amplement démontré, épuise le sol et l'eau, l'agriculture traditionnelle à petite échelle protège la nature de multiples façons. Le maintien des champs et des bois et la réduction des risques d'incendie en sont des exemples. Ces agriculteurs servent aussi un tourisme écologique. En préservant la campagne ils favorisent les randonnées et autres activités qui permettent de savourer le plaisir de se retrouver dans un environnement naturel. Au demeurant, le fait de retirer de vastes espaces de la production agricole ne constitue pas un risque pour les seuls agriculteurs. Comme nous l'avons vu aux États-Unis pendant la crise dans l'agriculture qui dure dans notre pays depuis vingt ans, quand les petites fermes disparaissent, les écoles, les banques et d'autres services subissent rapidement le même sort. Les communes et les villes moyennes des secteurs agricoles, dépourvues de leur raison d'être, se dépeuplent en peu temps.

Deux livres publiés récemment, *Les champs du départ* (Alphandery et al. 1989) et *La France en friche* (Fottorino 1989), nous mettent en garde contre une désertification qui menace les régions de montagne en France. Bien que cet avertissement soit appliqué d'une manière trop générale (il semble que beaucoup de régions rurales en France ont regagné en population — mais pas en population agricole — depuis quelques années : Kaiser, communication personnelle), il est certain que le programme agricole européen qui est en train de se définir aura un effet dans le futur proche — et de façons multiples — sur la démographie de l'Europe méridionale. La période de l'après-lutte du Larzac, pour des raisons prévisibles et aussi accidentelles, pourrait servir d'exemple de ce qu'on serait capable d'accomplir avec d'autres choix de politiques agricoles que celles qui ont cours actuellement. S'il est vrai que la dépopulation du plateau permettait, au début, la création de fermes plus grandes et donc économiquement plus efficaces, des conditions spécifiques à la lutte ont aussi augmenté considérablement l'expérimentation sur les petites fermes qui n'exigeaient pas d'énormes investissements. Par conséquent, aujourd'hui, on trouve des fermes modernes d'une dimension importante à côté de petites exploitations dont quelques-unes offrent des produits innovants de haute qualité.

Par ailleurs, bien que le Larzac ne soit pas le paradis et que tout le monde ne soit pas satisfait des suites de la victoire, la vie sociale et agricole a été enrichie et l'horizon étendu pour ces agriculteurs désireux de participer à une ou plusieurs des nombreuses associations qui se sont développées depuis vingt et un ans et dont les activités débordent souvent les limites du plateau. Il est à noter aussi que la population jeune et diversifiée que les fermes et les hameaux du plateau ont attiré a contribué à l'épanouissement de la vie sociale de chaque habitant. Tout cela fait que l'après-lutte du Larzac offre aux autres zones rurales défavorisées, en France et ailleurs, un modèle d'une forme différente de développement.

NOTES

1. Début 1994, on a finalement accepté la participation du SPLB au sein de la Confédération (note de la traductrice).
2. Pour un échantillonage d'ouvrages ethnologiques sur les paysans, voir : Archeti et Aass (1978) ; Ennew, Hirst et Tribe (1977); Roseberry (1983) ; Silverman (1979) ; Shanin (1980, 1983, 1987) ; Weber (1976) ; Wolf (1955, 1966).
3. L'augmentation assez spectaculaire de la production de lait par brebis est due à une alimentation scientifiquement contrôlée récemment introduite et à une sélection génétique pour une meilleure production de lait. L'introduction de l'espèce Lacaune dans les années 1960, qui remplace maintenant le type plus rustique natif du Larzac, est un facteur majeur dans l'augmentation du rendement.

Chapitre 2

Les débuts de la lutte

> « Je vous salue, paysans du Larzac, et je salue votre lutte pour la justice, la liberté et pour la paix, la plus belle lutte de notre vingtième siècle. »
>
> Jean-Paul Sartre

Je suis un ethnologue, pas un historien. Décrire et analyser une communauté actuelle, tel est le dessein de ce livre. Cette communauté n'en a pas moins son histoire propre qui s'est forgée au cours d'une longue lutte contre l'extension du camp du Larzac. Il serait donc illogique d'en parler sans tenir compte de cette période « héroïque », ces années de conflit avec le gouvernement [1]. La communauté de l'après-lutte du Larzac est le produit des événements qui ont eu lieu entre 1970 et le 3 juin 1981, date à laquelle l'extension du camp a été annulée. De même, bien que le succès de la lutte du Larzac ait été sans doute le résultat d'une série de réponses internes fort ingénieuses à une menace externe immédiate, ce serait également illogique de négliger les facteurs économiques, historiques, et culturels — intrinsèques et extrinsèques au Larzac — qui font partie depuis bien longtemps de son patrimoine. Ces facteurs ont eu des répercussions importantes sur la communauté qui a émergé et les individus qui l'ont constituée. Il nous faut regarder de près le développement rapide d'une stratégie cohérente, ainsi que l'idéologie sur laquelle elle s'est appuyée. Mais nous ne devons pas pour autant oublier le contexte national-historique dans lequel les tactiques et les principes idéologiques ont évolué. A cet égard, Didier Martin (1987) nous fait observer que le Larzac, pendant et après la lutte, ne peut être compris que par rapport à un ensemble complexe de relations qui se sont formées pendant les dix années de conflit entre, d'un côté, les paysans et de l'autre, ceux qui les soutenaient de l'extérieur. D'un intérêt particulier est, à cet égard, l'alliance locale entre un segment de la classe ouvrière de Millau et les paysans, lien fragile qui n'a pas survécu à la victoire de 1981. Pour résumer, ce qui suit est une description et une analyse, ancrées dans le temps, de ces facteurs complexes qui, à mon avis, ont créé la communauté de l'après-lutte.

Dans les années 60, la ville de Millau était déjà entrée dans une crise économique. La mégisserie et la ganterie baissaient sérieusement. Les licenciements et les fermetures d'usines avaient commencé et allaient continuer pour le reste de la décade et au-delà. En 1966, Georges (Jo-Jo) Artières, un gantier, a découvert que son usine était au bord de la faillite. Propriétaire d'un terrain agricole situé juste à l'extérieur de Millau et en dessous du Larzac, sur le coté plateau de la vallée de la Dourbie, il a décidé de risquer l'élevage des poulets et, par conséquent, a demandé la permission aux autorités locales de construire un poulailler. A sa surprise, sa requête a été refusée. Quand il a protesté, on lui a dit que le projet d'étendre le camp du Larzac avait gelé toute construction sur la moitie nord du plateau comme dans la vallée contiguë. A sa demande, on lui a montré une carte du secteur avec les limites de l'extension dessinées au crayon gras. Artières, un antimilitariste, est monté immédiatement sur le causse pour avertir deux agriculteurs qu'il connaissait — Léon Maillé (le père) et Léon Burguière — que leurs fermes étaient comprises dans le projet. Les deux hommes, incrédules, lui ont dit qu'il était fou.

Nous savons qu'un ministre (le secrétaire d'État pour la Défense, André Fanton) avait fait une allusion au projet d'extension pendant une réunion du parti gaulliste à La Cavalerie, le 11 octobre 1970. Bien que sa référence à l'extension ait entraîné l'organisation d'une association régionale largement suivie (l'Association de sauvegarde du Larzac) présidée par un groupe de notables et comprenant parmi ses membres plusieurs paysans bien connus, elle n'a pas provoqué de manifestations publiques. Ce manque de réaction de la base était peut-être dû au scepticisme de la population du Larzac qui, depuis les années 50, était accoutumée à entendre des rumeurs au sujet du camp. En outre, à l'époque, les paysans ne formaient pas encore un groupe cohérent uni par les intérêts partagés et l'existence d'un ennemi commun. Quant à la population de Millau, elle se souciait peu du bien-être de leurs voisins paysans. Toutefois, il y avait quelques individus que les rumeurs inquiétaient. Une de ces personnes s'appelait Robert Siméon qui, comme son ami, Jo-Jo Artières, alliait un amour pour la beauté naturelle du Larzac avec un antimilitarisme engagé.

Un matin du printemps, en 1971, peu après avoir démissionné de son poste de berger du GAEC des Baumes sur le nord-est du Larzac et ayant besoin de téléphoner au sujet d'un travail à Millau, R. Siméon est allé à la ferme de Lasmayou, pas loin, où se trouvait le seul téléphone public du quartier. Là, au cours d'une conversation banale avec les habitants de la ferme, on lui a dit, au détour d'une remarque, que plusieurs gendarmes étaient venus le matin même pour inspecter les lieux en préparation de l'extension du camp. Robert Siméon avait fait une année de prison comme objecteur de conscience pendant la guerre d'Algérie. A la fin des années 60, il était aussi membre du PSU (Parti socialiste unifié). Il n'était pas prêt à passer sous silence ce qu'il avait entendu ce matin-là à Lasmayou. De retour à Millau le soir, il téléphona à ses amis et collègues, y compris Jo-Jo Artières, pour organiser une réaction à l'extension qui — pour eux, du moins — était imminente. Ainsi est née la première protestation publique contre l'extension. Le 9 mai, un groupe de gauchistes, de pacifistes et d'écologistes militants de Millau, avec le MDPL (le Mouvement pour le désarmement, la paix et la liberté) de Montpellier — au total, environ 1 500 personnes — s'est réuni à Millau et après des discours, a marché sur le quartier général du camp à La Cavalerie. Aucun paysan n'y participait. Jo-Jo Artières nous a dit, pourtant, qu'il avait vu Guy Tarlier se tenant à l'écart, mais qui observait tout ce qui se passait. Il nous a signalé aussi que Louis (Loulou) Massebiau, membre d'un GAEC à La Cavalerie et syndicaliste militant, leur avait permis de stocker leurs approvisionnements pour le pique-nique du soir sur un bout de terrain qui lui appartenait au bord du village. Cette manifestation a bientôt donné naissance à Millau au premier comité de soutien du Larzac, extérieur au plateau. Le second a été organisé à Rodez en 1972. A la fin de la lutte, il y en avait 100 éparpillés à travers toute la France.

A part le comité de Millau, qui avait l'oreille constante des paysans, le groupe le plus important se trouvait à Paris. Il a été organisé par Alain Cabanes, un militant de gauche, et plusieurs de ses amis et collègues. La description de Cabanes des débuts du comité de Paris et de son fonctionnement témoigne du caractère improvisé — efficace, pourtant — du mouvement du Larzac.

> L'Association de sauvegarde du Larzac a tenu une conférence de presse à Paris à la fin de 1971. Ils ont organisé les « fermes ouvertes » (*voir plus loin*) dont j'ai entendu parler à Paris par les occitanistes. Je suis de l'Hérault et ma femme vient de la Sorgue. Nous connaissons bien la région et l'esprit des gens. Nous avons décidé de descendre sur le Larzac et voir par nous-mêmes ce qui s'y passait. Loulou Massebiau était à la tête du mouvement à l'époque. On a eu une messe pour marquer la fin du jeûne de Lanza. Martin a chanté le soir et on nous a donné des cartes sur lesquelles étaient marquées les fermes. Pendant les visites aux fermes, nous avons rencontré des gens de toutes les régions de France. Quelqu'un a eu l'idée de créer des comités de soutien. Tout de suite une dizaine de gens de Paris se sont mis d'accord pour mettre sur pied un groupe qui représenterait le Larzac à Paris. Nous avons décidé sur le champ d'organiser une manifestation à la Mutualité. Quand je suis rentré à Paris, j'ai réuni un groupe. (Je militais à l'époque au PSU et dans le mouvement occitaniste.) Nous avons réussi à tout organiser en 15 jours ! Nous sommes partis du principe que, bien que nous

soutenions le Larzac, il fallait que les gens du plateau parlent pour eux-mêmes. Loulou Massebiau, Pierre Bonnefous, Guy Tarlier et Pierre Burguière sont venus. Tout était improvisé et j'étais inquiet qu'il n'y ait pas suffisamment de monde pour remplir la salle. Mais la Mutualité était bondée ! Nous étions très surpris et nous nous sentions bouleversés par les événements. Le travail du comité a évolué d'une manière empirique et très vite. Chaque fois que quelque chose se passait sur le plateau, nous essayions d'organiser quelque chose à Paris. Nous descendions sur le Larzac régulièrement aussi.

L'été de 1971, un groupe de maoïstes de Toulouse a eu vent de l'extension et a décidé de déclencher une offensive contre le gouvernement via le Larzac qu'ils tenaient pour le premier champ de bataille de la « révolution future ». Avec la permission de Jo-Jo Artières, ils ont établi leur camp sur sa propriété et ont passé l'été dans une « longue marche », allant d'une ferme à l'autre, offrant leur travail gratis et prêchant contre l'extension. Les paysans se méfiaient des maoïstes. Pendant les événements de mai 1968, la France rurale avait condamné presque unanimement les manifestations à Paris. On prenait les étudiants qui s'y étaient impliqués pour des gauchistes et des « babas cools » dangereux. Les maoïstes étaient vite identifiés aux pires des soixante-huitards. Leur façon de s'habiller et de se comporter, surtout leurs mœurs sexuelles qu'ils étalaient en public sans gêne, scandalisaient les gens qui trouvaient aussi que leurs discours politiques interminables leur étaient étrangers et difficiles à supporter. Toutefois, en dépit de ces sentiments négatifs, les maoïstes ont bel et bien eu un impact sur le militantisme latent des paysans du Larzac. Plus d'un habitant du causse que nous avons interviewés nous ont dit que les maoïstes tout en étant « embêtants », ou pires, avaient été une source de la prise de conscience politique qui s'éveillait sur le plateau. Parmi d'autres choses qu'ils ont accomplies durant cet été de 1971, les maoïstes ont fait une enquête dans laquelle ils demandaient l'opinion des paysans sur l'extension. Les résultats ont montré que la majorité y était fermement opposée. L'enquête a fourni l'un des premiers témoignages de l'existence d'une opinion publique qui s'était constituée contre les projets de l'armée.

La tension montait. Le 23 septembre, un groupe de paysans manifesta à La Cavalerie en déversant des pierres et du fumier devant la porte de la maison du maire. On n'avait pas besoin de beaucoup plus pour faire partir une explosion. Elle s'est déclenchée avec l'annonce officielle de l'extension par Michel Debré, le 28 octobre 1971. Le gouvernement avait promis à l'Association de sauvegarde du Larzac qu'il consulterait la population locale avant de prendre une décision définitive vis-à-vis de l'extension. Au lieu de cela, il a agi d'une façon unilatérale. L'opposition au camp grandissait et s'apprêtait à contre-attaquer, mais « les paysans du Larzac » — cette collectivité militante à l'intérieur du plateau — n'étaient pas encore nés. La première réaction concertée est venue de la FDSEA. Le syndicat a appelé, pour le 6 novembre 1971, à une manifestation massive à Millau. Six mille personnes y ont assisté avec une majorité de paysans. Loulou Massebiau, un des principaux orateurs à ce rassemblement, a tenu des propos bien éloignés du message non violent qui allait émerger de l'étape suivante. Plus d'une fois dans son texte, L. Massebiau appelait explicitement à une action violente contre l'extension. En regardant de près son langage, on constate son emploi systématique du mot « agriculteur ». On ne se sert pas encore du terme « paysan » comme étiquette. En automne 1971, l'idéologie autour de laquelle un mouvement national allait se développer plus tard n'avait pas encore pris forme.

En dépit du ton violent du discours de Loulou Massebiau, les négociations entre les membres de l'Association de sauvegarde du Larzac et le préfet ont continué entre novembre 1971 et avril 1972. La position du Larzac dans ces discussions a été explicite sur au moins un point essentiel : aucun agriculteur qui voulait rester sur le plateau ne serait forcé de céder sa terre au gouvernement. La protestation sur le Larzac est vite devenue un sujet local brûlant. Très peu de gens dans l'Aveyron rural y étaient indifférents.

On souleva bientôt la question de savoir si une protestation locale contre le gouvernement pourrait réussir en se limitant à la région concernée. Pierre Laur, un des leaders de l'Association des industriels de Roquefort, avait la conviction qu'il était impératif d'attirer l'attention nationale sur le mouvement. Avec cette idée en tête, il fit insérer dans le journal *Le Monde* une page entière d'annonce protestant contre l'extension. En outre, avec

Léon Burguière, qui venait de prendre la retraite de sa ferme de l'Hôpital, ils entamèrent un périple à travers toute la France prononçant des discours contre le projet d'extension. (Ils continueraient à le faire jusqu'à l'annulation du projet en 1981). Voici deux personnes conservatrices de la région, hautement respectées, qui étaient prêtes à se déclarer contre l'État devant tout public qui voulait bien les écouter. La politique plutôt à droite de P. Laur était bien établie. (En 1988, il soutiendra Jean-Marie Le Pen, du Front national, aux élections présidentielles). Sa participation active à la lutte du Larzac est un des nombreux exemples qu'on pourrait citer pour montrer l'ampleur de la coalition locale. Comme Pierre Burguière nous l'a déclaré : « A quelques exceptions près, l'extrême droite, la droite, le centre, la gauche, et l'extrême gauche étaient tous — au niveau local — en opposition à l'extension ». Le caractère étendu de cette réaction a surgi d'une tendance populiste très forte qui existe dans l'Aveyron et dans l'arrière-pays rural de la France en général.

Parce qu'il s'agissait d'une question populiste, on n'était pas obligé d'être pacifiste pour s'opposer à l'extension. Pierre Laur, pour ne citer que lui, s'est expliqué clairement à ce sujet dans notre interview. Il a dit qu'il n'avait rien contre l'armée en tant que telle. Il se considérait même comme un patriote. En effet, il s'était porté volontaire à la deuxième guerre mondiale tout en étant exempt du service pour des raisons familiales. Son opposition à l'extension venait non seulement d'un attachement depuis son enfance à l'environnement naturel du plateau, mais de sa forte conviction que l'extension allait contre les intérêts locaux et était sans utilité pour la défense nationale. Pour lui, le projet constituait encore un exemple flagrant de la détermination de Paris d'imposer sa volonté sur la province. Bien sûr, il ne faut pas oublier que le projet d'extension était aussi une menace réelle pour les intérêts économiques de Laur. En tant que petit industriel, sa part de la production de Roquefort dépendait fortement du lait du Larzac.

Les paysans du Larzac avaient de la chance. Leur protestation s'enracinait dans un sol fertile. En 1970, le populisme n'offrait pas le seul chemin vers l'opposition. On n'a pas besoin de chercher loin pour découvrir un facteur totalement différent qui allait favoriser le Larzac vis-à-vis de l'armée. Les événements récents de 1968 avaient créé un mouvement de masse (ce que j'aimerais appeler une « mode culturelle » à cause de sa nature éphémère) qui était anti-institutionnel, axé sur l'écologie et antimilitariste. Pour une brève période, un large segment du public, bien que généralement à gauche de la scène politique, était tout prêt à apporter son soutien aux paysans du Larzac. Préoccupée traditionnellement par les besoins de la classe ouvrière, la gauche était devenue sensible aux réclamations d'un mouvement écologique croissant ainsi qu'à celles d'une population rurale normalement conservatrice. Par conséquent, avant la fin du mois de février 1972, 300 000 personnes de toute la France avaient signé une pétition contre l'extension.

En même temps, Pierre Laur et d'autres leaders, qui avaient fait connaître le mouvement dans tout le pays, se sont rendu compte qu'un soutien sans équivoque de « l'arrière-cour » du Larzac était aussi important à la légitimation du mouvement que son extension au-delà des limites de l'Aveyron. Donc, tout en structurant la lutte à un niveau national, la direction du mouvement accordait son attention aux habitants de Millau qui, en général, avaient une attitude plutôt froide à l'égard de la protestation. Pierre Laur prétend (et il y en a d'autres qui le soutiennent dans sa revendication) que l'action choisie pour sensibiliser la population de Millau à la perte potentielle de leur « jardin » sur le Larzac est partie de lui. Dans tous les cas, le 12 février 1972, on a allumé d'énormes feux sur le plateau au-dessus de la ville. En même temps, les cloches des églises de Millau ont sonné le tocsin, moyen traditionnel d'avertir la population d'un désastre. La réponse des villageois semble avoir été presque immédiate. Ce spectacle impressionnant a alerté Millau au fait que « son » Larzac était en danger. A partir de ce moment, de plus en plus de Millavois — bientôt la majorité des habitants de la ville — se sont joints à l'opposition au projet d'extension.

Les liens avec la classe ouvrière de Millau se sont constitués au printemps de 1972 quand l'usine de pantalons, SAMEX, s'est mise en grève pour obtenir des salaires plus élevés, une amélioration des conditions de travail et le droit d'avoir des syndicats. Cette grève a été l'une des premières faites par des ouvrières. Selon Albert Austruy, un militant de la CFDT qui s'est aussi fortement engagé dans le mouvement du Larzac :

> Les directeurs de SAMEX pratiquaient la répression. Ils ne connaissaient que le travail. Ils poussaient la chaîne aussi vite que possible et augmentaient continuellement les quotas de production. La CFDT avait décidé de ne pas aider les ouvrières avant qu'elles ne nous le demandent. Finalement elles nous ont envoyé une délégation. Nous nous sommes rencontrés avec 50 femmes et nous sommes mis d'accord sur une grève et sur une occupation de l'usine. Au début, le PDG a refusé de négocier. On n'avait jamais vu à Millau une occupation d'usine, mais après 48 heures, la direction voulait bien nous parler. Les premières discussions ont duré quarante heures, jour et nuit, avec la participation du maire et de l'inspecteur du travail. On est monté sur le Larzac pour encourager les paysans à envoyer une délégation à l'usine. Les Burguière sont venus et ont discuté avec les ouvrières, mais j'avais l'impression qu'ils ne pourraient pas vraiment comprendre les conditions s'ils ne voyaient pas la chaîne en action. J'ai demandé aux femmes de mettre la chaîne en marche à un rythme de 500 paires de pantalons l'heure. Les paysans ont été choqués. Léon Burguière s'est exclamé : « Ce n'est pas possible, C'est honteux ! » Il a demandé à rencontrer les officiels du syndicat immédiatement. Il a dit qu'il ne voudrait jamais voir ses filles travailler dans les mêmes conditions. Les paysans sont retournés au Larzac et le lendemain, ils sont descendus avec des sacs pleins de provisions pour les ouvrières. Plus tard, quand une exposition sur la lutte a eu lieu sur le Larzac, à la Jasse (*le centre d'information sur la route nationale 9 qui devint ultérieurement le musée écologique du Larzac*), les femmes de SAMEX l'ont gardée bénévolement pendant une partie de leurs vacances.

Yves Hardy et Emmanuel Gabey ont suggéré dans leur livre, *Dossier L....comme Larzac* (1974) que l'interaction entre les paysans et les ouvrières de SAMEX a déblayé le chemin pour une alliance formée plus tard entre le Larzac et les ouvriers de l'usine de fabrication de montres de Lip. En 1972, pendant une confrontation particulièrement difficile entre le syndicat et la direction au sujet de l'annonce de la fermeture de l'usine, les ouvriers de Lip en ont assumé la production et la direction. Cette action, perçue comme un exemple d'autogestion, a attiré l'attention du pays. Quand les paysans et les ouvriers de Lip ont formé une alliance en 1973, les liens entre la gauche traditionnelle et le Larzac ont été considérablement renforcés. On mettait en évidence la présence des ouvriers de Lip parmi les participants à la manifestation sur le plateau en août 1973 à laquelle ont assisté 50 000 à 60 000 personnes. Les relations entre le Larzac et les ouvriers étaient fragiles pourtant, et d'un caractère temporaire. La protestation des ouvriers de Lip s'est dissoute en 1974 et le chômage qui s'aggravait à Millau affaiblissait la CFDT. Il n'y aurait pas d'autres alliances entre le Larzac et la classe ouvrière.

L'histoire de la France a été ponctuée, avec une certaine fréquence, de protestations violentes d'ouvriers et de paysans (voir Tilly 1986). A cet égard, l'engagement du mouvement du Larzac dans la non-violence était une aberration et demande une explication. La protestation du Larzac s'est nourrie sans doute en partie du climat « révolutionnaire » de 1968. Mai 1968 a été une révolution *ratée*. Ce qui subsistait à gauche dans les années 70, c'était la poursuite de l'espoir en un changement profond de la société française : un *esprit* de révolution que les uns essayaient de réaliser en pratiquant de nouveaux modes de vie, les autres en soutenant des mouvements locaux de protestation. Le Larzac offrait un lieu parfait (réel et imaginaire) pour la matérialisation d'un tel état d'esprit. Il est devenu le sol expérimental d'où a surgi un nouvel ensemble de tactiques chargé, en s'en prenant à son établissement militaire, de tester la détermination de l'autorité de l'État. Y avait-il une meilleure façon de le faire que d'affronter « la force des armes » avec la force morale de la non-violence ?

Nous verrons plus loin que l'histoire personnelle, ainsi que des réunions pour l'étude de l'Évangile qui avaient eu lieu avant la lutte, ont préparé certains agriculteurs qui avaient du poids dans la communauté à s'engager dans l'action politique non-violente. En fin de compte, les uns ont suivi la non-violence par conviction et les autres, pour des raisons tactiques. Elle a fonctionné parce qu'elle unifiait des groupes ayant des buts politiques et sociaux différents. On pouvait affronter l'État et lui infliger une série de défaites au moins au niveau des médias. On retenait l'armée sur la défensive et raffermissait les agriculteurs du Larzac et leurs alliés dans leur détermination à continuer le combat. La tactique de la non-violence a également donné au élus locaux et aux notables de l'Aveyron la possibilité de légitimer leurs demandes de pouvoir face à l'autorité centrale de Paris.

L'Aveyron, en général, et le Larzac, en particulier, sont profondément catholiques. Peu après la deuxième guerre mondiale, une association nationale d'agriculteurs (Jeunes agriculteurs catholiques ou JAC) a été fondée afin d'encourager les jeunes ruraux à participer à des activités culturelles, à s'instruire et à s'engager dans des questions régionales et internationales en accord avec leurs convictions religieuses. Dans le même esprit les Chrétiens en milieu rural (CMR) ont été créés pour permettre aux petits groupes d'agriculteurs et de prêtres locaux une réflexion sur des problèmes personnels — souvent élargie aux sujets nationaux et internationaux — par rapport à l'Évangile, mais en dehors des règles formelles de l'Église et de la messe. La JAC et le CMR ont eu une influence importante dans l'Aveyron. Le prêtre affecté au CMR du Larzac était Pierre Bonnefous, lui-même l'un des dix enfants nés dans une famille de paysans pauvres de l'Aveyron dont le père exploitait une ferme minuscule de dix hectares. P. Bonnefous, animateur intelligent d'esprit ouvert, a fondé un groupe qui se réunissait deux fois par mois.

Parmi ceux qui y assistaient se trouvaient Robert Gastal, un paysan de La Cavalerie qui avait été dégoûté de ce qu'il avait vu comme jeune recrue pendant la guerre d'Algerie, et Elie Jonquet qui avait passé la deuxième guerre mondiale en Allemagne comme ouvrier-prisonnier. Pendant ces réunions, le groupe discutait souvent des horreurs de la guerre. A ces discussions, qui ont eu lieu pendant le règne réformiste et libéralisant du pape Jean XXIII, sont venus Auguste Guiraud de La Blaquière, Guy et Marizette Tarlier, plusieurs membres de la famille Burguière ainsi que d'autres personnes. Le rôle de ces rencontres dans la préparation des paysans du Larzac à l'acceptation du concept de non-violence est reconnu aujourd'hui. Cet engagement essentiellement moral s'est transformé plus tard en stratégie active seulement sous l'influence de Lanza del Vasto, le fondateur charismatique de la communauté non-violente de L'Arche qui s'était implantée dans la région.

Quand les militants de Millau, inspirés par des sentiments antimilitaristes, ont décidé de se manifester à La Cavalerie en mai 1971, ils ont demandé à L'Arche de se joindre à eux. Les membres de la communauté étaient d'accord d'y participer si l'action s'avérait strictement non-violente et si, afin d'assurer la non-violence, ils pouvaient se charger de la sécurité. Le groupe de Millau a accepté ces conditions et L'Arche a fait sa première apparition dans la protestation contre l'extension du camp. Peu après, Lanza del Vasto a décidé de s'engager personnellement dans la cause du Larzac. Convaincu qu'une action non-violente — mais spectaculaire — où il ferait le don de sa propre personne serait un moyen efficace de s'opposer à l'extension du camp et en même temps de pousser les paysans à adopter une forme pacifique de protestation, Lanza a jeûné deux semaines pendant la période de Pâques en 1972. Les paysans jeûnaient avec lui — plusieurs à la fois, à tour de rôle pendant un ou deux jours — et un public plus étendu assistait aux sermons sur la non-violence que Lanza donnait chaque soir. Le soutien des évêques de Montpellier et de Rodez, qui ont aussi participé au jeûne durant une journée, en a amplifié l'impact. A la même époque, une lettre épiscopale de soutien des paysans a été lue du haut de quarante chaires d'églises de l'Aveyron. Ces actions ont galvanisé les paysans fondamentalement conservateurs. Lanza del Vasto leur a fourni une idéologie et un moyen d'agir en parfait accord avec leurs convictions religieuses.

Le mouvement du Larzac était lancé. Pendant le reste de la lutte, la non-violence fut le seul moyen acceptable pour les paysans. Cette adhésion à la non-violence conférait aux paysans le sentiment d'être les gardiens d'une cause juste. En outre, elle leur apportait la force de maintenir le contrôle du mouvement même quand il a pris des proportions nationales.

Pendant les dix années de la lutte, le Larzac a pu résister à la récupération du mouvement par les militants de l'extérieur. On respectait les règles du jeu comme les paysans les entendaient, ou on sortait de la lutte. C'est probablement pour cette raison que, après quelques tentatives au début du mouvement, le parti communiste à Millau, tout comme la CGT, a refusé sa coopération.

Le 28 mars 1972, inspirés par le jeûne de Lanza del Vasto, 103 des 107 paysans menacés par l'expropriation (qui comprenait entre 5 % et 100 % de leurs terres), représentant — membres de familles et des employés inclus — de plus de 500 personnes, apposèrent leur signature à un serment. Ils promettaient de ne jamais vendre à l'armée. Cet engagement solennel est devenu la charte du mouvement du Larzac, la concrétisation de la force morale créée pendant le jeûne de Lanza. A plusieurs occasions au cours des années, les partisans de l'extension, afin de discréditer les paysans, attaquèrent le serment, déclarant que les signataires avaient vendu à l'armée. En 1978, ils signalaient que l'armée avait acheté 8 697 hectares des 14 000 compris dans l'extension. Dans la même année, les paysans ont répondu par l'édition d'une analyse détaillée de ces chiffres (*Gardons le Larzac*). Selon ce rapport, parmi les 32 individus qui n'avaient pas tenu leur engagement, trois étaient décédés, un avait abandonné l'agriculture, douze avaient pris leur retraite, deux avaient vu leur terre exclue du projet d'extension, et deux avaient refusé de signer encore une fois, mais ils n'avaient pas non plus vendu à l'armée. Des douze qui restaient, onze avaient en effet vendu à l'armée. Sept avaient vendu de petites parcelles (la plus grande comptait 50 hectares) et aucun n'avait été un participant actif à la lutte. Une personne avait vendu 800 hectares de pâturage que les paysans affirmaient être de peu d'intérêt pour l'armée à cause de son emplacement à la périphérie de l'extension. Trois des autres signataires du serment avaient vendu leur ferme entière comme l'avait fait une autre personne qui ne l'avait pas signé. Au moment du rapport, deux des trois signataires continuaient à occuper et à travailler leurs terres en payant un fermage. Pendant cette même période (1972-1978), treize nouveaux agriculteurs se sont établis sur le plateau, y compris huit squatters dont nous parlerons plus loin.

Le rapport minimisait aussi l'importance du succès apparent de l'armée d'avoir « acheté » les 8 697 hectares. La plupart des acquisitions de l'armée provenaient soit de l'achat du terrain communal, soit des ventes par des propriétaires non résidents. Pendant toute la lutte, des rumeurs circulèrent selon lesquelles l'un ou l'autre propriétaire avait vendu. Il est fort possible que ces rumeurs aient été répandues par des forces en faveur de l'extension, pour diviser les paysans. De toute façon, étant donné les soupçons que les rumeurs ont probablement causés, tentant d'autres personnes à « se rendre » à l'armée — sans compter les prix gonflés que le gouvernement offrait pour la terre déclarée de peu de valeur par le gouvernement lui-même — la ténacité dont a fait preuve la majorité des paysans n'est rien moins qu'extraordinaire.

L'action s'est intensifiée le printemps et l'été 1972. Le jour où Lanza del Vasto a mis fin à son jeûne, le 1er avril, l'« Opération fermes ouvertes » a commencé. Son but était de permettre aux gens de l'extérieur de se rendre compte par eux-mêmes de la vie sur le Larzac. Plus de 3 000 personnes ont visité les fermes pendant l'opération. Le 2 juillet, deux centres d'information ont été ouverts le long de la route nationale 9. Ce même été, un soutien est venu des occitanistes qui ont vite adopté le Larzac comme une de leurs revendications « anticolonialistes ». Toutefois, bien qu'ils soient restés présents dans la lutte, le développement rapide du mouvement à l'échelle nationale les a en peu de temps éclipsés.

Le 14 juillet, jour anniversaire de la prise de la Bastille, en réponse à un appel du comité Larzac de Rodez, un nombre important de paysans se sont dirigés avec leurs tracteurs sur cette ville : 20 000 manifestants y attendaient leur arrivée. Le Comité départemental de sauvegarde du Larzac et de son environnement, un groupe de soutien qui venait de se former composé de représentants des associations locales, avait organisé cette action. Parmi eux se trouvaient : les présidents de la chambre d'agriculture locale, de la FDSEA, du CDJA (Centre départemental des jeunes agriculteurs), le président de la SEB, des délégués de différents syndicaux non agricoles et des élus locaux éminents.

L'orateur principal à cette manifestation de Rodez était Robert Gastal, un paysan de La Cavalerie. Bien que Pierre Bonnefous l'ait aidé à donner forme à son discours, les mots dont il se servait étaient les siens et venaient du cœur. Réticent à s'exprimer pendant les réunions, il se transformait en un orateur convaincant une fois qu'il acceptait de parler en public. Robert Gastal allait devenir effectivement une des voix les plus authentiques du Larzac. C'était lui qui a trouvé le terme « pur porc » (le label d'authenticité qu'on trouve sur les saucissons de l'Aveyron) pour distinguer les natifs de longue date des nouveaux arrivés sur le Larzac. « Pur porc » lui-même, R. Gastal pouvait parler avec autorité au nom du Larzac. Notons comment il remplace le mot « agriculteur », dont il se sert au début, par le terme de « paysan » qu'il emploie pour le reste du discours.

> Depuis l'âge de dix ans, j'ai commencé à garder des brebis. Ma vie professionnelle n'a pas changé. Je ne suis pas habitué à faire des discours. Hier soir, j'ai rentré du foin et cette année, il y en plus que jamais sur le Larzac.
>
> Ce matin, j'ai été traire les brebis comme les copains et puis nous avons pris la route avec les tracteurs. Et nous avons 100 kilomètres à faire. Je ne suis pas un cas spécial, tous les agriculteurs du Larzac sont comme moi. Si nous sommes venus avec nos tracteurs, ce n'est pas pour faire du folklore mais pour prouver notre vigoureuse détermination. Après avoir fait le con pendant 28 mois en Algérie (je ne suis pas le seul) voilà que maintenant en pleine force de l'âge, en plein dynamisme, l'armée vient nous chasser, nous amputer. Avec nos familles, nos enfants, avec toutes nos réalisations et nos investissements.
>
> Ce qui se passe sur le Larzac depuis deux ans est inadmissible et scandaleux, nous avons le droit à la vérité !
>
> La décision de l'extension du camp a été prise par un seul homme, Debré. Aucun député, aucun sénateur n'a eu à se prononcer sur cette extension ! C'est une atteinte à la démocratie et aux droits de l'homme...
>
> Une chose nous a fait mal à nous, paysans du Larzac, c'est quand Debré et Sanguinetti nous traitent de mauvais Français. Chers amis, vous vous arrêterez devant les monuments aux morts du Larzac... Les listes y sont longues. M. Debré, nous n'avons pas de leçon à recevoir de vous. Un des nôtres, Élie Jonquet de La Blaquière, porte un témoignage éloquent. Il a perdu son grand-père des suites des premières expropriations du camp en 1902. Après ce fut la guerre de 14, deux de ses oncles y sont morts, son père, gravement touché, est mort deux ans après son retour. En 39, Élie lui-même a fait cinq ans de captivité... Il a droit à du respect plutôt qu'à des insultes...
>
> Au nom des paysans du Larzac, je tiens à vous remercier, toutes les femmes, tous les hommes, tous les jeunes qui nous soutiennent ; vous êtes de partout et vous représentez des options différentes : respect de la démocratie et de la liberté, paix, désarmement, protection de la nature, etc. C'est grâce à vous que nous avons tenu et que nous tiendrons encore...

> Quant à nous, paysans du Larzac, nous allons adopter une attitude ferme et nette par rapport à ceux qui travaillent à notre perte... Nous n'accepterons jamais d'être vendus pour de l'argent.
>
> Nous ne partirons pas vivants du Larzac... Nous garderons le Larzac.
>
> Aujourd'hui, nous ferons 250 kilomètres en tracteur et nous n'hésiterons pas à monter à Paris si Debré ne retire pas sa décision (Boyer, H. et al., 1986 : 16-18).

La saveur du discours de ceux qui soutenaient le camp auquel se réfère R. Gastal dans ses propos peut être appréciée dans la lettre suivante écrite le 16 juin 1972 à Max Bardet, un sympathisant du mouvement contre le camp, par Alexandre Sanguinetti, député de la Haute-Garonne :

> J'ai combattu le nazisme pendant cinq ans. Cela m'a valu un an d'hôpital et l'amputation de la jambe droite sans compter d'autres blessures.
>
> J'ai reçu la Légion d'Honneur à titre militaire, la Médaille Militaire et plusieurs citations dont deux à l'ordre de l'armée...
>
> Je me souviens toujours de la façon dont la France a été écrasée en 1940 et des conséquences de notre défaite pendant l'occupation. Je ferai tout pour que cela ne se renouvelle pas. L'affaire du Larzac a été montée de toutes pièces par les gauchistes et les marxistes avec la complicité d'une Église qui ne croit plus en Dieu, mais en Saint Marx.
>
> Pendant des siècles, la paysannerie française a donné l'exemple du patriotisme. Il semble que ce temps soit fini.
>
> Libre à vous de refuser un effort national nécessaire. Représentant élu du peuple, je continuerai à faire mon devoir, même si celui-ci vous déplaît (Archives du Larzac).

Sans doute au grand chagrin d'Alexandre Sanguinetti, son frère, l'amiral Antoine Sanguinetti, est devenu un partisan engagé de la lutte du Larzac au moment de sa retraite de la marine. Une autre personnalité militaire, le général Jacques Bollardière, un vétéran d'Indochine et d'Algérie, a quitté l'armée et s'est converti au pacifisme. Il a été un des orateurs principaux de la manifestation de 1973 sur le Larzac à laquelle ont assisté environ 60 000 personnes. Au-delà de ces défections militaires, quelques officiers de haut rang, et toujours en fonction, ont aussi mis en doute l'utilité de l'extension du camp. Le général Alain de Boissieu, chef d'état-major de l'armée a dit, par exemple, en 1974 : «... nous avons étudié l'agrandissement du camp du Larzac, les militaires n'étaient pas très enthousiastes car c'est un camp très rugueux, très rocailleux, difficile de parcours ». (*Gardons le Larzac*, 1978)

Pendant toute l'année 1972, les paysans essayaient de maintenir la pression dans les médias et d'influencer l'opinion publique pour qu'elle prenne position contre l'extension. Le 25 octobre de cette année, ils transportèrent 60 brebis à Paris dans des camions et les lâchèrent sous la Tour Eiffel. Trois jours plus tard, ils plantèrent 103 pins le long de la nationale, en face du camp, pour symboliser leur détermination à rester sur leur terre. Le gouvernement ne transigeait pas, pourtant. Le 12 décembre 1972, Michel Debré annonçait au Sénat que le camp serait étendu définitivement ; le 26 du même mois, en accord avec la loi, il y eut la déclaration officielle de l'utilité publique du projet par le préfet de l'Aveyron. Le gant était jeté. Il ne fallait pas beaucoup de temps avant que le Larzac ne l'eût ramassé.

Le 7 janvier 1973, 26 paysans quittaient le Larzac sur leurs tracteurs. Destination : Paris. Après plusieurs jours de route, ils arrivèrent à Orléans où la police nationale les arrêta. Elle prétendait que leur présence dans la capitale mettait en danger Golda Meir, le premier ministre d'Israël à l'époque et l'invitée officielle du gouvernement. Devant cette impasse, Bernard Lambert, paysan lui-même (du nord), ancien membre du JAC, ancien député à l'Assemblée et fondateur du syndicat, Paysans-Travailleurs, offrit de poursuivre la marche à Paris avec des tracteurs appartenant aux membres de son syndicat. Les paysans acceptèrent la proposition. La marche continua et le syndicat de Lambert devint une source de soutien importante.

Alain Cabanes nous a décrit l'événement du point de vue du comité de Paris.

> Nous avons participé aussi à l'arrivée des tracteurs du Larzac à Paris. A cette époque, les paysans n'étaient pas très professionnels dans leurs actions politiques et ils ne savaient vraiment pas quoi faire. Nous avons décidé que chaque personne qui soutenait le mouvement devait être prête à accueillir les tracteurs. Nous avons organisé une réunion et nous nous sommes trouvés dans une salle avec 65 groupes de soutien différents,

> allant des communistes à l'UDF. Nous avons dû présider sans aucune expérience. Cette semaine m'a donné des cauchemars. Nous ne pouvions pas mettre ces gens d'accord sur quoi que ce soit et nous ne pouvions pas appeler le Larzac pour des conseils puisque tous les paysans étaient en route pour Paris. Les journaux étaient remplis d'articles sur la marche des tracteurs. Enfin, Gastal est venu par avion et le lendemain, il est retourné à la marche. Nous avons fait imprimer des affiches qui soutenaient l'action et puis on l'a bloquée à Orléans. J'ai rencontré Bernard Lambert qui a téléphoné partout pour trouver des agriculteurs de la région qui prêteraient leurs tracteurs. On a décidé que les tracteurs s'arrêteraient aux bords de la ville et que les manifestants continueraient à pied à la Bourse du Travail. Il y avait une foule immense à la Bourse. Quelques affrontements ont eu lieu avec la police, mais en général tout s'est très bien passé. Par la suite, le comité s'est rencontré régulièrement une fois par semaine.

Ce même mois de janvier, les paysans formèrent la première des associations majeures du plateau, l'Association pour la promotion de l'agriculture sur le Larzac (APAL). Elle avait comme fonction d'aider les agriculteurs à faire avancer leurs différents projets, surtout l'apport de l'eau aux fermes et la construction des bâtiments. Ces deux activités avaient été interdites dès la déclaration d'utilité publique. En effet, toute construction était gelée entre les limites du futur camp. L'APAL acquérait des fonds surtout grâce aux actions des militants de l'extérieur. Jean Desbois et Vincent Roussel, par exemple, en accord avec le Comité de recherches et d'action non violente, envoyèrent aux personnes susceptibles de s'y intéresser un appel leur demandant de retirer 3 % de leur impôts (l'équivalent de l'argent des impôts consacré au budget militaire) et d'en expédier le montant à l'APAL. Avant l'année 1975, plus de 2 000 personnes s'étaient jointes à cette action. Toutefois, quelques mois seulement après le premier appel, en 1973, l'APAL avait déjà accumulé suffisamment d'argent pour la réalisation d'un projet capital : la bergerie de La Blaquière.

La Blaquière est un petit hameau situé sur le flanc nord du camp militaire. Selon les projets de l'armée, il allait disparaître. A l'époque, deux familles d'éleveurs y habitaient : les Guiraud et Elie Jonquet et sa sœur Jeanne. Auguste Guiraud et Élie Jonquet étaient des paysans traditionnels (des « purs porcs ») et les deux comptaient parmi les 103 signataires du serment du Larzac. En 1973, la bergerie en pierre d'A. Guiraud se trouvait en si mauvais état qu'on ne pouvait plus la réparer. Selon la loi, pourtant, il n'avait pas le droit d'en construire une nouvelle. Comprenant qu'il fallait une autre action spectaculaire pour attirer l'attention du public, l'APAL décida de commencer la construction illégale d'une bergerie à La Blaquière. Des plans furent conçus pour élever un bâtiment qui serait en conformité avec l'architecture traditionnelle du Larzac. Le 10 juin 1973, un cortège de tracteurs, lourds de pierres, montait la route qui serpente de Millau au causse en vue de poser la première pierre de la «bergerie-reproche». Ce projet, un des grands succès du mouvement du Larzac, entraîna la construction d'un monument si impressionnant que le gouvernement a, plus tard, offert de le préserver pour des touristes si le camp était étendu. Mais il s'est mis en route sans organisation bien claire et même sans l'espoir de le terminer. On l'a fait, pour ainsi dire, « au pif ». Robert Pirault, alors prêtre-ouvrier de la ville d'Orléans, est devenu le chef non officiel de la construction. Il nous a décrit le projet dans les termes suivants :

> On ne savait rien au début. On ne savait même pas combien de gens on aurait pour travailler sur le site : 30 ou 300. J'avais apporté mes affaires d'Orléans. Il n'y avait rien là, aucune idée d'organisation. Un plan architectural du site existait, mais nous ne l'avions pas. Nous avons fini par voir le plan et l'avons suivi de notre mieux ; mais nous n'avons jamais rencontré l'architecte. Un entrepreneur professionnel nous aidait quand il nous fallait faire quelque chose de vraiment technique comme la construction des voûtes qui soutenaient le toit. Nous avons eu aussi des spécialistes pour le toit. Avec le vent qu'on a sur le Larzac, je n'aurais pas osé le faire à moi tout seul. Des gens venaient de partout. Il y avait des étudiants en vacances, des chômeurs, des babas cools. L'APAL bien sûr payait pour le matériel de construction, mais au début, on ne nous donnait rien pour acheter de quoi manger. Les paysans ne semblaient pas se rendre compte que nous avions besoin de manger tous les jours. Nous avons commencé avec de grands sacs de riz complet et c'était tout. Nous ne savions jamais le nombre de personnes qui viendraient. Nous avions de la nourriture pour trois et en voilà six qui se présentaient. J'allais à Millau chaque jour acheter du pain. Il y avait sans doute des choses volées à Millau. Quand on avait du saucisson, c'était certainement volé. Il n'y avait ni assiettes, ni

fourchettes. On en trouvait dans la décharge. Enfin, l'APAL nous a accordé cinq francs par jour. Les paysans ne se sont jamais rendu compte des conditions. Nous mangions dehors. Les paysans ne nous accueillaient jamais chez eux. J'ai pris une seule douche chez les Jonquet pendant toute la période qu'on travaillait à la bergerie. Par contre, ils appréciaient notre travail.

Quelques-uns venaient travailler avec nous pour la journée. Nous devions leur montrer ce qu'il fallait faire sur le site et quand ils étaient partis, nous ne les voyions plus pendant une semaine, un mois ou trois mois. Les paysans avaient peur des gens qui étaient là et ne voulaient pas avoir de rapports avec eux. Il y avait des exceptions, par exemple, Ti-Clo (*Galtier*), les Burguière et Léon Maille sont venus, en effet, et ils ont appris beaucoup. Pas mal de bénévoles étaient des étudiants. Eux aussi avaient besoin d'apprendre à travailler. Au début, ils ne savaient pas quoi faire. Un jour, par exemple, quelqu'un avait mélangé du plâtre dans le ciment. Il y avait des choses qu'il fallait démolir et puis reconstruire. L'architecte avait orienté le bâtiment vers le sud en plein vent marin qui domine sur le causse. Nous avons du le tourner et le construire tout à fait dans l'autre direction. Il n'y avait aucune raison que ce projet réussisse. C'était l'anarchie totale. Mais tout le monde y croyait et tout le monde voulait qu'il réussisse. Quelqu'un a décidé de construire le silo, et il l'a fait. *Après*, il est devenu maçon ! Il n'y avait pas de vrai budget. Vers la fin du projet, il y avait des salaires pour quatre ou cinq ouvriers permanents. Plusieurs personnes s'occupaient de la cantine et ne faisaient rien d'autre. Je me rappelle un jour : il y avait quelqu'un qui construisait le mur de la salle de traite, mais il avait oublié d'y mettre une fenêtre. Il ne savait pas lire les plans.

Tous les matins, on avait des discussions interminables. Les maoïstes présents se sentaient obligés de tenir leurs discours habituels sur l'autogestion. Je me rappelle l'un d'eux qui disait : « Je suis une roue dans le système capitaliste ». Tout ceci commençait à six heures du matin. Je les quittais pour travailler de mon côté. Les discussions ne s'arrêtaient pas. Beaucoup de gens qui sont venus travailler ne voyaient en moi rien de plus qu'un sale prêtre — « un fasciste » — parce que je disais à ceux qui n'avaient pas travaillé le matin qu'ils n'avaient pas le droit de nous rejoindre pour le repas de midi.

Auguste Guiraud, dont la maison se situe à une cinquantaine de mètres de la bergerie qui abrite son troupeau, nous parle de la construction :

Je ne sais pas comment tous ces gens arrivaient à vivre ici. Nous avons fait une cantine pour les aider. Ils mangeaient en

> groupes de 20. Ils campaient dans les bois, dans les ruines du village. Quand une partie de la bergerie était mal construite, Pirault la faisait démolir et recommençait. Beaucoup de ces gens n'avaient jamais vu ni de pierre, ni de ciment.

Jeanne Jonquet, une des habitants peu nombreux de La Blaquière à l'époque, a été stupéfaite devant la bonne volonté déployée par les bénévoles, mais elles exprimait aussi des sentiments ambivalents à leur égard :

> Ils nous étaient tombés dessus ! C'était extraordinaire. Je n'ai jamais pensé qu'on aurait autant de soutien des gens extérieurs au plateau. Ceux qui sont venus étaient d'un milieu tellement loin du nôtre qu'on avait des difficultés à les accepter. Il y en avait qui voulaient discuter avec nous la moitié de la journée, et on n'avait pas le temps. Des fois, je passais une heure à bavarder même quand j'étais très fatiguée par mon propre travail. Ils étaient quand même très gentils. La plupart du travail avait lieu pendant les vacances d'été. A la fin du projet, nous nous entendions bien.

D'autres paysans trouvaient les jeunes du chantier plus difficiles à accepter. Ils étaient choqués par leur comportement, surtout par leurs mœurs sexuelles et leur hygiène primitive. Sur ce point, un paysan nous a apporté son témoignage :

> Un jour je sortais tôt le matin de chez les Jonquet et il y avait ce couple qui faisait l'amour en bas de l'escalier ! Je leur ai demandé s'ils pouvaient s'éloigner un peu parce qu'ils bouchaient le chemin !

Quelques bénévoles qui ont travaillé à la bergerie ont gardé des souvenirs désagréables de leur accueil par les paysans. Il y en a qui ont été choqués du fait qu'on ne les avait jamais invités à manger à la maison. Une personne a noté que, par contraste, on traitait Robert Pirault avec plus d'égards parce qu'il était prêtre : « Il mangeait chez X tous les mercredis ». Une autre personne nous a confié que, alors qu'on avait fini par payer cinq francs par jour aux hommes pour leur nourriture, on estimait que les femmes ne faisaient pas partie de l'équipe de construction. Par conséquent, on ne leur payait rien du tout.

Il est clair que les deux mondes qui coexistaient à La Blaquière pendant presque trois années étaient très différents. Bien des bénévoles étaient convaincus que les paysans les méprisaient en dépit du travail qu'ils fournissaient. Les paysans, bien que contents que la bergerie soit construite, se sentaient envahis et avaient l'impression qu'on leur avait imposé une masse de gens dont le comportement les offusquait. A la fin du projet, pourtant, une partie des ouvriers avait gagné l'estime des paysans pour leur bonne humeur, leur générosité, et leur capacité à travailler dans des conditions difficiles.

Une histoire connue de cette période qu'on aime bien raconter sur le plateau concerne un certain « Paco » qui est venu au site au tout début et qui est resté jusqu'à la fin. Il n'avait rien. Son pantalon était en lambeaux ; ses chaussures, seulement des espadrilles en loques. Un jour, on lui offre une paire de chaussures décentes. Paco la donne immédiatement à quelqu'un d'autre qui avait moins que lui. De tels gestes, au fur et à mesure que le projet prenait forme, ont transformé le choc culturel ressenti au début par les paysans en sentiment de respect, même si ce dernier s'accompagnait souvent d'un regard quelque peu perplexe devant ces êtres venus d'une autre planète.

Le 3 février 1974, les premières brebis prirent possession de la nouvelle bergerie qui, en 1975, serait entièrement achevée.

NOTES

1. Le matériel pour les chapitres deux à six inclus a été extrait d'interviews avec des militants du Larzac du plateau et de l'extérieur et des maires de cinq communes (Millau, La-Roque-Ste-Marguerite, Ste-Eulalie-de-Cernon, La Couvertoirade et La Cavalerie). D'autres sources ont été : les archives du Larzac maintenant déposées à la bibliothèque de Millau ; le GLL, le journal militant du Larzac, fondé en 1975 et encore édité à cette date ; d'autres publications.

Chapitre 3

L'approfondissement de la lutte

Avec l'acceptation de la doctrine de non-violence, l'idéologie aussi bien que la pratique qui en découlait, les paysans se sont dotés d'une riposte imbattable au pouvoir national . Comme l'un d'eux l'a exprimé à la fin de la lutte : « Nous avons gagné parce que nous étions les plus faibles ». A mesure que le conflit évoluait, les paysans et leurs alliés apprenaient à se servir du concept de non-violence pour établir un ensemble d'oppositions symboliques puissantes. Le Larzac donnait la vie ; l'armée représentait la mort et la destruction. Le mouvement du Larzac incarnait la démocratie de base, de petite échelle ; l'armée, en tant que bras de l'État, évoquait le pouvoir central et par conséquent, la répression. Le Larzac était le protecteur du patrimoine (archéologique, architectural et naturel) local ; l'armée symbolisait la destruction de cet héritage précieux. Les paysans se sont engagés donc dans des actions pratiques et spectaculaires qui mettaient l'armée devant un dilemme. Par exemple, en ce qui concernait les squatters qui occupaient les fermes achetées par l'armée et qui les mettaient immédiatement en production, le gouvernement pouvait mettre les habitants dehors et apparaître brutal et répressif ou il pouvait ne pas y faire attention et par là faire preuve de faiblesse. Quand l'armée a occupé les fermes qu'elle avait achetées justement pour empêcher les squatters de s'y installer, les paysans ont riposté avec le semis des terres de ces fermes (dont la récolte était destinée au tiers-monde). L'armée pouvait ou bien passer cette action illégale sous silence risquant encore une fois de perdre la face, ou retourner le sol avant la récolte, gaspillant les fruits de la terre.

Le 28 avril 1973, les paysans firent le premier pas vers la pratique d'une non-violence active. Soixante des opposants renvoyèrent leurs livrets militaires au gouvernement avec des lettres où ils exprimaient leur refus de servir dans l'armée. Cette action en infraction à la loi plaçait les paysans dans une position de solidarité avec les objecteurs de conscience menacés de prison à cause de leur opposition au service alternatif qu'ils considéraient comme une collaboration avec l'armée. Plus tard dans la lutte, les paysans allaient apporter un soutien direct aux objecteurs en les accueillant sur le plateau, en témoignant à leurs procès, et en les aidant par un soutien financier à faire face à leurs frais de justice. Ces actions amenèrent François Roux, un jeune avocat brillant, au Larzac.

F. Roux vient d'une famille protestante qui a des racines dans les Cévennes, la dernière forteresse du protestantisme en France pendant les guerres de religion. Les gens de cette région jouissent d'une réputation d'indépendance féroce et d'engagement à l'égard des droits de l'homme. Nous avons interviewé Francois Roux en octobre 1988.

> En 1975, j'étais l'avocat d'un objecteur de conscience. Un an plus tard, je me suis engagé dans le procès d'un autre objecteur, à Rodez, ce qui m'a rapproché du Larzac. De Félice (*un avocat réputé pour sa défense* des *droits de l'homme*) et moi sommes devenus experts du texte européen des droits de l'homme et étions les premiers à en faire usage dans la défense des objecteurs. Après, je me suis engagé dans les cas d'expropriation et me suis transformé en une sorte d'expert du foncier dont à l'origine je ne savais rien. Il me fallait trouver un lien entre les problèmes juridiques du Larzac et l'idéologie des paysans, parce qu'ils étaient très réticents à l'idée de demander des réparations pour leurs terres. Je devais les convaincre que les problèmes juridiques étaient très importants. S'ils perdaient dans une cour

de justice, ils perdraient tout. Par conséquent, il était nécessaire de jouer le jeu de la légalité. On menait la lutte sur deux fronts en fin de compte. La désobéissance civile mettait les gens en marge de la loi. Les paysans n'avaient jamais subi les effets de leurs actions vis-à-vis de la loi. Je devais leur faire comprendre les conséquences éventuelles. Ils me disaient : « Si le gouvernement exproprie notre terre, nous resterons quand même. » Je devais les convaincre qu'on ne pouvait pas envisager les choses de cette façon. Finalement, nous avons décidé que nous demanderions une compensation de 103 000 000 francs pour chaque ferme pour faire référence aux 103 signataires du serment. La somme était à la fois trop petite (personne ne voulait de l'argent) et ridiculement haute. De cette manière, personne ne pouvait douter de sa nature symbolique. Ainsi nous avons joué le jeu du gouvernement sans vraiment le jouer. A la fin de la lutte, la plupart des expropriations n'avaient pas été faites. C'était une chance, car si le gouvernement avait gagné sur le plan juridique, il aurait été bien difficile pour Mitterrand d'annuler l'extension en 1981.

La première manifestation massive sur le plateau a eu lieu au Rajal del Gorp (Source du Corbeau, en occitan) en août 1973. Ce rassemblement a été organisé par les paysans en coopération avec les comités du Larzac d'autres régions de France et le syndicat agricole de gauche de Bernard Lambert, les Paysans-Travailleurs. Soixante mille personnes y ont participé. Parmi les nombreuses associations représentées se trouvait le comité des ouvriers de l'usine Lip. On avait annoncé une manifestation « apolitique », ce qui voulait dire que la participation des partis politiques organisés n'y serait pas la bienvenue. Telle a été la ligne de conduite assumée par les paysans pendant tout le reste de la lutte.

A mesure que le mouvement de protestation prenait de l'ampleur, le gouvernement contre-attaquait en essayant de convaincre la population du bien-fondé de son projet. Un argument majeur offert au public, outre le fait de prétendre que l'extension était cruciale pour la défense nationale, consistait à affirmer que le Larzac n'était qu'un désert pierreux, dépeuplé sauf pour quelques vieux paysans prêts à prendre leur retraite. Michel Debré a déclaré au sujet du causse, par exemple : « Le choix du Larzac pour l'extension s'imposait. Le plateau est un lieu austère : le vent et la neige lui laissent peu de chance de soutenir quoi que ce soit comme activité productive ». (*Le*

Larzac veut vivre, p. 7). C'est cette même image du Larzac qu'une télévision contrôlée par le gouvernement présentait dans un rapport fait durant l'été qui suivit l'annonce de l'extension. La partialité du reportage a offensé les paysans qui l'ont vu. Ils se sont moqués pourtant de la maladresse de la machine de propagande du gouvernement responsable de sa réalisation. Alors qu'on prétendait avoir fait l'émission au mois d'août, le Larzac s'y montrait couvert de neige ! Aussi dur que soit le climat sur le Larzac, il ne neige pas pendant les mois d'été ! Cet argument concernant la démographie du Larzac et sa viabilité économique persistait dans la guerre de propagande entre les paysans et l'armée (voir chapitre 7). Déjà en 1972, le Comité de sauvegarde du Larzac avait édité un livre blanc montrant que l'âge moyen des agriculteurs du Larzac était en réalité plus bas que pour le reste de l'Aveyron et que, en outre, le nombre de GAEC et de CUMA y était supérieur à la moyenne nationale.

La seule publication de ces faits ne suffisait pourtant pas aux paysans. Ils avaient besoin de les dramatiser par des actions concrètes. Le génie et l'originalité de la protestation du Larzac résidaient dans la capacité des paysans et leurs alliés à créer une série sans fin d'actions spectaculaires qui attiraient la sympathie de l'opinion publique et tenaient l'armée sur la défensive. Aussi ne mit-on pas longtemps pour réfuter l'allégation du gouvernement au sujet de la décrépitude démographique du causse et cela, d'une façon fort tangible avec l'inauguration de la nouvelle école du Larzac.

Quand la lutte a commencé, la dernière école dans le secteur nord du plateau, à St-Martin, avait déjà fermé. Les enfants en bas-âge allaient à l'école à Nant, s'ils habitaient vers l'est, ou à Millau, s'ils résidaient vers l'ouest. Parce qu'il n'y avait qu'un ramassage le matin, les enfants se trouvant vers l'ouest devaient se lever à 5 heures pour prendre le même car que celui de leurs frères et sœurs plus âgés se rendant au collège ou au lycée de Millau. Les parents des enfants qui fréquentaient l'école de Nant se voyaient obligés de les descendre dans la vallée chaque matin où il y avait école et venir les chercher chaque soir. En 1973, les parents des deux zones se sont réunis et ont demandé au maire de Millau de réouvrir l'école de St-Martin, bien située par rapport aux deux secteurs. Au début, cette requête a été refusée. Mais les parents ont persévéré. Si on ne créait pas d'école pour leurs enfants, ils menaçaient de descendre manifester à Millau. Et plus encore : leurs enfants n'iraient pas à l'école du tout si on leur en refusait une sur le plateau. Le conseil municipal de Millau, prudent, voulait trouver une solution mais avait tout de même le sentiment qu'il serait trop coûteux de reconstruire l'école de St-Martin. Toutes les parties concernées ont fini par se mettre d'accord sur un compromis. L'été 1973, on assembla un bâtiment préfabriqué sur du terrain qui appartenait à la ferme de l'Hôpital juste à l'ouest de la nationale et à la périphérie du plateau. L'ouverture eut lieu le 4 octobre 1973. Ainsi est née l'une des deux nouvelles écoles sur le Larzac. (L'autre est une maternelle qui a été construite par les parents, à la fin de la lutte, dans la zone du sud, à La Blaquererie).

A l'école du Larzac, avec son accent sur les droits de l'homme, on perçoit l'héritage du mouvement de protestation. Dans une série d'interviews faite en 1989 avec les enfants du plateau par Nicole Lefeuvre, habitante du Larzac, on peut en effet voir l'influence de l'école — et de la famille — dans la sensibilité des élèves à l'égard des droits des moins privilégiés. En même temps, leurs remarques franches et nullement embarrassées montrent qu'ils sont capables de regarder en face l'aspect conflictuel de leurs relations avec les minorités. Nous avons constaté une pareille ouverture à d'autres cultures dans la composition des classes.

Parmi les 44 élèves en 1989, il y avait deux enfants de populations minoritaires de Millau accueillis dans des familles du Larzac, ainsi que deux enfants adoptés qui venaient du Salvador. Dans les interviews citées ci-dessus, les enfants ont parlé d'une manière candide de ces nouveaux arrivants, faisant preuve d'une compréhension de leurs problèmes particuliers. Les activités politiques des parents, par ailleurs, stimulent l'intérêt de leurs enfants vis-à-vis d'autres cultures. Les instituteurs n'hésitent pas à encourager ces dispositions en développant des projets qui répondent à la curiosité de leurs élèves. Quand l'indépendance de la Nouvelle-Calédonie est devenue une cause sur le Larzac, par exemple, les enfants ont étudié la culture indigène de l'île. Ils ont aussi rencontré des représentants du mouvement indépendantiste chez eux et dans les rencontres sur le plateau.

Le Larzac a gagné un point dans le conflit quand il a obtenu une école pour servir, non pas une population en train de mourir, mais plutôt une communauté jeune, en expansion. Toutefois, il fallait continuer la lutte en inventant d'autres tactiques défensives. Par exemple, les paysans ont commencé à vendre de petites parcelles de terrain pour 1 000 francs le lot, aux militants désireux de s'engager de la sorte. Ainsi, ils rendaient plus difficile à l'armée l'achat des terres et entravaient les enquêtes parcellaires, au cas où il y aurait des procédures d'expropriation. *Le Canard Enchaîné* a acheté une de ces mini-parcelles, ce qui en a accéléré l'achat par des militants à travers toute la France. Cela a marqué aussi le début d'une relation suivie entre l'équipe du journal et des paysans.

On ne tardait pas à se rendre compte, pourtant, qu'il fallait faire autre chose encore pour contrecarrer le succès grandissant du gouvernement dans l'achat des terres des propriétaires non signataires du serment. Acculée, l'armée avait commencé à offrir des prix inouïs pour le terrain rocailleux du Larzac. Guy Tarlier trouva la solution. Avant la lutte, dans le contexte d'une augmentation générale du prix des terres agricoles, le gouvernement avait commencé à encourager le développement des GFA (Groupements fonciers agricoles). C'était une formule qui aidait les jeunes agriculteurs à s'établir sur les terres qu'ils n'avaient pas les moyens d'acheter. Les GFA sont des associations soutenues par la vente des parts. Comme je l'ai noté dans un chapitre précédent, les fonds générés par ces parts servent à acheter de la terre qui est ensuite louée aux agriculteurs. La loi qui a établi les GFA exigeait que les agriculteurs intéressés mettent un certain nombre d'hectares de leur propre terre dans l'association avant qu'on puisse en vendre des parts. G. Tarlier avait créé un GFA sur sa propre ferme et se rendit compte que le même mécanisme pouvait servir pour acheter des fermes sur le Larzac des propriétaires qui avaient besoin de vendre mais qui ne voulaient pas céder à l'armée. Le premier de quatre GFA du Larzac fut donc créé le 12 décembre 1973. Dans les quelques années qui suivaient, deux autres furent établis et suffisamment de parts vendues pour acheter plusieurs parcelles de terre situées stratégiquement, en plus de quatre fermes entières : La Tune et Costeraste au sud, Jassenove au nord-est et Boissans au nord-ouest. L'extension a été cernée des quatre côtés.

La plus grande manifestation de toute la lutte a eu lieu l'été 1974. Plus de 100 000 personnes ont rempli le Rajal et nous étions parmi eux. Pendant les deux jours qu'a duré le rassemblement, on moissonnait sur des champs achetés par l'armée que les paysans avaient semés en préparation de l'événement. De nombreux manifestants campaient sur la propriété de L'Hôpital qui entourait le site. Comme pour la manifestation de 1973 et d'autres rassemblements de cette période, le programme était un mélange de musique et de discours présentés en général par ceux qui parlaient au nom des partis de gauche non parlementaires ou qui représentaient les écologistes, les divers groupes séparatistes et, bien sûr, les paysans eux-mêmes. Organisée par les comités du Larzac, la manifestation suivit son cours sans incident, sauf pour un bref mais violent moment. Un petit groupe de gauchistes offensés par la présence de François Mitterrand — à l'époque candidat à la présidence — dans un rassemblement censé être non partisan l'a assailli et légèrement blessé. Assez secoué par cette agression, F. Mitterrand fut emmené en vitesse à la maison d'Auguste et Marie-Rose Guiraud à La Blaquière où on pansa ses blessures relativement mineures. Plus tard, il poursuivit sa route vers Montpellier, mais prévoyant la possibilité d'autres violences, cette fois-ci de la part des manifestants favorables au camp, il repartit par des petits chemins. François Mitterrand se souviendra du nombre impressionnant de personnes qui s'étaient rassemblées lors de la manifestation. Il n'oubliera pas non plus la beauté imposante du paysage mais il se rappellera surtout les soins chaleureux et protecteurs reçus des mains des paysans du Larzac. Deux jours après que tout le monde eut quitté les lieux, nous leur avons rendu visite. La propreté impeccable du site nous étonna. On ne voyait ni le moindre bout de papier ni d'autres formes de détritus. Le Rajal et le terrain autour avaient été rendus à leur état naturel.

Après le jeûne de Lanza, la présence de la communauté de l'Arche a continué dans la personne de Roger Moreau qui, établi à La Cavalerie, travaillait comme secrétaire et coordinateur des différents groupes impliqués dans la lutte. La possibilité d'une action non violente mais spectaculaire par un groupe de l'Arche a été un sujet de discussion parmi ses membres. On a finalement décidé que les Moreau (la femme de Roger, Suzana, et leurs deux enfants) avec une autre famille (Claude et Marie-Claire Voron et leurs trois enfants) et plusieurs autres personnes s'installeraient dans le hameau des Truels que l'armée venait d'acheter.

L'action non-violente n'était pas inconnue de Claude Voron. Pendant la guerre d'Algérie (il rédigeait sa thèse en astrophysique à l'époque), il fut emprisonné pendant vingt-sept mois pour avoir refusé de servir dans l'armée. (Pendant un certain temps il partagea sa cellule avec Robert Siméon). Plus tard, sa femme et lui devinrent compagnons de l'Arche et vécurent dans la communauté pendant neuf ans. En 1973, ils avaient déjà aménagé à Grenoble où ils faisaient partie d'une branche urbaine de l'Arche. Là, ils entendirent parler de la participation de l'Arche à la lutte du Larzac et peu après, ils décidèrent de s'engager dans l'action aux Truels. Ce premier « squat » en octobre 1974 a exigé une organisation et un courage considérables. Claude Voron nous a décrit l'événement :

> A l'époque, nous avions des enfants encore petits, de neuf, sept et quatre ans. Nous sommes arrivés aux Truels le 5 octobre, quand l'armée était déjà en place. Ils étaient arrivés la veille ; il était évident que quelqu'un les avait avertis de notre projet. Il y avait des paras dans la seule maison de la ferme habitable et ils contrôlaient la seule citerne qui fonctionnait. Donc nous n'avions pas d'eau. Nous avons décidé tout de même d'occuper le site et, pendant qu'un groupe se dirigeait vers la maison des soldats pour attirer leur attention, nous en récupérions une autre. Nous nous sommes mis tout de suite à la rendre plus habitable avec l'aide d'une centaine de personnes qui nous avaient accompagnés. Nous devions guetter l'arrivée de la police qui pouvait venir à tout moment nous expulser. Pendant la première semaine, nous avons occupé autant de maisons que possible. Lanza del Vasto était là avec nous le premier jour, mais il n'est pas resté la nuit. Nous avons essayé d'établir un contact avec les soldats. Au début, il nous était possible d'avoir des conversations intéressantes avec eux, mais ensuite, un ordre est venu du quartier général pour leur interdire de fraterniser avec nous. A partir de ce moment, on changeait les soldats tous les jours pour les empêcher d'être « pollués » par nos idées. Nous avons mis des affiches partout dans le hameau et avons organisé une conférence de

presse. Un représentant du département de l'Aveyron est venu nous voir quand les journalistes de la télévision étaient là. Devant les caméras, nous avons demandé à voir le commandant pour lui dire que notre vache avait soif et que c'était à cause d'eux. Le représentant a fait savoir aux soldats que ce n'était pas à eux de maintenir l'ordre (c'était le rôle de la police) et qu'ils ne devaient pas nous empêcher d'avoir de l'eau.

Nous sous sommes mis tout de suite à coordonner un grand projet de construction. Il y avait des ouvriers en grève en ce moment. C'était donc une période de solidarité très forte. Nous avons construit le toit sous les yeux des soldats. Nous avons mis le berceau d'un enfant au pied de la sentinelle. Le matin, les soldats faisaient leurs exercices, et nous passions avec notre vache. Malheureusement, pendant les premiers jours de l'occupation, la poste était en grève et nous avons eu par conséquent quelques difficultés avec la publicité à l'échelle nationale. Mais l'occupation a été très bien couverte par la presse locale. Nous nous demandions pour combien de temps nous pourrions rester mais, tout de même, nous avons commencé immédiatement à travailler la ferme. Il faisait très froid aux Truels. La nuit, la température tombait souvent à sept degrés en dessous de zéro. Des paysans venaient nous aider, et c'était un grand moment de solidarité. Robert Pirault veillait pour nous. Il nous fallait être particulièrement vigilants la nuit puisque, à notre avis, la police viendrait quand il faisait noir, au moment où la presse ne serait pas présente. Il y a eu une fausse alerte, et les soldats ont été très étonnés de constater avec quelle vitesse les gens qui nous soutenaient arrivaient. Finalement, un matin, au bout de la semaine, les soldats commençaient à plier bagages. Nous étions très surpris et avons pensé que c'était une ruse. Nous avons hésité pendant quelques heures et puis sommes entrés de force dans la maison que l'armée avait occupée. Ce n'était pas une ruse. L'ordre était venu de Paris demandant le départ de l'armée. Le lendemain, les légionnaires sont arrivés, mais ils n'avaient pas l'ordre d'occuper la ferme. Ils sont venus seulement nous voir un peu, et nous avons eu un bon contact avec eux. Leur commandant nous a dit combien il était impressionné par notre action et, en même temps, nous a signalé que si l'occupation avait eu lieu sous la Légion, les choses auraient été différentes. Plus tard, un gendarme est monté aux Truels pour prendre note que nous y avions établi résidence et puis c'était tout ! Nous poursuivions notre travail et commencions à améliorer notre train de vie. Plus tard, il y a eu un procès pour nous expulser, mais le juge s'est déclaré incompétent parce qu'il était juge civil et que, à son avis, c'était une affaire militaire. Des menaces d'expulsion continuaient à se produire de temps en temps, mais nous n'avions pas à nous en

> occuper pendant les mois d'hiver quand de telles actions sont illégales. Nous avons monté une garde permanente et avons placé des chaînes lourdes autour de l'entrée au village. Lanza nous rendait visite fréquemment et passait la nuit pour faire sentir sa présence. Nous avons constitué un petit troupeau de brebis et avons commencé à vendre nos fromages à Millau. Nous devions jouer le jeu et montrer qu'il y avait une véritable vie ici. Finalement nous avons commencé à recevoir du courrier et on a installé un téléphone. Apparemment le ministre de Défense était furieux contre le ministre des Communications. Tous les téléphones dans le périmètre de l'extension étaient bloqués. Ils ont même démonté les poteaux qu'ils avaient mis en place pour nous. Nous étions obligés de créer un système téléphonique pirate.
>
> L'occupation a été très difficile pour nos enfants. L'aînée a fait des cauchemars. Pourtant, l'expérience avait aussi une influence très positive. Ils ont été à l'école du Larzac et cela leur a donné la possibilité d'être ailleurs qu'ici pendant la journée. Mais nous n'étions pas très disponibles pour les enfants. Nous sommes partis des Truels (*après la lutte*) afin de restaurer nos relations familiales. Notre fille aînée est en train de suivre une formation d'assistante sociale. Tout ce qu'elle a vécu ici aura eu un effet durable sur elle. Actuellement, elle suit un stage avec des réfugiés qui viennent du sud-est de l'Asie. Elle a l'impression que le temps qu'elle a passé ici l'y a préparée, mais, pendant l'occupation, elle pleurait et disait : « Je veux seulement être comme les autres. Mais je ne peux pas ! »

Pendant le reste du conflit, les militants ont squatté encore cinq sites : la ferme du Cun dans le sud (1975), les hameaux de St-Martin dans le nord (1974), Montredon dans le nord-est (1976), les fermes des Homps (1975) et Cavaliès (1976) dans le nord-est. Les squatters au Cun qui avaient créé un centre en faveur de la non-violence ont été expulsés par la police le 25 octobre 1976. Le 23 juillet 1977, ils ont commencé la construction d'un nouveau « Cun », situé sur du terrain qui relevait de la ferme de Jassenove, propriété d'un GFA du Larzac. Ils n'avaient pas de permis de construire et la police les a arrêtés presque immédiatement. Plus tard, les squatters du Cun ont bâti une « maison de paille », construite principalement de bottes de paille crépies qu'ils ont pu monter, du moins pour la plupart, en seulement une nuit. Les autorités n'ont jamais demandé aux habitants du Cun de détruire cette construction. Quant à Cavaliès, l'armée a expulsé les squatters trois jour après l'occupation, en octobre 1976, mais les paysans les ont réinstallés tout de suite avec un troupeau de brebis sur du terrain privé attenant à la ferme. Plus tard, les militants ont construit une bergerie sur ce site avec les fonds avancés par APAL. Entre-temps, prévoyant d'autres actions de la part des squatters, l'armée avait pris place dans les maisons des fermes dont elle avait pu acheter les terres : Le Tournet, Le Cun, La Salvetat et plus tard, en 1977, Le Pinel. L'armée a acheté Le Pinel à un de ces paysans peu nombreux qui avaient signé le serment où ils refusaient de vendre mais qui n'avaient pas tenu leur promesse. Le 17 juillet 1976, l'armée a aussi détruit la citerne à Cap d'ase, une ferme qu'elle venait d'acquérir, rendant le lieu inhabitable.

On a déjà noté qu'un certain nombre de fermes sur le Larzac n'avait pas d'eau courante. Le 4 janvier 1975, un groupe de paysans a monté une opération commando sur la RN 9 afin d'installer une conduite qui traverserait la route et alimenterait en eau la ferme de Potensac située pas très loin. Ils purent creuser une tranchée à travers la moitié de la route avant que les forces de l'ordre n'arrivent et les chassent, intervenant, comme l'a décrit la presse locale, avec brutalité face à une action non-violente. Malgré l'injonction d'y renoncer, les paysans ont réattaqué le 25 janvier pour reprendre l'installation de la conduite. Quand le garde mobile est arrivé, ils se sont assis tranquillement sur la route obligeant les gendarmes à les traîner jusqu'aux bords de la route afin de dégager la chaussée. Quatre cent personnes, y compris plusieurs notables, ont été arrêtées. L'été de la même année, les paysans ont fait une autre tentative pour terminer la canalisation de l'eau. Cette fois-ci, une délégation de 80 ouvriers de l'usine Lip, accompagnée d'un de leurs responsables, C. Piaget, s'y est jointe. A l'étonnement de toutes les personnes concernées, les gendarmes ne faisaient que regarder, permettant la continuation du travail. Le soutien du public et la présence des médias à chaque essai d'installation d'eau ont apparemment obtenu l'effet escompté. Une autre intervention ne pouvait que ternir un peu plus l'image des forces de l'ordre et, à ce qu'il semblait, ne découragerait pas les paysans dans la poursuite de leur but.

Entre-temps, le gouvernement persistait dans la procédure qui, espérait-il, mènerait sans heurt à l'expropriation des terres nécessaires à l'extension. La loi exigeait que l'emplacement précis et la valeur de chaque parcelle soient établis. Un tel travail se fait normalement par l'intermédiaire d'un juge spécial à la mairie de chaque commune concernée. Les conseils municipaux de toutes les communes impliquées dans l'extension, sauf La Cavalerie, avaient voté des résolutions qui condamnaient les enquêtes parcellaires. Les paysans estimaient que ces résolutions justifiaient une action directe de leur part. Un groupe de femmes, ayant le sentiment qu'on ne leur avait pas donné l'occasion d'exprimer leur opposition à l'extension, décidèrent d'organiser une action de commando contre les procédures d'expropriation. Le 21 février 1975, des groupes composés donc principalement de femmes envahirent les mairies concernées et procédèrent à la destruction des dossiers d'expropriation. Les assauts des différentes mairies avaient été synchronisés pour avoir lieu à la même heure. La surprise fut si générale que seulement quelques personnes furent arrêtées (trois pour y avoir participé et deux comme complices). La presse du lendemain réserva une place de marque à cette action qui représentait un de ces événements typiques du Larzac. Planifié avec soin, il captait la curiosité de la population, tout en lui informant sur un aspect de la lutte. Dans le cas présent, on attirait l'attention du public sur la procédure d'expropriation.

La création de deux nouvelles institutions importantes du Larzac — Larzac Universités, et *Gardarem lo Larzac*, le journal édité par les paysans — a aussi laissé son empreinte sur l'année 1975. Le 19 mai, une assemblée de paysans, d'intellectuels et de militants a créé Larzac Universités. L'association avait pour objet d'encourager l'implantation de nouvelles idées dans la région et de renforcer l'adhésion au mouvement des gens extérieurs au Larzac. Elle a lancé aussi un service vétérinaire coopératif qui fonctionne toujours aujourd'hui, où on mettait l'accent sur la prévention médicale. Selon Jean Chesneaux, un des fondateurs de Larzac-U (raccourci dont on se servait progressivement pour désigner l'association), elle a suscité un grand intérêt parmi les universitaires à Paris [1] :

> Larzac-Universités a acheté un bâtiment à Montredon qui, par conséquent, est devenu la seule structure occupée d'une façon légale dans ce hameau qu'on avait déjà squatté. Sa

> présence aidait à garantir que les squatters ne soient pas expulsés par l'armée. Larzac-U se trouvait dans un lieu stratégique et elle est devenue une organisation importante fonctionnant, de fait, comme une institution de résistance. Pendant la lutte, j'ai animé plusieurs séminaires sur l'histoire. Nous avons organisé aussi des groupes de discussion traitant de sujets tels que, par exemple, la manière dont les paysans ont vécu la deuxième guerre mondiale. C'était un travail « avec » (*les paysans*), plutôt que « sur » (*un sujet*).

Dès le début, on parlait de la lutte du Larzac dans la presse locale et nationale, comme à la radio et la télévision. Entre 1971 et 1975, un groupe de militants rassembla les articles de presse, en fit la copie et les relia dans des brochures de petit format avec le titre *Larzac Informations*. C'était un journaliste du *Canard Enchainé* qui a suggéré que le Larzac crée son propre journal. Selon Michel Courtin, venu sur le Larzac de St-Tropez et qui à l'époque était un membre du GAEC de Baumes :

> Lui (*le journaliste*) avait entendu parler de la lutte par les occitanistes. Ma femme est devenue la secrétaire du journal. Roger (*Moreau*) a travaillé avec nous. Au début nous avons édité ce que les gens nous envoyaient, plus un éditorial que nous soumettions, avant, aux paysans, comme aux comités Larzac. Ceci, comme vous pouvez l'imaginer, était très difficile. Nous avons créé un comité de rédaction qui se rencontrait chaque mois pour écrire un texte en commun. Il y avait des articles trop longs qu'il fallait couper. Roger et moi faisions le gros du travail, mais cela posait des problèmes et beaucoup de gens se plaignaient. En réalité, nous ne rejetions pas beaucoup d'articles, mais il y en avait qu'on ne pouvait tout de même pas éditer. Par contre, au début, nous avions des difficultés pour remplir chaque numéro, donc nous acceptions presque tout. Nous voulions un texte écrit par un paysan pour chaque numéro. Léon (*Maillé*) a commencé à écrire pour GLL très tôt, mais ce n'était que plus tard qu'il y travaillait. (*Bien que ni M. Courtin ni L. Maillé ne se souviennent des circonstances en ces termes, dans le premier numéro, sorti le mois de juin 1975, on voit le nom de Léon Maillé, « Directeur de la Publication* »). Au début, Léon devait réécrire ses articles. Son orthographe était très mauvaise. Ce qu'il écrivait nous frappait, Roger et moi, comme étant un peu trop « paysan ». Léon nous demandait fréquemment de l'aider, et nous l'avons fait. Il y a des gens ici qui se sont découverts pendant la lutte et Léon en est un.

Léon Maillé a confirmé la description de M. Courtin de ses premiers écrits pour *GLL*:

> L'idée était dans l'air. Quand nos articles apparaissaient dans la presse locale, ils étaient souvent dénaturés. Les journalistes du *Canard* nous ont conseillé de commencer notre propre journal. Michel Courtin y a travaillé dès le début et moi, j'étais, avec Roger, un membre de l'équipe. Je n'avais jamais écrit avant. J'étais faible en orthographe. Les premiers articles que j'ai faits ont été corrigés par Roger ou Michel. J'ai découvert que j'aimais écrire. Maintenant je me rends compte que ça ne m'aurait pas déplu d'être fonctionnaire dans tel ou tel secteur et d'être payé pour ce genre de travail. Je ne m'exprime pas facilement dans les réunions mais quand j'ai une idée, je la mets par écrit. J'ai fait une lettre ouverte au préfet après la première action à Rodez (*un jeûne*). Quelque chose que j'ai entendu à la radio ou que j'ai lu m'avait inspiré.

En quelques mois après sa création, Léon Maillé écrivait des articles, sans l'aide des autres, et avait la fonction réelle, plutôt qu'en titre, de rédacteur du *GLL*, poste qu'il devait occuper jusqu'en 1987. Après les premiers numéros, il a commencé à écrire « Les Échos de Léontou », une rubrique qui paraissait tous les mois et que L. Maillé continue à rédiger aujourd'hui. On y trouve son commentaire, au ton en général ironique, sur des événements d'une importance locale ou, souvent, nationale.

Le premier numéro du *GLL* contient un article d'un intérêt particulier dont le titre est : « Larzac Terre d'Accueil ? » On y relève des interviews avec un groupe de bénévoles qui construisaient la bergerie à La Blaquière. Leurs témoignages nous permettent d'entrevoir la tension qui existait sur le site entre bâtisseurs et paysans. Plusieurs personnes donnent d'abord les raisons de leur venue sur le Larzac.

> ...après trois ans de fac... je viens sur le Larzac parce qu'il y a ici un autre vent qui souffle... Je viens sur le Larzac parce que je suis objecteur de conscience, que je veux faire un service civil ici plutôt qu'aux Eaux et Forêts... Je suis venu lutter avec les paysans, mais aussi à travers le Larzac vivre en accord avec mes idées... Je pensais trouver ici une communauté d'hommes en lutte qui permettait la libération de chacun.

Quand on leur demande de décrire leurs rapports avec les paysans, ils répondent :

> Ils se sont limités à quelques échanges à propos de la bergerie... Cela peut paraître normal dans la mesure où nous n'avons pas du tout le même genre de vie qu'eux... Les bergers, on ne les voit jamais (*une référence aux ouvriers agricoles, non aux paysans*) car ils travaillent huit heures par jour sauf deux jours par mois. A leurs yeux, nous sommes simplement les bâtisseurs de la bergerie.... J'aimerais avoir plus de rapports avec les gens du Larzac... Je connais Auguste (*Guiraud*) au-delà des mots. Cela se passe dans le silence. Je connais un peu Jean-Marie (*Burguière*). Il en reste 101 à connaître ; le veulent-ils ? Nous avons essayé de connaître aussi bien les bergers que les paysans. Eux aussi existent, ils devraient avoir droit à la parole. La terre est aussi leur outil de travail même si elle appartient aux paysans. Les bergers sont des hommes comme nous, avec leur soucis, leurs espoirs, leurs revendications... J'ai senti à travers mes rapports avec les paysans qu'ils étaient à la fois étonnants et décevants, ouverts et égoïstes, avec des attitudes révolutionnaires dans un fonds réactionnaire... Les paysans du Larzac, on ne voit qu'eux. Alors qu'il y a des tas de gens qui vivent sur le plateau, à commencer par les femmes. Je suis sûre qu'elles ont des idées plus intéressantes à défendre, sur la vie quotidienne en particulier. C'est dommage que leur personnalité ne ressorte pas plus souvent, si ce n'est qu'en parallèle et à travers leur mari. La lutte du Larzac, de même que la guerre et la vie économique du pays, semble être un problème d'hommes, de quelques privilégiés.

On leur a demandé si leur façon de vivre prouve quelque chose.

> Notre façon de vivre ne dépend pas du fait qu'on vive à La Blaquière. On vivait comme ça avant, on vivra de la même façon après. On a choisi de vivre avec peu, de consommer moins et d'être plus libres pour participer à des actions politiques et bénévoles... Pour moi, nous n'avons pas remis en cause les rapports habituels ouvriers-patrons... Il y a toujours un contremaître....Les filles de La Blaquière ne sont pas payées et reconnues de la même façon que les garçons. Peut-être est-ce dû à la mentalité paysanne. C'est en tout cas le résultat de notre société patriarcale.

En parlant de leur engagement politique :

> Pour nous, la lutte du Larzac est une façon de lutter contre l'armée : un des piliers de la société qu'il faut abattre...La bergerie est une manif en dur, davantage que les réunions et les meetings... Je souhaite une société plus permissive avec le minimum de racisme, de... répression, où chacun puisse avoir son nom... Vivre à La Blaquière a été pour nous un espoir. La lutte du Larzac nous a permis de concrétiser nos idées...

Le supplément de quatre pages de ce premier numéro du *GLL* contient un discours que Jeanne Jonquet a prononcé à la suite du jeûne de Lanza del Vasto. Jeanne Jonquet a passé toute sa vie à La Blaquière où, du moins jusqu'à sa retraite, elle s'occupait de la ferme familiale. Avant la lutte du Larzac, elle avait eu peu de contact avec le monde extérieur au plateau, sauf à travers les yeux de son frère, Élie, qui, comme on l'a déjà noté, avait été un ouvrier-prisonnier en Allemagne pendant la deuxième guerre mondiale. Ses paroles démontrent jusqu'à quel point certains paysans ont été affectés par le concept de non-violence et l'ouverture du Larzac au monde extérieur.

> Lanza del Vasto avait décidé de faire un jeûne pour montrer sa solidarité avec les paysans du Larzac. Ce jeûne a eu lieu à La Cavalerie avec les paysans et des sympathisants qui se relayaient. Amis, Millavois, paysans des environs sont passés nous voir. Les évêques de Rodez et de Montpellier, le pasteur de Millau ont jeûné avec nous.
>
> Le but de ce jeûne était bien sûr d'influencer le gouvernement, mais le résultat obtenu est que ce jeûne nous a appris à mieux nous connaître et à mieux nous estimer. Le jeûne a resserré les liens entre nous. D'autre part, Lanza nous a appris à réfléchir un peu plus sur l'Évangile et essayer de mieux le vivre à travers la lutte du Larzac. Bien sûr, nous avons *(ici un mot manquant)* plus profondément à la non-violence. En fait, on a découvert que c'était notre faiblesse qui faisait notre force, puis, peu à peu, on s'est aperçu qu'il était juste de refuser la loi quand elle est injuste : car ce n'est pas une loi que de chasser les gens de chez eux.
>
> Ce jeûne nous a beaucoup marqués ; on a réfléchi sur nous-mêmes et on est devenus plus tolérants. Maintenant, après ces années de lutte, on accepte mieux la différence, les façons de vivre qui ne sont pas les nôtres, les idées qui ne sont pas les nôtres. Si bien que, lorsque je parle à certains, j'ai l'impression

> qu'ils ont vingt ans de retard. Il faudrait des Larzac partout pour faire évoluer les gens.
>
> Maintenant, je me sens concernée par ce qui n'est pas exclusivement mon problème, je me sens concernée par le chômage, par le fait que beaucoup d'ouvriers n'ont aucune sécurité d'emploi, par la vie qu'ils mènent dans les grandes villes ; alors qu'ici, malgré la lutte qui nous occupe beaucoup, on a le temps quand même de voir passer les jours, de regarder le soleil et d'organiser soi-même son travail.

Pendant la construction de la bergerie, Jeanne Jonquet et ses voisins côtoyaient des militants qui venaient de diverses régions de la France et de l'Allemagne. Il y en avait de tous les âges et de tous les milieux sociaux. Parmi les gens pour qui Jeanne Jonquet avait de l'amitié se trouvait un personnage fort cultivé mais excessif. Cette femme n'épargnait personne de ses critiques sévères. Si elle était un trouble-fête pour l'armée, elle ne l'était pas moins pour les paysans qui avaient du mal à se hisser à la hauteur de ses exigences. En outre, elle fumait la pipe et on la prenait, vrai ou faux, pour une lesbienne. Le fait que cette personne hors de l'ordinaire jouissait du respect et de l'affection de Jeanne Jonquet, ainsi que d'autres habitants de La Blaquière, témoigne de l'esprit de tolérance qui avait pénétré dans cette population normalement conservatrice grâce aux contacts nombreux et variés qui, pendant le combat, faisaient partie du quotidien.

NOTES

1. Un autre participant important à la création de Larzac-Universités a été Raymond Guglielmo, professeur de géographie à l'Université de Paris VIII (Vincennes). En outre, le professeur Guglielmo et ses étudiants ont fait une étude du projet d'extension, désignant les fermes qui seraient les plus stratégiques pour l'achat par les GFA.

Chapitre 4

La victoire

La nuit du 10 mars 1975 a été terrible pour les paysans du Larzac. A trois heures du matin, une bombe puissante explosa dans la maison d'Auguste Guiraud pendant que sa femme, leurs sept enfants, leur berger et lui y dormaient. Pour les paysans, c'était un miracle que la voûte qui soutenait le toit ait tenu bon. Par conséquent, bien que la maison ait été détruite, personne ne fut blessé. Jeanne Jonquet et son frère, Élie, dormaient dans leur maison quand l'explosion retentit chez les Guiraud à une distance d'une cinquantaine de mètres. Elle nous a décrit cette nuit :

> Il est difficile pour moi de parler de la bombe. Nous avons été réveillés vers trois heures du matin. J'ai pensé que c'était le tonnerre. Un voisin est venu nous dire que quelque chose s'était passé chez les Guiraud. Je croyais que peut-être quelque chose que le berger avait laissé dans la maison a explosé et que c'était un accident. Je ne pensais pas possible qu'on ait l'idée de planter une bombe dans la maison. Tout était cassé. C'était un désastre. Nous devions demander de l'aide, et Élie a sorti sa voiture pour aller à L'Hôpital où il y avait le téléphone. Je tremblais de peur, craignant qu'une autre maison soit détruite. Je ne voulais pas voir Élie partir seul. Alors je suis allée aussi et une jeune personne du village nous a accompagnés. En sortant du village,

> trois pneus ont crevé. Quelqu'un avait mis des clous à travers le chemin. Nous avons continué quand même. Quand nous sommes arrivés à L'Hôpital, Jean-Marie (*Burguière*) dormait et ne venait pas nous ouvrir la porte. Il est venu, finalement, mais leur téléphone ne marchait pas. Nous sommes partis pour Millau chercher les gendarmes. Ils dormaient aussi, et nous avons dû frapper très fort à leur porte pendant un long moment. Avec le jour, on est venu nous apporter de l'aide.

Pierre Burguière nous a dit que, quand il est allé à La Blaquière le lendemain, il a entendu un expert en démolition expliquer à un des gendarmes que l'explosif employé dans la détonation était du même genre que celui employé par les militaires. Selon lui, quand ils ont vu qu'il pouvait les entendre, ils se sont tus. La presse locale a rapporté que l'enquête avait conclu que l'explosif ressemblait au type dont on se servait beaucoup dans les carrières et qui, par conséquent, était accessible aux terroristes. De toute façon, on n'a jamais trouvé de coupable. Certaines personnes présentes en ce moment-là ont affirmé que lorsque les policiers sont arrivés, ils ont pris quelques enfants Guiraud à l'écart et leur ont posé des questions telles que : « Pourquoi votre père a-t-il fait exploser sa propre maison ? » Les Burguière ont été tellement traumatisés par l'événement que, pendant des années, Pierre et son frère, Jean-Marie, regardaient chaque jour par la fenêtre pour voir si quelqu'un n'avait pas laissé un paquet suspect au seuil de leur porte. Ils ont reçu aussi de nombreux coups de téléphone menaçants. En outre, quand Auguste Guiraud a participé a une manifestation contre l'extension à La Cavalerie, il a été soumis à des menaces de la part des gens qui soutenaient le camp.

Nos informateurs nous ont confié que si quelqu'un avait été tué dans l'explosion chez les Guiraud, la lutte aurait été finie. Les paysans se seraient rendus à l'armée parce que leur opposition non-violente aurait provoqué encore plus de violence et même coûté la vie aux gens innocents. Par contre, parce qu'il n'y avait pas eu de morts, beaucoup voyaient dans l'événement un encouragement à persévérer. Quand la lutte s'est terminée, Marie-Rose Guiraud a déclaré à l'abbé Mazeran (un prêtre de Millau qui soutenait les paysans) que, même s'ils avaient à la fin perdu la lutte, elle aurait valu la peine. Avant, lui a-t-elle dit, les paysans marchaient avec la tête penchée en bas comme les brebis. Ils ne voyaient rien. L'expérience d'avoir rencontré tant de gens différents qui les avaient aidés, qui s'étaient donnés d'eux-mêmes si généreusement, leur avait ouvert les yeux. Maintenant, concluait-elle, ils marchaient la tête haute, fiers.

A la fin de 1975, les diverses organisations et campagnes associées à la protestation (APAL, le don de 3 % des impôts, les GFA, l'école Larzac, Larzac-U, *GLL*, les comités Larzac, le renvoi des livrets militaires et le soutien des objecteurs de conscience) étaient en place. Les batailles dans les cours de justice contre l'expropriation des fermes et les tentatives d'empêcher l'armée d'acheter les fermes persistaient, tout comme les négociations intermittentes entre représentants des paysans et le gouvernement. Pendant ce temps, les paysans devaient assumer une vie quotidienne qui était loin d'être tranquille. En effet, la guerre des nerfs faisait rage entre l'armée et eux. Le chemin qui serpentait à travers le quartier-est du plateau était devenu un lieu de choix pour faire ses preuves. Conduisant leurs enfants à l'école, les parents risquaient de croiser des véhicules militaires qui prenaient les virages à toute vitesse. Des accidents fréquents en résultaient, surtout à un virage particulièrement dangereux près de La Blaquière. On trouvait dans les pages de *GLL* des photos de véhicules militaires renversés dans les champs à côté du chemin. Aucun enfant n'a été victime de ces accidents, mais il fallait que les parents se plaignent constamment auprès de la police pour essayer de mettre fin à cette conduite insensée.

Il y eut, bien sûr, d'autres provocations. Les troupes testaient fréquemment la détermination des militants du Larzac en faisant des manœuvres hors des limites du camp, surtout à l'est près de St-Sauveur et Montredon, et plus à l'ouest, à La Blaquière. Privés de téléphone, les paysans de ce secteur ont installé une ligne pirate entre les fermes pour leur permettre de communiquer dans les cas d'urgence. Chaque fois que les militaires s'aventuraient au-delà des limites du camp, un appel se faisait entendre. Les convois étaient en peu de temps entourés de paysans en colère, accompagnés souvent de leurs troupeaux de brebis ou de chèvres. Une fois immobilisés, les soldats, à la merci des paysans, se voyaient obligés de rester en place pendant qu'on vidait l'air des pneus de leurs camions et barbouillait leurs véhicules de slogans contre l'extension. L'arrestation des civils leur étant interdite, les militaires n'avaient pas d'autres recours que de demander aux gendarmes d'intervenir. Ce sont les soldats pourtant qui avaient enfreint la loi en dépassant les frontières du camp.

De temps en temps, des militaires, agissant en principe de leur propre chef, attaquaient physiquement les paysans ou leur propriété. Il y eut un incident à Cavaliès particulièrement violent dans lequel Pierre Burguière subit des blessures importantes. On nous a informé que quand il a déposé une plainte contre l'autorité militaire, elle a été refusée. A une autre occasion, un groupe de soldats a fait tomber des arbres à travers le chemin qui allait des Truels vers la route à Millau et a mis du sucre dans les réservoirs de toutes les voitures du quartier. Les conséquences auraient pu être sérieuses car, à l'époque, une des femmes des Truels était prête à accoucher et attendait, à tout moment, de partir pour l'hôpital de Millau.

Robert Pirault, qui se trouvait souvent « sur le front », tenant tête aux mouvements envahissants des militaires, décrit leurs manœuvres et attaques de la manière suivante :

> Les soldats français ne prennent pas d'initiative. Ils attendent des ordres. Cela doit être dû à leur formation. Un seul individu peut exploiter la situation et arrêter tout un régiment. Les soldats n'ont jamais pensé qu'ils pouvaient manœuvrer contre nous, c'est-à-dire se servir de nous comme ennemi. Nous pouvions donc les arrêter sans difficultés. Ils ne pouvaient pas nous écraser avec leurs tanks. Après tout, nous étions des Français ! Un jour, j'ai entendu des coups de fusils près de La Blaquière. J'y suis allé dans ma voiture et j'ai vu six tanks qui s'approchaient du village. Je me suis garé devant le premier et j'ai dit au conducteur : « Maintenant l'attaque est terminée ». Je leur ai dit qu'ils étaient sur une propriété privée et que s'ils ne partaient pas, je porterais plainte. Ils ont fait demi-tour et sont partis.
>
> Nous prenions des initiative tout le temps. Une fois, José (*Bové*) a sauté directement sur un tank et l'armée a dû s'arrêter. Qu'est-ce qu'elle pouvait faire d'autre ? Chaque fois qu'ils ont attaqué Cavaliès (*agressant des paysans*) les soldats impliqués ont été punis parce qu'ils agissaient en tant qu'individus et (*du moins théoriquement*) contre les ordres.

(*Les sanctions se faisaient au sein de l'armée. Par contre, elle n'acceptait pas qu'un civil — comme P. Burguière par exemple — porte plainte contre son autorité*). Toutes les fois que des soldats ont agi de leur propre chef, ils ont été remplacés. Aux Truels, c'est exactement ce qui s'est passé. Des commandos sont venus une nuit où il a neigé et le lendemain, nous avons pu suivre leurs traces jusqu'au Pinel (*une ferme occupée par l'armée*) et prouver que c'étaient des militaires qui avaient attaqué. S'ils avaient eu un brin de bon sens, ils n'auraient pas fait comme ça.

Francis Moreau a participé à La Blaquière et à St-Martin comme militant du Larzac. Il vient de la Vendée. A l'âge de seize ans, il est devenu moine, mais après son service militaire, il a quitté son ordre pour vivre, pour un temps, à la communauté de l'Arche. Par la suite, il s'est joint au mouvement du Larzac où, souvent, il assistait Robert Pirault dans ses différents projets militants. F. Moreau confirme les réflexions de Pirault sur le comportement des militaires durant la lutte.

Notre lutte avec l'armée était territoriale. Chaque fois que l'armée mettait le pied hors du camp, on la forçait à se retirer à l'intérieur de ses frontières. Il y avait de nombreux types de confrontations : sur les routes, par exemple, où les convois conduisaient à toute vitesse, risquant la vie des conducteurs civils. Quand j'ai été à St-Martin, j'ai vu un convoi de jeeps sur la route. Nous avons pris notre 2 CV et avons bloqué le chemin. Et nous avons commencé à parler avec les soldats. On leur avait interdit d'être violents et ils voulaient bien discuter de la lutte avec nous. Léon (*Maillé*) est arrivé plus tard avec son appareil de photo et nous les avons laissé partir. Toutes les fois qu'ils faisaient des manœuvres hors du camp, nous les en chassions. Quand ils ont manœuvré à Montredon, avec tout un groupe de militants, nous les avons fait partir. De temps en temps, ils appelaient les gendarmes qui nous faisaient des procès-verbaux mais, à part une exception, il n'y avait pas de suites. Une fois, à Montredon, j'ai fait pâturer mes brebis au milieu des soldats. Ils étaient en train de manœuvrer comme s'il n'y avait pas d'ennemis présents. Je n'ai jamais compris l'attitude de l'armée.

Parfois les paysans crevaient les pneus des camions militaires bien que les gens des Truels aient été contre ce genre d'action. Les mères bloquaient les convois parce que les camions de l'armée représentaient un danger pour les cars scolaires. Une fois, j'étais tout seul à la Blaquière quand une troupe de soldats est arrivée. J'ai appelé au secours et Marie-Rose (*Guiraud*) est

> venue. Je pense que si elle n'était pas venue, j'aurais été tabassé. Les paysans de Pierrefiche n'étaient pas du tout des non-violents, et l'armée ne s'aventurait pas dans cette zone.

Des rumeurs de ventes secrètes à l'armée circulaient sur le Larzac pendant l'année 1975 et les premiers mois de 1976. Le 28 juin 1976, un groupe de 22 militants (constitué de paysans et de non-paysans) envahit le bureau du camp militaire et, dans une action rigoureusement planifiée, détruisit 800 kilos de documents, prenant en photo ceux qu'on estimait avoir le plus grand intérêt pour la lutte. Dans cet entassement se trouvait une carte montrant les trajectoires éventuelles des tirs de canon. Elles s'étendaient du camp jusqu'au causse situé de l'autre côté de Millau, destinées donc à aller au-dessus de la ville même ! Le lendemain de l'assaut, les journaux locaux ont publié cette carte. Comme on pouvait le prévoir, les Millavois en étaient atterrés.

C'est à Michel Courtin (déjà rencontré comme un des fondateurs du *GLL*) que, selon lui, on doit l'idée du raid. Michel Courtin avait fait son service militaire au camp du Larzac avant la lutte et connaissait la disposition du bâtiment à occuper. Il nous a dit qu'au début, la majorité des paysans avait rejeté l'idée d'occupation. Même après l'avoir approuvée, il y en avait qui ne voulaient pas y participer de peur d'être emprisonnés ou par crainte de la violence. D'autres informateurs nous ont confié qu'ils étaient opposés à l'action parce qu'ils avaient la conviction que c'était un acte de violence et, par conséquent, en contradiction avec la philosophie du mouvement. Quand on a finalement pris la décision d'envahir le camp, Michel Courtin a tenu à ce que la majorité des participants soit des paysans. Il était convaincu qu'autrement, le gouvernement et les médias mettraient en cause des agitateurs de l'extérieur. Les décisions du juge qui a présidé aux procès des personnes arrêtées dans l'occupation ont confirmé ses appréhensions. Le magistrat dans ses condamnations des membres du commando a en effet imposé des peines plus sévères aux participants non paysans. (Quelques-uns — dont Marizette Tarlier — ont subi deux, et dans certains cas, trois semaines de prison). Il a même modéré ses jugements au point que les « purs porcs » parmi les occupants, à l'exception des leaders connus, ne se sont vu infliger que des peines avec sursis.

Robert Pirault nous a offert une description carrée de l'occupation :

> Nous sommes entrés dans le camp sans problèmes. Il était midi, l'heure où la plupart des Français ne pensent qu'à une chose : la bouffe. Nous aurions pu faire exploser le camp. Ils n'ont jamais compris que nous avions une stratégie. Chacun était assigné à des coins différents de la pièce. Moi, j'avais une fenêtre ; un autre, la porte. Nous savions exactement ce qu'il y avait à faire, tandis que les soldats n'ont rien fait du tout pour empêcher notre attaque.

Pierre Burguière nous a aussi dépeint l'événement :

> Chacun avait sa tâche. Nous avons déchiré tant de papiers et si rapidement que nous avions mal aux mains. Quand on nous a ramenés au camp pendant le procès pour rejouer le « crime », nous avons vu un tas de papiers déchiquetés qui faisait presque deux mètres de hauteur ! Pendant l'action, un des nôtres surveillait le travail et quand on tombait sur des papiers intéressants, on les photographiait. Nous avons fourré les originaux sous nos ceintures. Au moment où on nous a arrêtés, nous avons caché les pellicules dans nos caleçons et les deux femmes (*les seules qui participaient à l'action*) les ont mis dans leurs soutien-gorges. Ils ont découvert les papiers tout de suite, mais pas les pellicules. Parce qu'on nous avait arrêtés en flagrant délit, ils ne nous ont pas fouillé tout de suite. Au lieu de cela, ils nous ont descendus à la police à Millau. Avant de comparaître, nous avons demandé la permission d'aller aux toilettes et ils nous l'ont permis sans nous surveiller. Là, nous avons pu nous défaire de nos pellicules et les passer aux amis qui sont venus avec nous. Marizette (*Tarlier*) devait être fouillée par la femme d'un agent parce qu'il n'y avait pas de femmes-policiers disponibles. Quand la femme s'est approchée, elle a ouvert son chemisier et a lancé : « Allez-y, fouillez-moi ! » La femme y a renoncé et Marizette a pu se débarrasser de ses pellicules plus tard. De cette manière, nous avons pu sauvegarder la trace des documents les plus importants. Quand on nous a condamnés, les gens de Millau et de la région environnante ont été scandalisés. Tout le monde pensait que les peines étaient trop sévères. La police et la cour ont reçu des menaces (pas des paysans pourtant) et après trois jours, les paysans parmi nous ont été libérés. Personne n'avait souvenir qu'une telle chose se soit jamais produite à Millau : c'était la première fois !

Les 17 paysans impliqués dans l'invasion du camp ont fait appel le 24 novembre 1976. Le 15 décembre de la même année, la cour de Montpellier, reconnaissant apparemment la nature politique de l'occupation, a réduit les peines des 17 à cinq mois de prison avec sursis.

Pendant les années 1970, les procès d'objecteurs de conscience et de ceux qui avaient renvoyé leurs livrets militaires continuaient partout en France. Chaque fois que c'était possible, les militants du Larzac assistaient aux procès et se portaient témoins pour la défense. Le 21 octobre 1977, trois objecteurs et Francis Moreau, qui avait renvoyé son livret militaire, ont été jugés à Millau. F. Moreau nous a décrit la scène :

> Nous avons décidé que le procès serait une sorte de fête. Nous savions que le juge qui présidait au procès n'était pas une personne prête à dialoguer avec nous et nous avons considéré que chaque procès était l'occasion de faire passer notre message. Il y avait un groupe de témoins présents, y compris le général Bollardière, qui avait, à notre avis, des chances d'être entendu. On s'est présentés devant le juge, le matin, avec des gens accusés de crimes communs. Il y avait, par exemple, une femme qui avait volé quelque chose d'un supermarché. Son mari travaillait mais était alcoolique et buvait tout son salaire. Alors elle n'avait pas d'argent pour la nourriture. On lui a fait payer une amende de 500 francs. Après, il y avait un groupe de St-Sauveur qui avait bloqué un convoi militaire. On a constaté une erreur de procédure et l'accusation a été annulée. Le suivant était un objecteur. Il a essayé en vain d'expliquer pourquoi il avait refusé le service militaire. Alors c'était le tour des personnes qui témoignaient de sa moralité, mais le juge ne voulait pas les entendre. Il a demandé seulement s'ils avaient été présents quand l'accusé avait reçu sa convocation militaire. Il ne permettait rien d'autre, même du Général qui s'est fâché et a demandé le droit de parler. Le juge lui a commandé de se taire. Quand nous nous sommes rendu compte de ce qui se passait, nous nous sommes arrangés pour faire entrer dans la salle un troupeau de brebis qui avait été descendu à Millau pour répondre à une telle situation. Il y avait des policiers municipaux dans la salle, mais nous les avons empêché de fermer les portes et environ soixante brebis sont entrées. C'était spectaculaire ! Il y avait des crottes de brebis partout. On a finalement appelé les gendarmes et ce sont eux qui ont été obligés de nettoyer tout ça. Les procès ont recommencé à trois heures de l'après-midi avec la salle pleine de policiers. Mon tour est venu. J'avais préparé une défense, mais le

> juge a refusé de l'entendre. J'ai commencé mon texte et il m'a dit de m'arrêter, mais je l'ai lu quand même. On m'a donné une amende de 500 francs mais le procureur a pensé que c'était trop bas et a fait appel à la cour de Montpellier. J'ai écrit une lettre à la cour disant que je refusais de reconnaître leur justice. Ils ont augmenté l'amende à 1 000 francs. Je l'ai payée finalement quand la lutte était terminée et que j'avais quitté le Larzac.

Avec la poursuite de la lutte, l'armée gagnait peu à peu sur le terrain de la légalité. Entre les mois d'octobre 1978 et de janvier 1979, elle a pu obtenir des ordres d'expropriation dans neuf communes. La situation devenait consternante. Bien que les paysans aient persisté dans les actions locales durant les années 1976-1978 (jeûnes à Rodez ; semence et moisson sur des terres achetées par l'armée ; réalisation de divers projets de construction soutenus par l'APAL et aidés par le travail des bénévoles venus de France et d'autres pays d'Europe), les paysans et leurs alliés, les comités du Larzac, étaient convaincus qu'une autre action nationale spectaculaire était nécessaire. Ils ont enfin pris la décision de monter, encore une fois, à Paris. Ils étaient déjà allés, en 1973, sur leurs tracteurs. Cette fois-ci, en 1978, ce serait à pied.

Pierre Burguière était un de ceux qui prirent en mains cet exploit. A lui incombait surtout la responsabilité, à chaque étape de la marche, de servir de liaison entre les habitants locaux, qui s'étaient formés en comités d'accueil, et les manifestants. A cette fin, il devait faire un va-et-vient constant, en voiture, en train, ou par avion, s'il le fallait, surveillant le progrès des marcheurs entre le causse et la capitale. En total, une douzaine de paysans ont fait le trajet entre le Larzac et Paris (710 kilomètres avec vingt-trois étapes) entièrement à pied. Aux différents arrêts, d'autres paysans et sympathisants se joignaient à la marche. La FDSEA, qui devait trouver un logement et de la nourriture pour les marcheurs, s'est généralement arrangée pour le gîte et le couvert des paysans mais a refusé de s'occuper des non-paysans qui les accompagnaient. Pierre Burgière devait trouver des endroits pour les recevoir le mieux qu'il pouvait.

Selon nos informateurs, le public accueillait les marcheurs le long de la route avec enthousiasme. Dans bien des cas, ceux qui ne pouvaient pas être présents au moment où la marche traversait leur région ont laissé au bord de la route, à l'attention des participants, de la nourriture et des boissons ainsi que des mots d'encouragement. Un train qui passait a sifflé pour marquer son approbation. Même *Le Figaro Magazine* a exprimé sa sympathie envers l'action. Dans son numéro de décembre 1978, on trouve un article de trois pages, illustré. Il s'intitulait : « Larzac : volem viure al pais ». On peut y lire une interview avec plusieurs marcheurs. Les commentaires positifs du journaliste jalonnent leurs réponses. L'article termine : « Quittant la Resse, je me suis tourné. Un panneau écrit en occitan était cloué à l'entrée de la ferme. 'Volem viure à la Resse. La terra e nostra. Sabes plan.' On ne pouvait pas être plus clair. » Les partisans du camp se sont exprimés avec la même netteté : quelques-uns ont fait la moitié du trajet à Paris pour peindre des graffiti anti-paysans sur le chemin de la marche.

Pierre Burgière nous a décrit l'accueil que les marcheurs ont reçu le long de la route, ainsi que l'arrivée à Paris :

> Les journaux ne se sont intéressés à nous que le cinquième jour. A ce point, ils sont venus nous dire : «Vous n'irez pas jusqu'à Paris». Nous les avons assurés de notre détermination et ils ont commené à suivre la progression de la marche, mais, à mon avis, les journalistes pensaient que c'était du folklore. Souvent quand il y avait des camions sur la route, les conducteurs klaxonnaient pour manifester leur soutien et ils nous escortaient fréquemment — un camion en avant de la marche, un autre, derrière. Des gens dans leurs voitures nous encourageaient aussi. Pas une personne nous a insulté tout le long de la marche, sauf un groupe d'ici qui a peint des graffittis contre la marche.
>
> L'arrivée à Paris était effrayante. Il y avait des policiers partout. Nous avions négocié l'itinéraire de la marche avec la police, mais ils n'ont pas respecté les termes de l'accord. Des ordres avaient dû venir du gouvernement pour empêcher la manifestation. Des provocateurs ont infiltré la marche. D'habitude, quand les agitateurs se joignent à une manif, ils s'insèrent à la fin de la ligne de marche, mais, cette fois-là, ils étaient devant. Nous étions plusieurs à les voir, plus tard, en train de parler avec la police et certains journalistes nous ont dit qu'ils étaient des agents en civil. L'objectif, c'était de casser le Larzac. Ils voulaient que la manifestation dégénère en violence, mais la Ligue Communiste (*pas réputée pourtant pour son attitude non violente*) nous a protégés. Ils ont pris des coups et en ont donné aussi. Il y avait d'autres non-paysans qui aidaient en

> s'interposant entre nous et la police. Sur le chemin de la Porte d'Italie à la Porte d'Orléans, nous avons dépassé le quartier général d'une compagnie de CRS. Nous pouvions les voir sur le toit du bâtiment d'où ils nous envoyaient des gaz lacrymogènes. Mais le véritable ton de la manifestation a été donné par les marcheurs qui ont gardé le silence total pendant toute l'affaire. Tout ce qu'on pouvait entendre, c'était les bâtons qui frappaient le pavé et, de temps en temps, notre haut-parleur qui donnait des instructions aux marcheurs. Ce silence était vachement impressionnant. Je ne l'oublierai jamais.

La procédure nécessaire pour l'évaluation des fermes condamnées par le gouvernement a enfin été terminée en novembre 1980. Les expulsions devaient s'ensuivre. Mais, le 26 du même mois, on a reçu la bonne nouvelle que François Roux avait eu gain de cause dans une décision importante en justice. En somme, il a prouvé que le gouvernement avait commis une erreur de procédure à l'égard d'un grand nombre de fermes. Certaines règles n'avaient pas été respectées par rapport à la demande d'utilité publique, premier pas dans le mécanisme d'expropriation. Légalement, le gouvernement devait tout reprendre. Malgré cela, il tenait coûte que coûte à poursuivre l'extension. Et peu de temps après, il a recommencé le processus en entier.

A cette époque, l'élection présidentielle de 1981 s'approchait rapidement. Un groupe d'élus de l'Aveyron, craignant que V. Giscard d'Estaing soit réélu, continuait à négocier avec le gouvernement. Ils espéraient trouver un accord sur la création d'une mini-extension qui permettrait aux deux côtés de sauver la face. Dans l'Aveyron, et même sur le Larzac, on soupçonnait des paysans d'appuyer cette tentative. Les rumeurs de négociation, surtout celles concernant une mini-extension, provoquaient des tensions sur le plateau. Les plus militants de ceux qui soutenaient le Larzac craignaient que le secteur le plus pauvre à l'est — y compris La Blaquière, Montredon avec ses squatters, et Pierrefiche — soit sacrifié pour sauver les fermes plus importantes vers l'ouest. Toutefois, les communiqués publics faits au nom de l'ensemble des paysans soulignaient qu'aucun accord ne serait conclu qui obligerait les paysans de partir sans leur consentement.

Sur cet arrière-fond de crise, les paysans, en décembre de 1980, ont organisé leur dernière action nationale de grande envergure. C'est à Susana Moreau des Truels qu'est dûe l'idée d'aller à Paris et de camper en face de l'école militaire, sur le Champ-de-Mars. Ils ont préparé cette action dans le secret total pour éviter d'alerter les autorités de Paris qui les en auraient empêchés sans aucun doute. Des familles larzaciennes sont parties, en petits groupes, de différents secteurs de l'Aveyron, les unes en voiture, d'autres en car, et d'autres encore par le train. Françoise Alla, qui était allée avec ses deux jeunes enfants, nous a raconté son expérience :

> On s'est arrangé pour partir en secret. Nous n'avons pas pris de vêtements chauds, malgré le froid, parce que nous étions sûrs d'être expulsés au bout de quelques heures. Au lieu de cela, ils nous ont permis de rester plusieurs jours. Nous avons fait une école du Larzac, là, sous la Tour Eiffel et Radio Larzac libre a commencé à transmettre ses émissions (*préparées à l'avance, sur le Larzac*).

On a fini par expulser les manifestants, mais les autorités ne les ont pas empêchés de fixer leur résidence, pour encore quelques jours, sur une péniche prêtée par une municipalité de la région parisienne dont le maire était Michel Rocard.

Nous pouvons lire sur la première page du *GLL* de décembre, écrite avec une ironie exquise, la contrefaçon d'un avis officiel concernant l'occupation du Champ-de-Mars :

En vertu de l'intérêt supérieur de l'agriculture et de la nation tout entière, nous avons décidé la mise en culture de 17 hectares du Champ-de-Mars laissés improductifs par l'armée. Il s'agit de faire comprendre que l'extension du Champ-de-Mars répond à un besoin incompressible de l'agriculture moderne, les progrès constants des matériels agricoles nécessitant des surfaces de plus en plus étendues.

Cette décision une fois acquise, il est clair que la concertation est ouverte. Nous avons déjà chargé le comité Larzac de la capitale de prévoir un calendrier de réunions de travail avec les élus de la région parisienne, les responsables des organisations militaires professionnelles et des usagers des jardins publics. Ceci afin de parvenir dans les meilleurs délais à une solution conduisant à la réalisation d'un champ utilisable par l'agriculture tout en laissant le plus grand nombre possible de militaires, et en harmonie avec la vie locale. Ainsi, la recherche d'un accord entre les contraintes techniques qu'impose l'aménagement d'un champ agricole et les préoccupations concernant la défense des activités militaires va se poursuivre.

La réalisation de cet objectif pourrait déboucher sur la mise en place d'une couronne militaire active autour du champ dans un esprit de bon voisinage. Une fois pris possession du terrain, des conventions d'usage seront passées avec l'armée qui pourra faire manœuvrer ses troupes lorsque les agriculteurs voudront bien le lui permettre. Dans le domaine de l'emploi, la ville de Paris bénéficiera pour un délai supplémentaire de primes à 25 pour cent. L'agriculture participera à l'équipement sportif de la ville et pourvoira notamment à la couverture de la piscine municipale.

Le Champ-de-Mars sera ouvert au public le samedi et le dimanche et la visite de la Tour Eiffel permise deux jours par semaine en dehors des périodes de gros travaux.

L'indispensable dialogue doit être franc et loyal, conduit en dehors de toute attitude partisane, étant bien entendu que de toute façon il est hors de question de communiquer à qui que soit et pour cause tout dossier justificatif, que le projet sera maintenu dans son intégralité, que d'ailleurs, l'expropriation est en bonne voie et que si nos interlocuteurs ne sont pas contents, qu'ils aillent se faire reclasser ailleurs.

Bien que les paysans aient été encouragés par le succès de leur action, la situation, à la veille de l'élection s'aggravait. Les partis de droite étaient divisés entre ceux qui soutenaient Jacques Chirac et ceux qui étaient pour Valéry Giscard d'Estaing. Peu de gens pensaient que François Mitterrand avait des chances de gagner. Certain que l'extension se ferait rapidement — aussi bien en cas de victoire de la droite que de la gauche —, un groupe d'élus aveyronnais, comme nous l'avons déjà noté, est monté à Paris pour négocier un accord avec le gouvernement. Ces personnes avaient le sentiment qu'elles accomplissaient une mission de sauvetage et étaient prêtes à compromettre la plus grande partie du plateau pour sauvegarder quelques fermes. Peut-être qu'ils voulaient aussi consolider leur réputation dans la région. Le numéro mars-avril 1981 du *GLL* portait le titre : « Les élus font cavaliers seuls ». Le 24 février, un accord avait été signé entre le gouvernement, les représentants du département de l'Aveyron et les maires de toutes les communes concernées, à l'exception du maire de La Roque-Ste-Marguerite qui avait promis aux habitants de son village qu'il ne signerait pas. L'accord dressait de nouveaux tracés de l'extension et, en principe, épargnait 71 des 83 fermes affectées par le projet. Il pourvoyait à la réinstallation des agriculteurs expropriés sur des terres à proximité du Larzac, ou sur le plateau, en dehors des limites du camp étendu. En outre, il garantissait une protection spéciale au village de La Blaquière, y compris le droit de ses agriculteurs à continuer leurs activités agricoles jusqu'à ce qu'ils soient d'accord pour être installés ailleurs.

Les paysans ont répondu dans une interview télévisée avec un « non » retentissant. Selon leur communiqué dans le numéro mars-avril du *GLL* :

> ...une lecture quelque peu attentive montre qu'au-delà de toutes les tentatives d'en minimiser le caractère néfaste, il mène à court terme, inéluctablement, à l'extension du camp à 17 000 hectares comme prévu : aucune réduction du périmètre ; aucune rétrocession de terres ; La Blaquière avec ses habitants est de toute façon condamnée ; aucune garantie sérieuse sur la manière de maintenir la pérennité de soixante et onze exploitations....

Il ne restait aux paysans qu'à attendre les résultats de l'élection. F. Mitterrand avait promis que, s'il était élu, il annulerait le projet d'extension. Serait-il élu et, si oui, tiendrait-il parole ? Le premier tour en mai 1981 a été suivi d'un deuxième tour entre V. Giscard d'Estaing et François Mitterrand. La campagne acerbe de la droite avait laissé un goût amer et un grand nombre de ceux qui avaient soutenu Jacques Chirac au premier tour allaient abandonner la droite et voter pour F. Mitterrand. Le 10 mai 1981, à vingt heures, le soir du deuxième tour, la victoire de François Mitterrand était déclarée. Les socialistes avaient pris le pouvoir en France pour la première fois depuis la fondation de la cinquième République sous de Gaulle. Un des premiers actes officiels du nouveau président, pris contre les conseils de son ministre de la Défense, fut d'annuler le projet d'extension. Il tint parole. Le numéro de juin 1981 du *GLL* portait, en occitan, le titre : AVEM GARDAT LO LARZAC !

Chapitre 5

Les projets d'avenir

Ouf ! C'était fini, l'interminable lutte. Léon Maillé, écrivant dans le 64e numéro du *GLL* (juin 1981), décrit la journée du 10 mai de la manière suivante :

> Comme pour beaucoup, ce 10 mai, fut pour nous au Larzac, une date mémorable. D'abord il pleuvait, beaucoup même, et après une période très sèche, tous les paysans s'en réjouissaient.
>
> Mais va-t-il sortir ? Personne ne pensait au champignon, mais à François, le candidat. On attendait 20 heures. Les trayeurs prenaient les transistors à la bergerie, du temps que le reste de la famille se calait devant la T.V. Vingt heures moins quinze. « Elkabach a triste mine ». Pas possible, c'est qu'on a des chances ! Ciel, qu'elles furent longues ces quelques minutes avant 20 heures... et puis... le boum, l'explosion, les cris, la joie, les larmes même. Le « On a gagné » spontanément et instinctivement crié par tous. Les trayeurs se sont arrêtés. « Les bras m'en tombaient », nous confiait le père Fabreguette.
>
> Aussitôt, beaucoup de Larzaciens se retrouvèrent à la ferme de l'Hôpital. On s'embrassait tout éberlués, on fêtait ça par des explosions (de champagne, bien sûr). Le téléphone sonnait sans arrêt. Des amis de partout (jusqu'à Abidjan !) nous communiquaient leur joie !

> On a même reçu un coup de téléphone vers 21 heures d'un groupe... tellement « bourré » qu'ils n'ont pu se présenter....
>
> Plus tard, un cortège de voitures se forma en direction de Creissels où les amis de la vallée fêtaient déjà l'événement en dansant la carmagnole. Au passage, les portes de la sous-préfecture changèrent de couleur et se trouvèrent toutes décorées.... Farandoles et danses se déroulèrent fort tard dans la nuit...
>
> Le lendemain, quand on se rencontrait, on se regardait, tout hébété, on n'osait pas y croire, on sortait enfin du tunnel pour la lumière, de la prison pour la liberté !
>
> Dix années de lutte fraternelle valaient bien cette joie !

Mais il y avait toujours quelques doutes qu'il fallait écarter. En dépit de la promesse présidentielle, l'extension n'avait pas encore été annulée d'une manière officielle. Et pire, le 27 mai, le ministre de la Défense que François Mitterrand venait de nommer, Charles Hernu, annonça qu'il était toujours en faveur du projet d'extension. Une délégation de paysans inquiets, et leurs avocats, rencontra F. Mitterrand le lendemain. Finalement, le 3 juin, le président, au moment d'une réunion de son conseil des ministres, proclama l'annulation du projet. Quelques jours plus tard, l'armée évacua les cinq fermes qu'elle avait occupées (quatre depuis octobre 1976 et une autre depuis octobre 1977). Le préfet de l'Aveyron confirma la décision, le 8 juillet, en dépit d'une forte protestation des autorités militaires locales. La célébration de victoire officielle à laquelle avaient assisté 12 000 personnes venues de toute la France et de l'Europe de l'Ouest eut lieu, le 23 août, au Rajal del Gorp. Le mouvement de paysans japonais qui s'opposait à la construction de l'aéroport de Narita y envoya une délégation, et les représentants du syndicat polonais, « Solidarité », empêchés par leur gouvernement d'y participer, adressèrent un télégramme de soutien. On demanda à Robert Gastal qui avait prononcé le premier discours majeur pour le Larzac, à Rodez, en 1972, d'accueillir la foule. Dans son discours, il encouragea la poursuite active des objectifs qui avaient évolué pendant la lutte.

Si le Larzac allait atteindre ces objectifs, il lui serait nécessaire de le faire essentiellement par lui-même. Pendant la lutte, l'aide effective du monde extérieur découlait, principalement, des activités des comités du Larzac. La réussite de ce soutien provenait d'un engagement héroïque de leurs membres à une cause assumée en commun. Ces comités consistaient en groupes hétérogènes provenant, d'un côté, de diverses factions d'ultra-gauchistes, de l'autre, des rangs de pacifistes profondément engagés, d'inspiration religieuse. Le fait que de telles personnes pouvaient coopérer avec tant d'efficacité pendant une période de dix années, surtout en France où le purisme politique et philosophique atteint le statut d'un art, relève du miracle. Avec la victoire, le lien qui soudait les comités disparut. Les 21 et 22 novembre, 150 membres des comités venus de la France entière se rencontrèrent à Millau pour discuter des prochaines démarches à entreprendre. Il fut décidé qu'un soutien extérieur au Larzac n'était plus nécessaire. L'assemblée vota donc la dissolution des comités. Désormais, les membres individuels pouvaient se dévouer aux différentes causes qu'ils avaient soutenues dans le passé. Plus tard, un nombre relativement restreint d'anciens membres de comités allait se joindre à la Fondation Larzac, organisée sur le plateau en 1981 et dédiée au soutien d'activités paysannes d'autres pays, principalement dans le tiers monde. En outre, un groupe d'anciens militants de l'extérieur créa l'association, La Cardabelle, pour aider dans la revitalisation de La Salvetat, une des fermes que l'armée avait occupées. Toutefois, on peut constater le déclin général du soutien de l'extérieur dans la chute précipitée des abonnements au *GLL* qui avaient atteint 4 100 en 1981 et qui, au moment où nous écrivons, n'en totalisent guère plus de 1 200 environ.

Vers la fin de 1981, réunis dans une assemblée générale, les membres de l'APAL votèrent un changement de nom : l'Association pour la promotion de l'agriculture sur le Larzac devenait l'Association pour l'aménagement du Larzac. Cette décision signalait une nouvelle orientation, plus étendue, de l'APAL. On allait maintenant se concentrer sur la culture, le tourisme, l'aménagement local, aussi bien que sur l'agriculture. Si le Larzac continuait en tant que mouvement social, il serait naturel que l'APAL, qui avait toujours été au centre du financement de la lutte, prît les devants dans la période suivant la victoire, dans l'après-Larzac.

En octobre 1982, l'APAL distribua un rapport avec le titre, « Informations Larzac ». On y trouve un projet ambitieux pour l'avenir du causse. Beaucoup d'habitants du plateau, ainsi que des militants qui continuent à s'investir dans ses activités économiques, politiques et sociales, le considèrent, actuellement, comme « utopique ». Toutefois, à l'époque, il représentait l'espoir qu'un plateau exemplaire servirait d'inspiration à d'autres régions rurales. Le rapport insistait sur le passage du mouvement à la légalité qui créait de nouvelles conjonctures et responsabilités. Les conjonctures allaient du développement des formes innovatrices d'agriculture à l'établissement d'une nouvelle communauté rurale, le tout en coopération avec la population locale, ses élus, et les organisations professionnelles. Les responsabilités seraient le résultat des moyens employés par les paysans pour exploiter la situation. Dans le préambule du rapport, les auteurs, écrivant au nom de l'APAL, notaient qu'il y avait deux conséquences positives de la lutte : (1) l'existence de plusieurs milliers d'hectares, à présent propriété de l'État, où on pouvait appliquer des formes innovatrices d'agriculture, et (2) un nouvel esprit créé par les dix années de conflit. Avec la participation de jeunes agriculteurs prêts à louer les fermes disponibles, il était maintenant possible de développer une agriculture alternative fondée sur des principes écologiques plutôt que sur une production intensive. Selon les auteurs du texte, cet esprit d'innovation aurait une incidence sur tous les aspects du développement rural.

Bien des projets décrits dans « Informations Larzac » se sont réalisés sous une forme ou une autre. Mais, dans presque tous les cas, les projets réussis au début de l'après-lutte étaient dûes aux actions d'une ou, au plus, plusieurs personnalités dynamiques qui travaillaient à l'intérieur de ce que beaucoup de critiques voyaient comme leurs fiefs personnels. Par ailleurs, avec la fin du conflit, l'agriculture est devenue le souci principal de quelques personnages clés du plateau, peut-être un peu au détriment, du moins pour une certaine période, d'autres activités sociales et politiques. D'autre part, en ce qui concerne la participation des habitants à la communauté de l'après-Larzac, il faut dire aussi que, déjà en 1984, quand nous avons commencé nos recherches, peu de « purs porcs » assistaient aux réunions des différentes associations. Étaient absents aussi un bon nombre de ceux qui se sont installés après la victoire. En plus, des critiques du niveau insuffisant d'activité et des formes qu'elle commençait à prendre à partir de 1981 nous étaient souvent exprimées et venaient des personnes qui avaient soutenu la lutte avec dévouement.

Une des critiques les plus dures a été faite par un ancien militant extérieur au plateau. Elle s'est exprimée en 1986 dans un article sur le nouvel APAL, « L'utopie manquée. 1981-1983 » publié dans un numéro spécial d'*Amiras*, revue consacrée aux sujets occitanistes. Un certain nombre d'habitants du plateau en avaient été indignés, le trouvant injuste et de nature à avoir des effets négatifs.

> ...au tout début de 1982, est intervenue la transformation de l'APAL : l'Association pour la promotion de l'agriculture sur le Larzac est devenue Association pour l'aménagement du Larzac... cela recouvrait tout ce bouillonnement d'idées et de propositions, et surtout, cela permettait d'insister sur l'ambition d'un projet global de développement... Les projets ne concernaient pas l'agriculture, seule, et la composition agricole n'était donc plus l'organe premier de cette « nouvelle association ». C'est à cette occasion, à ce moment, que s'est produite la première rupture de l'après-Larzac, que l'on a vu se dessiner la première réaction contre le cours que prenait la gestion des affaires du plateau et de l'après-lutte. Les « dirigeants historiques de la lutte » ont été les acteurs de ce coup de frein. Cela s'est produit à propos de la composition du conseil d'administration de l'APAL « nouvelle »...
>
> La composition de ce CA de dix membres est apparue comme étant tout à fait différente de celle du CA de l'APAL « agricole », où les « purs porcs » du plateau étaient les maîtres du jeu... Ces derniers avaient donné leur accord au mode de désignation des membres du CA à la suite d'une discussion parfaitement claire et démocratique de la question !
>
> Et patatras ! le soir du conseil d'administration, en faisant le compte des présents et des « manquants », ils s'aperçoivent que « ça ne colle pas ! Ça ne va pas du tout ! Il y a un problème au conseil d'administration, vous n'élisez plus de paysans ! » Telle était la réaction, parmi les plus anciens dirigeants de la lutte. Elle s'est prolongée, en chaine, par toute une série de rencontres, de réunions, de discussions privées. Visiblement, l'affaire était d'importance, si l'on en jugeait par le remue-ménage qu'elle provoquait... les « dirigeants historiques » de la lutte

> souhaitaient revenir sur les accords définissant la composition de ce CA et retrouver de toute façon un CA conforme à leurs vœux.
> Quels étaient ces vœux ? On peut, sans doute, les résumer en trois points : 1. L'équilibre entre paysans et non-paysans avait été rompu, et la majorité des sièges au conseil ne revenait plus aux paysans. Il fallait donner la prépondérance a ceux-ci. 2. L'équilibre entre anciens habitants et nouveaux venus n'était pas satisfaisant non plus : trop de nouveaux venus (installés pendant la lutte essentiellement) participaient au CA, et il convenait de laisser une place dominante aux gens anciennement installés sur le causse. 3. Au fond, ils étaient choqués que « l'agriculture » se transforme en « aménagement » (Boyer, H. et al, 1986 : 43-44).

Nos données démontrent que bien des personnes qui faisaient partie des troupes d'assaut de la lutte, surtout les squatters, avaient l'impression qu'on les avait souvent exploitées pendant la période héroïque des années 1970. Le consensus qui suivait une discussion libre était, et continue d'être, un idéal sur le plateau. En réalité, dans le passé, les décisions étaient souvent prises par quelques leaders, perçus par les autres comme membres d'un cercle d'initiés. (L'article de l'*Amiras* reflète cette situation qui a persisté pendant les premières années après la victoire.) Aujourd'hui, ces leaders, dont beaucoup restent impliqués dans les affaires du plateau, admettent qu'il était souvent nécessaire, au plus chaud de la lutte, de prendre des décisions avec rapidité et parfois en secret. Cette situation, acceptable, en bonne partie, dans des conditions de crise, ne l'est plus aujourd'hui. Comme nous allons voir plus loin dans la discussion détaillée de conflits passés et actuels, ces sentiments, enracinés dans le passé, ont une influence considérable sur les événements en cours.

Après avoir présenté la victoire comme elle a été vécue par ceux qui s'étaient opposés à l'extension du camp, je voudrais prêter attention aux réactions de ceux qui la soutenaient, ainsi que du gouvernement qui venait d'être élu.

Bien que toujours minoritaires dans l'Aveyron, les gens de La Cavalerie en faveur du projet n'ont jamais perdu l'espoir que, un jour ou l'autre, l'État réaliserait l'extension. Dans l'élection présidentielle de 1981, ils ont voté majoritairement pour les candidats de la droite (Valéry Giscard d'Estaing ou Jacques

Chirac au premier tour et V. Giscard d'Estaing, au second), étant à peu près certains que le parti socialiste n'avait pas de chance de gagner au niveau national. On n'exagère pas en disant qu'ils étaient abasourdis par la victoire de François Mitterrand. Peu de temps après l'annonce officielle de l'annulation du projet d'extension, une série de questions rassemblées par le conseil municipal de La Cavalerie a été envoyées au nouveau président de la République. Les voici :

1. — une solution de remplacement du camp de manœuvres situé sur le site du Larzac sera-t-elle prise ?
2. — qu'adviendra-t-il de la poursuite des importants travaux planifiés dont une bonne partie est déjà engagée ?
3. — le camp actuel continuera-t-il à être utilisé et dans quelles conditions ?
4. — sera-t-il envisagé l'implantation durable d'une unité plus importante que l'actuel groupement de camp ?
5. — dans quelle mesure l'abandon du projet d'État, déjà avancé et ayant entraîné de la part de la population et de la collectivité un certain nombre d'investissements et de choix d'orientation, donnera-t-il lieu à une juste indemnisation ?
6. — le maintien sur place du personnel civil employé au camp sera-t-il garanti ?
7. — une rétrocession est-elle envisagée pour les terres déjà cédées à l'amiable ?

En dehors de ces questions, on a envoyé au préfet de l'Aveyron, le 25 juin 1981, une motion en forme de pétition concernant le potentiel des effets négatifs de l'annulation sur l'économie locale. Elle était signée par 187 individus et au nom de deux associations professionnelles de La Cavalerie et de la zone environnante. Elle rappelait au préfet que le projet d'extension avait été déclaré d'utilité publique depuis presque dix ans. Elle poursuivait en constatant que le travail déjà accompli sur l'extension du camp avait créé non seulement des emplois nombreux à La Cavalerie mais avait permis l'ouverture de nouvelles entreprises (certaines avaient été agrandies avec l'aide d'emprunts) et que le tout serait menacé par l'annulation de l'extension. Elle demandait que, à la lumière de ces faits, le préfet intercède auprès du président de la République afin de rétablir le projet.

A une date que je crois être le 4 juillet 1981 (le document est daté du 4 juin, mais les événements décrits ont eu lieu tout le mois du juin) un militant du Larzac, habitant de La Cavalerie, a envoyé une lettre de onze pages à Louis Joinet, un des principaux conseillers de Pierre Mauroy, le Premier ministre de l'époque [1]. Louis Joinet soutenait la cause des paysans.

L'expéditeur de la lettre soumettait au gouvernement une analyse de l'état des affaires à La Cavalerie à la lumière de la décision de François Mitterrand d'annuler l'extension. Son objectif était d'aider le gouvernement à faire des plans constructifs pour la région entière dans la période qui suivait l'annulation du projet. Cette lettre commence avec une courte histoire de la lutte, soulignant que plusieurs paysans de La Cavalerie, y compris lui-même, s'étaient détachés du mouvement dès 1974. (L'inactivité de l'auteur de la lettre a été temporaire bien qu'assez longue. Elle s'est prolongée jusqu'en 1978, date à laquelle il participait de nouveau à diverses actions.) Dans cette partie de la lettre, il met l'accent sur la forte pression en faveur de négociations avec le gouvernement que le capitaine des domaines exerçait sur les paysans de La Cavalerie. Le responsable des gendarmes postés dans le village se livrait aux mêmes pratiques. A mesure que les paysans de La Cavalerie se démobilisaient, naissait un mouvement favorable à l'extension, surtout parmi les commerçants du village. Le maire et le conseil municipal s'y retrouvaient aussi. Les membres de ce groupe

> ...se manifestèrent quelquefois sur le terrain contre les paysans seulement. Certains d'entre eux ont eu un langage grotesque envers nous dépassant l'imagination. Michel Rocard (*nommé Premier ministre à la réélection de François Mitterrand*) ainsi que des camarades du PS peuvent en témoigner.... le 12 juin, à l'occasion de la venue de Michel Rocard à Millau, ces personnes l'ont sérieusement et grossièrement apostrophé...

L'expéditeur exprime alors l'opinion, appuyée par des observations convaincantes, que ce groupe, qui n'a jamais eu beaucoup d'influence pendant les dix années de lutte hors de La

Cavalerie, avait été soutenu et probablement organisé par le gouvernement de Paris.

Les partisans du camp les plus importants à La Cavalerie sont alors énumérés. Les noms et professions de ces personnes font référence, en dehors du maire (à la date de la lettre, l'ancien maire) et d'un employé civil du camp, à de nombreux propriétaires de cafés ou d'hôtels du village, ainsi qu'au pharmacien et à d'autres commerçants. L'auteur ajoute qu'il y avait des commerçants qui n'étaient pas en faveur de l'extension. Beaucoup, affirme-t-il, observaient une certaine neutralité et quelques-uns avaient une opinion négative du camp existant. La nuit de l'élection de François Mitterrand, on a en effet célébré sa victoire à la gendarmerie et au Café de la Poste. Les festivités ont causé un petit scandale parmi les partisans de l'extension.

Après l'élection, le village a gardé son calme, jusqu'à l'annonce de l'annulation. A ce point-là, le MPOL (Mouvement pour l'ordre et la paix, l'organisation en faveur du camp) s'est mis à arracher systématiquement les affiches du parti socialiste de tous les murs du village où on les avait collées pour l'élection. Le 6 juin, le MPOL, dans une réunion au café d'un membre local, Robert Muret, a voté la préparation d'une expédition punitive chez les paysans afin de « brûler toutes les fermes », mais ils en ont été dissuadés par le nouveau maire et les gendarmes. Le même soir, le mouvement contre le camp, au moment d'une assemblée générale, a fêté la victoire « d'une manière discrète, sans publicité ». Quand les gens ont rejoint leurs voitures, certains avaient les pneus crevés.

Ensuite on a réuni les élus locaux, y compris le député à l'Assemblée nationale, Jacques Godfrain, conservateur convaincu. A ce moment-là, selon notre auteur, personne, pas même le député Godfrain, ne contestait la décision du Président. Les partisans du camp ont préféré former une nouvelle association, Le Larzac pour tous. Ils avaient apparemment décidé de minimiser leurs pertes en coopérant avec le gouvernement, à condition, bien sûr, que ce dernier fasse des concessions en leur faveur. Il était aussi dans leur intérêt d'avoir des adhérents d'un éventail aussi large que possible dans le village et ses environs. L'auteur (une personne de bonne volonté et d'une honnêteté scrupuleuse) déclare, pourtant, tout en se défendant de malveillance à leur égard, qu'il ne peut rien dire des membres de l'association qui soit positif. Il se demande même :

> Peut-être cela vient-il du fait que je n'ai pas de contact avec eux... ? Seraient-ils une race d'homme qui cultiveraient la méchanceté et la haine ? Non, je ne le pense pas pour tous. Quelques-uns ont des esprits très primaires et l'ensemble est peu réfléchi. C'est l'argent qui commande le profit basé sur le malheur des autres (paysans expropriés).

L'auteur de la lettre a tout de même le sentiment que les pouvoirs publics devraient rester « attentifs » aux problèmes des entreprises de La Cavalerie lésées par l'annulation des travaux de bâtiment du camp car elles « risquent de se retrouver sans travail avec des ouvriers au chômage ».

Le 13 juillet 1982, l'édition de Millau du *Midi Libre* contenait un article (des articles similaires ont paru dans d'autres journaux locaux) qui se lamentait sur le départ d'une compagnie de légionnaires (le 61e bataillon mixte Génie-Légion) du camp du Larzac. Cette unité s'était occupée des travaux de construction entrepris en vue de l'extension. Une lettre ouverte de la population de La Cavalerie aux soldats a été publiée à un autre endroit dans le même journal. Ce qui suit en est un extrait. Il exprime l'amertume souvent ressentie par les commerçants quand une base militaire se ferme dans leur secteur.

> A côté des aléas de la politique et dans ce monde malade où l'ambition, la vengeance et le mensonge conduisent parfois à détruire ce qui est bâti, vous représentiez à l'inverse pour nous quelque chose de vrai reposant sur de meilleures valeurs.
>
> Oui, nous regrettons de vous voir partir, mais ne sommes-nous pas tous un peu coupables de n'avoir pas su vous garder ? Votre départ.... ne sera-t-il pas également le prélude à l'exode de beaucoup de nos compatriotes natifs de notre région et qui économiquement ne pourront plus travailler au pays ?
>
> ....Actuellement, une seule des trois composantes de notre communauté peut paraître gagnante, mais quel goût attribuer à une victoire si elle ne devait s'ériger que sur la mort d'un village et le déclin d'une région ?
>
> Demain, malgré notre amertume, nous devons garder la ferme volonté et l'espoir qu'il en soit autrement, en demandant aux personnes représentatives, aux élus et aux pouvoirs publics de faire en sorte que les solutions choisies n'aient pas pour

> conséquences un simple changement et une multiplication des victimes comme cela est le cas actuellement. Alors peut-être cet adieu d'aujourd'hui ne deviendra-t-il qu'un simple au revoir et notre pays que nous aimons tous ne méritera plus dès lors le titre que lui donnait un journaliste dans la grande presse : « Larzac, quel gâchis ! »

Les habitants de La Cavalerie qui soutenaient l'extension ne savaient pas, pourtant, que même avant la déclaration officielle de l'annulation, les séquelles économiques possibles de la décision avaient préoccupé le gouvernement à Paris. Le nouveau gouvernement était bien disposé à l'égard des paysans, mais, en aidant La Cavalerie et même le sud de l'Aveyron en entier, il voulait démontrer ses bonnes intentions envers tous. Avant le 3 juillet 1981, Michel Rocard, le ministre du Planning de l'époque (et, comme nous l'avons noté, nommé Premier ministre par François Mitterrand après sa deuxième élection), avait déjà ébauché un plan de développement pour la région pour la période de l'après-lutte. Selon l'ordre de priorité, la sauvegarde de l'activité agricole, qui avait toujours été primordiale pour la région, venait, en premier. Pour faciliter l'agriculture, le gouvernement voulait garder le contrôle de la plupart des terres expropriées. Ainsi, il pouvait assurer la création d'unités viables. On estimait le remembrement et l'échange amiable de certaines parcelles comme une nécessité afin de décourager le morcellement traditionnel des fermes.

Michel Rocard a conseillé le déploiement d'un plan global pour le Larzac et sa région qui comprendrait, outre les agriculteurs, les artisans, l'emploi dans les petites et moyennes industries, et le travail dans le secteur public. Pour éviter les faillites et les licenciements à Millau, il fallait inclure dans le plan les entreprises qui avaient eu des contrats avec l'armée pour des travaux liés à l'extension. Le tourisme était prioritaire aussi. Pour y faire face, on avait besoin d'un programme de développement qui exploiterait les richesses de la région. Celle-ci, avec le Larzac, comprenait les Gorges du Tarn et d'autres espaces naturels qui restaient relativement sauvages. La possibilité de la création d'un parc naturel n'était pas exclue de ces projets.

Le ministre soulignait qu'on ne devait pas permettre que la réduction de l'activité militaire mène à une détérioration des services publics, comme le transport et l'instruction. Concernant ce dernier point, il a suggéré qu'on accorde une attention particulière aux écoles situées dans les communes près du camp. Elles devraient rester ouvertes même si elles souffraient d'une crise démographique causée par le départ de jeunes couples avec enfants qui ne trouvaient plus de travail dans le secteur.

Le rapport Rocard dit clairement que n'importe quel plan de développement pour la région exigerait un financement considérable du gouvernement aussi bien que de la coopération des partenaires concernés. On avait les plus grandes chances de le réussir si on mettait le programme sous la direction d'un coordinateur nommé par le gouvernement qui serait attaché aux structures administratives déjà en place.

Le rapport, qui apparemment n'a jamais été soumis à la population, se termine par un paragraphe contenant des mesures qui visaient sans doute à soulager les habitants de La Cavalerie. Ces phrases, si elles avaient été transformées en un programme officiel, auraient choqué et provoqué la colère des paysans anti-militaristes. Les voilà :

> La qualité des relations entre le ministère de la Défense et les différents groupes locaux conditionne la réussite de cette opération de véritable reconversion. Une activité agricole n'est pas incompatible avec le camp militaire. Une certaine extension (bien sûr largement inférieure à celle envisagée) pourrait même sans doute être acceptée par les agriculteurs dans la mesure où elle serait ***négociée avec eux*** et où leurs besoins seraient pris en compte dans la définition de la configuration définitive du camp. L'extension éventuelle même limitée ne peut pas toutefois, nous semble-t-il, être définie a priori.

En août 1981, en accord avec le rapport Rocard, le gouvernement a confié à deux fonctionnaires, Henri Demange, du Département de l'agriculture de l'Aveyron, et François Pingaud, du ministère de l'Agriculture à Paris, la tâche de résoudre les problèmes politiques, sociaux et économiques du Larzac et de sa région environnante. Ils devaient servir de « sages-femmes » au développement de la région et aider à guérir les plaies causées par le conflit entre les partisans et les ennemis du projet d'extension.

Le 1er juin 1982, Henri Demange a soumis son rapport au gouvernement. Il couvrait les mêmes points débattus antérieurement par Michel Rocard, mais en plus détaillé, et présentait les aménagements déjà réalisés. Afin d'assurer un développement régional, il proposait aussi des initiatives pour le proche avenir. Le plan fixait la date limite de 1985 pour son accomplissement. De première importance était le règlement juridique du foncier par rapport au terrain exproprié pendant la lutte.

Le rapport Demange s'occupait aussi des besoins spécifiques de La Cavalerie. Il conseillait d'assurer l'activité du camp existant de garantir le maintien des services publics, et de prendre des mesures exceptionnelles pour permettre un soutien bancaire aux individus en difficulté financière à cause de l'annulation. En outre, le rapport notait qu'un dialogue entre les commerçants locaux et les paysans se mettait, petit à petit, en place.

La dernière section du rapport traitait du développement industriel. L'accent était mis sur la nécessité de soutenir les industries traditionnelles de Millau : la tannerie, la mégisserie, et la ganterie. Mention était faite aussi du développement possible de l'industrie agro-alimentaire, pourvu que cela reposât sur une inititiative privée ou coopérative.

Tandis qu'Henri Demange s'occupait d'un plan de redressement du Larzac et de tout le Sud-Aveyron, François Pingaud avait comme mission de travailler avec les paysans du causse et les élus locaux sur les projets économiques, sociaux et culturels dans leurs secteurs. Ses efforts ont abouti à la création d'une charte intercommunale, signée par les maires des treize communes qui incluent une partie du Larzac dans leurs limites. Bien que la charte existe toujours, elle a eu peu d'effet sur le développement ou le programme politique de la région. Ceci est dû, en grande mesure, à la situation politique et démographique déjà relevée dans le premier chapitre. Une fois la lutte du Larzac terminée, l'intérêt de la majorité non-paysanne des vallées s'est détourné du plateau. C'était l'opinion de Pingaud, pourtant, que les paysans eux-mêmes portaient, au moins partiellement, la responsabilité de l'échec général de sa mission à cause, selon lui, d'une attention trop exclusive portée aux problèmes agricoles dans le planning pour le Larzac de l'après-lutte.

Dans tous les cas, la création de la SCTL, l'association foncière conçue par les gens du Larzac, est le seul élément du plan gouvernemental qui s'est réalisé. Les années 1980 et celles du début de 1990 ont été une période économique difficile pour la France en général. En outre, d'une façon globale, le programme agricole de la Communauté européenne ne favorise pas les régions d'agriculture marginale comme le Larzac. Les gouvernements socialistes qui ont suivi l'élection de François Mitterrand n'avaient pas les moyens financiers de prêter une grande attention aux besoins du Sud-Aveyron et /ou ils n'étaient pas suffisamment motivés politiquement. La communauté du Larzac, pourtant, est restée mobilisée et, dans une large mesure, a essayé, toute seule, de faire face à une variété de problèmes concernant le développement de la région.

NOTES

1. Ces documents, comme ceux cités plus loin, se trouvent dans les archives du gouvernement que j'ai consultées à Paris, l'hiver 1989.

Chapitre 6

Le futur en marche

Avec la victoire, fallait-il s'étonner que l'attention immédiate se soit tournée vers l'agriculture ? Et cette attitude était-elle réactionnaire, comme l'auteur de l'article de l'*Amiras*, cité dans le dernier chapitre, l'a suggéré ? Ma réponse à ces deux questions serait négative. Si on estimait finalement que le mouvement du Larzac s'était transformé en une lutte entre le pouvoir national et le contrôle local, une fois ce contrôle local acquis, les paysans auraient gagné le droit de rester sur leur terre. Mais ce droit, même après la victoire du mouvement se devait de trouver sa justification par une réussite dans le domaine agricole. Par ailleurs, pendant la campagne électorale, les socialistes avaient promis de créer un office foncier qui, sous une forme pas encore déterminée, fournirait des terres à des agriculteurs désireux de s'installer, mais qui n'avaient pas les moyens permettant un investissement de capital important [1]. Certains membres du gouvernement considéraient le Larzac comme un lieu idéal pour faire l'expérience d'un tel programme. Pourtant, avant 1983, la création d'un office foncier national avait été déjà définitivement abandonnée (De Crisenoy et Boscheron 1986 :106). Néanmoins, le Larzac reste aujourd'hui le seul endroit où les réformes qui devaient être créées par un office foncier se soient réalisées.

Nous avons vu que l'attention des paysans et du gouvernement s'est fixée rapidement sur les 6 300 hectares que l'État avait achetés aux agriculteurs à la retraite ou aux non-agriculteurs et dont on devait alors disposer d'une manière ou d'une autre. (Les terres achetées aux agriculteurs toujours en fonction, ainsi que les communaux, furent, pour la plupart, rétrocédées à leurs anciens propriétaires.) Selon la loi de l'époque, tous les propriétaires avaient le droit de réclamer leur terre. Mais (à part une exception) ceux qui n'étaient pas agriculteurs, ayant profité des prix gonflés par les circonstances inhabituelles du projet d'extension, n'avaient aucun intérêt à racheter leurs propriétés.

En septembre 1981 a paru une *Charte pour les nouvelles installations agricoles sur le Larzac*, écrite par les paysans. Son préambule rappelle aux lecteurs que, pendant les dix années de la lutte, les paysans avaient réussi à installer sept nouvelles exploitations et sans aucune aide de l'État. On proposa ensuite l'installation de quinze autres familles comme fermiers sur les terres agricoles disponibles. Afin de créer un climat favorable pour ces nouveaux agriculteurs, il serait indispensable, selon la charte, qu'on leur offre des baux à long terme qui leur permettraient d'investir d'une façon dynamique sans crainte de perdre, à court terme, leurs exploitations. De cette manière, les nouveaux installés pouvaient arriver assez vite à « des conditions de vie et de travail acceptables ».

Les paysans voulaient aussi que ces nouvelles fermes évitent le piège du productivisme qui exige de lourds investissements et engendre, par conséquent, des dettes excessives. On voyait qu'un grand nombre d'agriculteurs étaient déjà entre les mains du Crédit Agricole. En mettant l'accent sur une agriculture à petite échelle, les paysans du Larzac espéraient promouvoir en même temps une approche écologique. Le modèle actuel pour l'agriculture en France et, en effet, pour le reste de la Communauté européenne, implique une production avec un investissement intensif de capital sur des fermes de grandes dimensions. La disparition éventuelle de petites structures, dont la plupart se trouvent actuellement dans les zones moins favorables, en sera la conséquence. Le Larzac fournissait un laboratoire d'expériences témoignant de la valeur de l'agriculture à une petite échelle dans des régions marginales.

La charte faisait donc appel à une nouvelle forme d'agriculture qui adhérerait à des principes écologiques et — un point souligné par les paysans — aboutirait à une amélioration de la qualité de vie de ceux qui travaillent la terre. Les options suivantes devaient être appliquées :

> Pas de cumul (*de terres par des agriculteurs individuels*).
> Pas de démembrement d'exploitation. Il reste sur le Larzac suffisamment de terres incultes ou en friches, de communaux inexploités, de terres SAFALT pour restructurer, lorsque c'est nécessaire, les paysans en place.
> Nécessité d'une vie effective dans tous les corps de ferme pour le maintien du tissu social — habiter sur place.
> ...rechercher une restructuration foncière (remembrement si possible) pour permettre un remodelage plus rationnel...
> Dans l'examen des candidatures à l'installation, nous voulons que l'esprit de tolérance et d'ouverture, qui a été certainement le facteur principal de la dynamique et de la richesse du Larzac, soit maintenu. Aucune ségrégation a priori ne sera acceptée, aussi bien de la part des « anciens combattants » que des « purs porcs ».

Pour réaliser ces objectifs, il faudrait : (1) des mesures juridiques et financières effectuées par l'État qui permettent l'acquisition de la terre et sa location à des candidats appropriés ; (2) que le Crédit Agricole adapte ses modalités de crédit à cette expérience agricole avec, par exemple, des prêts aux jeunes agriculteurs et des plans de développement. Notant que l'expérience des dix années confirme que le contrôle local des finances employées dans le développement agricole serait plus efficace, la charte demande que : (3) les crédits et subventions soient décentralisés, gérés par des structures locales comme l'APAL et les divers CUMA.

La charte conclut en soulignant l'importance du Larzac comme modèle d'une autre agriculture en France. Le succès sur le Larzac serait un « exemple concret » pour des zones « en voie de désertification qui ont besoin d'un sérieux rééquilibrage économique ». Elle poursuit :

> Un tel type de réalisation doit obligatoirement ralentir cette source rurale qui alimente aussi le fléau du chômage. Le résultat concret de cette action doit être le renversement de cette tendance inéluctable, depuis plus d'un demi-siècle, de notre monde rural vers la désertification.
> Ne serait-ce pas, pour tous les Français, une belle illustration du changement dans notre société ?

Le 27 mai 1983, un accord a été signé par Michel Rocard, qui était devenu ministre d'Agriculture, et la SAFALT (Société d'aménagement foncier Aveyron-Lot-Tarn) qui donnait à cette organisation le droit de gérer les terres achetées pour l'extension. Pour Michel Rocard, cet accord offrait au gouvernement le moyen de tenir sa promesse de retourner la terre du Larzac à l'agriculture et d'assurer l'installation de jeunes agriculteurs. (En réalité, la structure légale de la SAFALT permettait, au mieux, des locations de courte durée.)

Le 29 septembre de la même année s'est tenue à Paris une réunion d'une délégation du Larzac et du ministre de l'Agriculture dans l'intention de créer la Société civile des terres du Larzac (SCTL). Une autre réunion sur le même sujet a eu lieu dans le bureau du Premier ministre, le 5 juin 1984. L'accord qui établissait la SCTL, signé l'été 1984 — juste deux jours avant le remplacement du Premier ministre, Pierre Mauroy, par Laurent Fabius — a été rédigé avec la coopération d'un proche associé de Pierre Mauroy et de deux militants du Larzac, Chantal de Crisenoy, attachée à l'INRA (Institut national de la recherche agronomique) et Daniel Boscheron, avocat et juge à la cour d'appel de Paris.

Le principe sur lequel l'accord se fondait était le suivant : la SCTL fonctionnerait avec un bail emphytéotique (de long terme) — de 60 ans, dans le cas présent, avec la possibilité de renouvellement pour 30 ans — sur les 6 300 hectares disponibles. Ce bail permettait à la SCTL de louer les terres, avec leurs bâtiments agricoles et ceux qui servaient à l'habitation, à des gens qui avaient le droit de rester pendant la durée de leur vie professionnelle. L'emploi du sol devait être agricole. Les fermiers étaient donc obligés de quitter leurs exploitations à la retraite. On évitait ainsi le problème démographique qui risquait de se poser : celui du vieillissement de la population. L'accord stipulait en outre que la SCTL pouvait permettre l'usage par des non-agriculteurs des bâtiments sous son contrôle, mais non attachés à des fermes, sans faire payer de loyer. Le temps de l'utilisation serait à définir par les deux parties. L'usager, dans tous les cas, avait seulement deux années pour améliorer les bâtiments sur la propriété qui lui serait allouée. Il devait aussi payer la taxe foncière et la taxe d'habitation. Par ailleurs, après un certain temps de fonctionnement, la SCTL (se fondant sur « la valeur d'usage ») a développé une méthode d'amortissement des améliorations apportées aux fermes. Ainsi, ceux qui quittaient la région avant la retraite pouvaient récupérer légitimement une somme d'argent en fonction des montants investis dans les réparations et de la période de temps écoulée entre ces améliorations et le départ.

Tout était en place au printemps 1985. (Antérieurement, le 29 novembre 1984, la SCTL avait élu son premier conseil de gérants. Il se composait de sept agriculteurs, trois artisans et trois représentants des commissions communales d'aménagement foncier.) Finalement, le 29 avril, le préfet de l'Aveyron et trois délégués de la SCTL ont signé le bail emphytéotique. La SCTL devait payer un loyer de 25 000 francs. par année pour les 6 300 hectares. Elle assumait aussi le paiement des taxes foncières ainsi que les différentes assurances.

Pendant la lutte, José Bové et sa femme, Alice Monier, avaient squatté une ferme de Montredon. Il était militant dans le syndicat minoritaire, les Travailleurs-Paysans. Avec François Mathey, Alain Desjardin et d'autres, il avait joué un rôle majeur dans l'organisation de la SCTL. José Bové nous a décrit comment ils l'ont conçue.

> En 1983, les Travailleurs-Paysans ont tenu une réunion au sujet de l'utilisation des terres expropriées sur le Larzac. Il fallait aussi une solution au problème de la rétrocession. Les propriétaires précédents, bien sûr, avaient le droit de racheter leurs terres. En plus, ils avaient un droit prioritaire de louer la terre qui leur avait appartenu. Ces droits restaient en vigueur pendant trente ans. Nous nous y opposions mais, pour les contourner (*et même si, vraisemblablement, la plupart des propriétaires ne comptaient pas profiter de leurs droits*), nous avions besoin d'une procédure.

> Mitterrand avait promis de créer un office foncier. La FDSEA, pourtant, militait contre cette idée. Il nous fallait trouver une manière d'éviter la vente des terres par la SAFALT. La solution, c'était de louer les terres à la SCTL avec un bail non agricole mais qui donnait le droit à cette organisation de louer la terre aux agriculteurs. La solution n'est pas venue du gouvernement qui, pendant trois années, n'a rien fait. L'idée venait de nous. Le fait d'avoir un ami dans le cabinet de Mauroy nous a aidés à conclure l'accord.

Chaque personne qui tient un bail de la SCTL doit être propriétaire d'une part de l'association. Cela lui donne le droit d'élire les membres du conseil de gérants, qui gouverne l'association, et d'assister à l'assemblée générale annuelle. Chaque porteur de part n'a qu'un vote à l'AG. Il peut avoir aussi le pouvoir — au maximum — d'un seul porteur de part non présent à la réunion. Au début, il y avait 71 propriétaires de parts. De la totalité du terrain sous contrôle de la SCTL, 4 664 hectares consistent en fermes complètes. (Les votes du conseil concernant l'allocation des fermes doivent être unanimes, sinon il faut poser la question à une assemblée générale.) Dans quelques cas, la SCTL contrôle seulement la majeure partie des fermes. Dans cette dernière situation, un agriculteur individuel peut être le propriétaire d'une parcelle. Un morceau peut appartenir aussi à des propriétaires privés ou à un des GFA Larzac. Dans un cas, la SCTL ne tient que 39 hectares d'une grande ferme (le reste appartient à un GFA Larzac), mais le bail pour la maison est avec la SCTL. Vingt-neuf fermes sont entièrement, ou quasi entièrement, des fermes SCTL. Des agriculteurs concernés, les « purs porcs » sont au nombre de huit (y compris deux frères dans un GAEC qui a aussi une quantité considérable de terre GFA). Dix personnes sont d'anciens militants de la lutte et onze sont des nouveaux-installés. Parmi ces derniers, plusieurs viennent de milieux agricoles ou y sont attachés affectivement par leur histoire familiale.

Les personnes les plus actives du conseil de gérants ont toujours été les membres agriculteurs. (En 1989, les statuts ont été modifiés pour exclure les gens qui n'avaient pas de bail avec la SCTL. Cette mesure a été prise, non pour contrecarrer la participation de personnes extérieures à la SCTL mais, plutôt, parce qu'elles persistaient à ne pas venir aux réunions du conseil.) Jusqu'aux années plus récentes, le conseil se composait d'agriculteurs de longue date aussi bien que de ceux qui étaient venus depuis la fin de la lutte. On y trouvait une représentation des « purs porcs », d'anciens militants et de nouveaux arrivés. (A présent, les jeunes agriculteurs prédominent.) En outre, à l'exception du premier conseil, il y a toujours eu une représentation au moins minoritaire de femmes. En 1989, il y avait trois femmes, chacune représentant une des trois catégories de résidents du plateau. Selon les statuts de la SCTL, une assemblée générale des porteurs de parts renouvelle tous les trois ans le tiers sortant du conseil.

Une des premières tâches entreprises par la SCTL a été de déterminer les fermages à appliquer en tenant compte des différentes dimensions et qualités de sol de chaque exploitation. Selon ses statuts, la SCTL était obligée de fixer ses rentes sur les prix du lait de brebis, du blé et de la viande de mouton payés aux agriculteurs pendant une année déterminée. (Les fermages des agriculteurs sur les terres des GFA se fondent exclusivement sur le prix du lait. Comme nous le verrons plus tard, c'est à cette différence qu'on doit, en partie, un conflit majeur qui a commencé en 1986 et n'a été résolu qu'au printemps 1990.) Les champs cultivables ont plus de valeur que les pâturages ou les bois, mais, à l'intérieur de chaque catégorie, la qualité est variable aussi. La SCTL a développé un système de points pour chaque catégorie qui permet leur évaluation. Ceci aide non seulement à déterminer les fermages mais, en plus, sert dans le procédé délicat du remembrement. Un tel système peut servir de modèle pour d'autres régions où on a besoin de restructurer les fermes par un resserrement des parcelles.

Comme nous l'avons déjà vu, une quantité appréciable des terres du Larzac avait été acquise par les trois GFA Larzac, créés afin d'acheter du terrain à ceux qui ne voulaient pas vendre à l'armée. A la fin de la lutte, les GFA étaient propriétaires de plus de 1 000 hectares, y compris deux grandes fermes, l'une dans le sud, l'autre dans le secteur nord-ouest de l'extension proposée. En 1982, les paysans ont décidé de former un quatrième GFA qui, en 1984, a acheté les Aussedats (114 hectares) dans le nord-ouest. Cette ferme consistait en terres relativement pauvres et —

selon les normes d'un Larzac moderne — était trop petite : il fallait l'agrandir. Les membres de deux GAEC voisins (Guy Tarlier et ses associés, ainsi que les frères, Michel et Alain Alla, des « purs porcs ») ont consenti à augmenter la surface de la ferme en cédant aux Aussedats des parcelles qu'ils avaient à bail eux-mêmes. Il était évident que l'esprit militant qui avait présidé à la création des GFA a survécu à la victoire. On espérait que la continuation des GFA existants et la création du GFA 4 aideraient à défendre le plateau des spéculateurs sur le foncier. Nous verrons plus loin que les différences structurales et historiques entre la SCTL et les GFA provoqueront des conflits entre des agriculteurs plus traditionnels et une partie des nouveaux venus plus radicaux, même si chaque groupe comptait parmi ses membres des individus qui soutenaient et la SCTL et les GFA.

Bien que l'avenir de l'agriculture sur le plateau ait été au centre des préoccupations, le Larzac de l'après-lutte ne s'est pas détourné des problèmes sociaux et politiques extérieurs au causse. En mars 1982, cinq paysans du plateau (un couple « pur porc » et trois militants), deux membres des comités Larzac et l'avocat du plateau, François Roux, ont formé une délégation officielle pour visiter le Japon. Ils sont partis pour soutenir les paysans japonais dans leur lutte contre la construction sur leurs terres de l'aéroport de Narita (qui deviendrait le nouveau aéroport de Tokyo). Le numéro du *GLL* de mai 1982 faisait référence, en majeure partie, à cette action. Des activités en faveur de la paix perduraient aussi. Le 6 et 7 août (l'époque « traditionnelle » de manifestations sur le plateau), un rassemblement a eu lieu au Rajal pour soutenir le gel nucléaire. A l'évidence la conscience qu'avaient les paysans des problèmes ailleurs dans le monde et leur volonté de s'engager dans des actions militantes allaient continuer sous des formes diverses — y compris la création de la Fondation Larzac dont la mission principale serait le soutien à des projets du tiers-monde. Au moment où nous écrivons, la Fondation est dirigée par un petit groupe de résidents du plateau et de la région environnante, mais elle reçoit des contributions de l'extérieur. en majeure partie des personnes qui avaient soutenu la cause du Larzac.

En 1984, la Fondation a édité un livre, *Alors la paix viendra,* avec un texte de Pierre Bonnefous et des photos de Raymond Martin. Ce dernier, mort en 1989, avait milité en faveur du Larzac et était un ami de Pierre Bonnefous. La Fondation utilise les profits de la vente du livre, qui conte l'histoire de la lutte du Larzac (voir chapitre sept), pour aider au financement de ses projets. Conscients que leurs fonds sont limités, les membres de la Fondation ont décidé que les projets assumés doivent impliquer aussi une relation personnelle entre un membre de la Fondation, ou un sympathisant, et ceux qui reçoivent l'aide.

Des activités pour la non-violence et la paix, ainsi que du soutien au tiers-monde, se poursuivent au Cun qui offre des stages de formation et de sensibilisation sur des sujets liés à la non-violence. Il maintient aussi une bibliothèque bien fournie de livres qui traitent de ces sujets. Le Cun a contribué à la formation à la non-violence de la communauté kanak de la Nouvelle-Calédonie, en accueillant de jeunes Kanaks dans leur centre sur le plateau et en dirigeant des sessions de sensibilisation en Nouvelle-Calédonie même. De plus, le Cun s'est associé au Centre palestinien pour l'étude de la non-violence afin de développer un programme de séminaires et de stages destinés à soutenir le Centre dans sa recherche d'une solution non-violente au conflit palestino-israélien. Le Cun a aidé aussi à financer la participation d'un de ses membres aux activités de la Brigade internationale de paix. Bien que ses préoccupations avec la paix et la non-violence l'impliquent dans les régions loin du plateau, le Cun est disponible aussi pour les rencontres conviviales et militantes du Larzac. Il a, par exemple, accueilli la rencontre Femmes dans le monde rural, en automne 1990 (organisée par le Centre d'initiatives rurales ou CIR, successeur de Larzac Universités) et, tous les ans, invite les habitants à fêter la nouvelle année ensemble.

La communauté des Truels, en coopération avec la communauté de l'Arche, continue aussi à être un centre de non-violence sur le plateau, servant parfois de médiateur de conflits. En outre, la ferme de La Salvetat, sous la direction d'Alain Desjardin, avec la collaboration récente d'un associé, Olivier Danet, poursuit sa fonction militante de foyer de rencontres et de discussions. En 1987, La Salvetat a accueilli une délégation de militants agricoles et ouvriers qui se sont réunis pour créer la nouvelle union agricole de gauche, la Confédération paysanne. En 1988, le CIR a choisi La Salvetat pour tenir sa deuxième rencontre des Femmes dans le monde rural. L'été de 1989, la Salvetat a reçu un groupe de plus de 200 jeunes hommes et femmes de l'Europe de l'Ouest et de la Hongrie qui se sont rencontrés pour discuter, à l'échelle européenne, de sujets qui concernaient la jeunesse.

Entre 1982 et 1989, la lutte pour l'indépendance en Nouvelle-Calédonie du peuple indigène, les Kanaks, autour d'un mouvement dont le leader était Jean-Marie Tjibaou, devenait la principale préoccupation à l'égard des causes extérieures au plateau. Avant d'aborder ce sujet, pourtant, il faut s'en éloigner quelque peu pour examiner le nombre et le type de personnes qui allaient continuer sur le chemin du militantisme après l'annulation de l'extension du camp.

Un point tout d'abord mérite d'être souligné. Presque immédiatement après la victoire, bien qu'on ait continué plus ou moins fidèlement à témoigner sa sympathie pour telle ou telle cause, la poursuite des actions (surtout l'organisation) dépendait en général d'un noyau de gens infatigables. Se rencontrant à un moment donné, ils étaient un minimum de huit à dix, rarement plus de trente. Mais si on comptait les différentes personnes qui participaient, ne fût-ce que sporadiquement, à l'organisation d'un type ou autre d'activité, c'est à un total approximatif de soixante qu'on arriverait. A notre avis, on doit ce chiffre maximum à un aspect unique de la structure sociale du Larzac : la variété de ses associations. Certaines datent de la lutte ; d'autres ont été créées dans la période de l'après-lutte. Bien que les adhérents à chaque association ne soient pas très nombreux (hormis les porteurs de parts de la SCTL et des GFA), la diversification des associations (allant de Taxus Baccata, un groupe de musique rock, à l'Association pour l'aménagement de Montredon) offre a chaque personne la possibilité d'une participation « à la carte ». Les membres les plus actifs dirigent chaque organisation et, normalement, constituent le conseil d'administration. On constate que, parfois, les mêmes personnes se retrouvent aux conseils des différentes associations. Pourtant, si on les considère dans leur totalité, on voit que des visages différents apparaissent dans chaque groupe.

Si une minorité de « purs porcs » et de « pionniers » (venus avant la lutte) reste active, ce sont les gens installés sur le plateau après avoir participé à la lutte qui constituent la majorité de ceux qui continuent à s'impliquer dans les activités du Larzac actuel. On y constate aussi la participation des résidents du Cun. Pourtant, à l'exception de son fondateur, Hervé Ott, et d'un ou deux autres, ils ne vivent que quelques années sur le causse. Quant aux habitants des Truels, bien que les squatters de l'époque de la lutte soient partis à la suite de la victoire, la communauté actuelle continue à participer à la vie du Larzac avec certains membres très engagés. Les nouveaux arrivés, installés pour la plupart sur les terres de la SCTL après 1981, constituent un groupe important. Ils sont présents dans les CUMA, la Confédération paysanne, et participent à la SCTL et au Comité Roquefort (devenu la SPLB en 1990), activités qui les aident à survivre économiquement. Ces jeunes agriculteurs ont créé des liens sociaux très forts entre eux mais se font remarquer par leur absence dans les associations telles que l'APAL, la Fondation et *GLL* qu'ils ont tendance à identifier aux « anciens combattants » de la lutte. Eux, comme les « purs porcs » qui s'absentent, ont divorcé avec la vie politique du plateau. Pourtant, il n'y a rien d'extraordinaire dans le fait que, une fois la lutte gagnée, la participation aux activités politiques, ou à d'autres sortes de rencontres, diminue. Ce qui est impressionnant, à notre avis, est plutôt de voir le nombre de personnes qui continue à participer à la vie du Larzac, y compris les anciens militants qui ne se sont jamais installés sur le causse mais qui retournent de temps en temps, avec une fidélité remarquable, pour rendre service.

Revenons à présent à la lutte pour l'indépendance des Kanaks en Nouvelle-Calédonie. A partir de 1984, la Nouvelle-Calédonie est devenue la cause principale pour ceux du plateau qui s'intéressaient aux problèmes politiques extérieurs au Larzac. (Avec les visites de Jean-Marie Tjibaou et les interventions de François Roux — qui a été le premier à soulever la question de Kanaky sur le Larzac —, un courant de sympathie s'est développé sur le plateau attirant un bon nombre d'agriculteurs qu'en principe la politique n'intéressait pas). Voici un extrait de l'interview que François Roux nous a accordée dans lequel nous le voyons servir d'intermédiaire entre le Larzac et les Kanaks.

> Depuis 1979, quand, avec De Felice, j'ai défendu les séparatistes de la Polynésie, je soulevais avec les gens du Larzac les problèmes concernant les territoires du Pacifique. J'ai amené un Kanak au plateau en 1982, mais ce n'était qu'au moment des événements de 1984 (*deux frères de Jean-Marie Tjibaou, parmi d'autres Kanaks, furent tués dans une embuscade montée par des Blancs)* que le Larzac s'y est intéressé pour de vrai et a dit qu'il pouvait peut-être aider. C'était grâce aux bons offices de la communauté de l'Arche que je m'y suis impliqué. Pierre Parodi (*le responsable de l'Arche après la mort de Lanza del Vasto*) et moi avons visité l'île et là, j'ai parlé avec Tjibaou — dont le frère venait d'être tué — de la non-violence. Je lui ai décrit la lutte du Larzac et, aussi, la communauté de l'Arche. J'ai conseillé aux Kanaks une approche non-violente dans leur quête de l'indépendance. Il m'a demandé de lui écrire une lettre à ce sujet à mon retour en France, ce que j'ai fait. De retour, j'ai rencontré Hervé Ott et Pierre Parodi dans les Cévennes. Dans notre lettre, nous avons proposé un échange entre les Kanaks et le plateau. Les Kanaks nous ont écrit en acceptant notre proposition et, ensuite, Hervé y est allé et a fait un excellent travail sur la non-violence. Après cela, une délégation kanak est venue sur le Larzac où elle a été chaleureusement reçue.

Les visites entre le plateau et l'île ont continué. Outre François Roux et Hervé Ott, Guy et Marizette Tarlier s'y sont rendus en 1987 et encore en automne 1989. Elisabeth Baillon y est aussi allée en 1987. Jean-Marie Tjibaou et sa femme, Marie-Claude, ainsi que le vice-président du FLNKS (Front de libération nationale kanak et socialiste, l'alliance kanak pour l'indépendance) et d'autres Kanaks moins connus — y compris de jeunes Kanaks faisant leurs études à l'université de Montpellier — sont venus à plusieurs occasions sur le plateau. L'été 1988, les gens du Larzac, dans un geste symbolique, ont fait cadeau au peuple kanak d'une parcelle de terre qui appartenait au Cun. Elle faisait partie dorénavant du « territoire kanak ». Jean-Marie Tjibaou a officié à la cérémonie. Au moment de couper le ruban à l'entrée du Kanaky-Larzac, avec ce sens de l'humour apprécié par ceux qui le connaissaient, il a déclaré : « Je prends possession de la France ! » Les peuples de

Kanaky et du Larzac entretiennent encore aujourd'hui des relations chaleureuses.

Le premier gouvernement socialiste (de 1981 à 1986) a encouragé le dialogue entre les Kanaks et les Blancs (les Caldoches) de la Nouvelle-Calédonie. Après la victoire des conservateurs aux élections parlementaires en 1986, le président Mitterrand s'est vu contraint de nommer un gouvernement de droite. Jacques Chirac, devenu Premier ministre, a désigné Bernard Pons comme ministre des Territoires d'outre-mer. Il était évident que, pour Bernard Pons, l'indépendance de la Nouvelle-Calédonie était inacceptable. Très rapidement, il a fait des démarches avec l'objectif de garder l'île aux mains des Français. En automne 1987, Bernard Pons a organisé un référendum en Nouvelle-Calédonie où il a posé la question de l'indépendance sur cette île, riche en minéraux. Le résultat du vote était clair dès le début. Depuis la fin de la deuxième guerre mondiale, le gouvernement français encourageait les résidents de l'Hexagone, ainsi que les Polynésiens de Wallis et Futuna, à émigrer en Nouvelle-Calédonie. A partir des années 80, les Kanaks ne constituaient qu'une minorité (bien qu'importante, avec 45 % de la population) dans leur propre pays. On pouvait compter sur les Wallésiens pour voter que la Nouvelle-Calédonie reste un territoire d'outre-mer. Ils représentaient une minorité favorisée sur l'île dont le territoire propre consistait en un petit groupe d'îles extrêmement surpeuplées. Les Kanaks ont appelé au boycott du référendum. Personne ne fut étonné quand le parti de ceux qui voulaient rester sous le drapeau français l'emporta. Le RPCR (Rassemblement pour la Calédonie dans la République), le parti colonial soutenu par la plupart des Blancs qui habitaient l'île, avait officiellement appelé à voter « oui ».

Entre-temps, on a innocenté les Caldoches qui avaient été inculpés pour le meurtre des frères de Jean-Marie Tjibaou. On les a jugés non coupables pour raison d'auto-défense en dépit de témoignages accablants qui montraient qu'ils avaient tué avec préméditation. François Roux a parlé avec éloquence à plusieurs occasions sur le Larzac de cette aberration judiciaire. Il a, en outre, décrit les conditions dans les prisons de la Nouvelle-Calédonie pour les Kanaks incarcérés. Il était évident qu'un système à deux poids et deux mesures y prévalait en matière de justice. La réaction sur le Larzac, comme pour les membres de la communauté de l'Arche aussi bien que pour d'anciens militants ailleurs en France, fut immédiate. S'inspirant du célèbre « J'accuse » qu'Émile Zola avait écrit pendant l'affaire Dreyfus, un nombre significatif d'individus signa une pétition dénonçant la décision judiciaire et attendit la réaction du gouvernement. Puisqu'une telle dénonciation était illégale, les autorités auraient pu entamer une procédure juridique. Prudent, pourtant, le pouvoir n'a pas réagi au défi ; toutefois, l'action a attiré l'attention de beaucoup d'habitants de la France métropolitaine sur les conditions véritables qui existaient dans l'île.

A la fin d'avril 1988, un groupe de militants kanaks tua trois gendarmes en Kanaky et prit des personnes en otage, les détenant dans une grotte sur l'île d'Ouvéa. Au cours de la semaine entre les deux tours de l'élection présidentielle à laquelle il était candidat, le Premier ministre, Jacques Chirac, donna l'ordre d'attaquer la grotte. Les gendarmes furent libérés, mais plusieurs Kanaks trouvèrent la mort dans l'action, quelques-uns dans des circonstances douteuses. La semaine suivante, François Mitterrand a été réélu président et a nommé Michel Rocard comme Premier ministre. Dans l'espoir de créer un climat plus propice à un dialogue entre les communautés kanak et caldoche, le gouvernement a envoyé sur l'île une délégation de religieux. Quelques mois plus tard, Jacques Lafleur, le leader du RPCR, est allé à Paris où il a rencontré Jean-Marie Tjibaou et des représentants du gouvernement. C'est à ce moment-là que le Larzac a donné aux Kanaks le bout de terre symbolique. Dans son discours pendant la cérémonie de présentation de la parcelle, J.-M. Tjibaou a annoncé que, malgré l'évolution satisfaisante des pourparlers, le FLNKS n'accepterait jamais la partition de l'île qui avait été proposée. Plus tard, durant l'été, Jacques Lafleur et Jean-Marie Tjibaou ont signé un accord. Il comprenait bel et bien une partition (temporaire) de la Nouvelle-Calédonie en trois régions avec la stipulation qu'une aide considérable serait disponible pour les régions hors de la capitale Nouméa (peuplée en grande partie par des Blancs et des Wallésiens). En outre, on mettait à la disposition des Kanaks une formation professionnelle et administrative. Un nouveau référendum sur l'indépendance était prévue dix ans après la signature de l'accord lequel comprenait une clause qui gelait les listes d'électeurs. Il n'y aurait plus de raison d'encourager l'implantation de gens hostiles à l'indépendance. Finalement, l'accord a donné l'équivalent d'une amnistie aux Kanaks et aux Caldoches qui avaient commis des crimes violents. Le grand public sera sans doute surpris d'apprendre que cet accord a été écrit (avec, bien sûr, une consultation suivie avec Jacques Lafleur et Jean-Marie Tjibaou) par François Roux [2]. Il ne serait pas exagéré de dire que le Larzac a joué un rôle majeur dans l'établissement de la paix en Nouvelle-Calédonie.

En mai 1989, Jean-Marie Tjibaou et Yeiwéné Yeiwéné (un autre responsable du FLNKS) ont été assassinés. Le Larzac en fut bouleversé. On a immédiatement envoyé des messages de condoléances et de soutien à Marie-Claude Tjibaou, à la famille de Yeiwéné Yeiwéné et à d'autres amis kanaks. Plus tard, l'été de la même année, Madame Tjibaou a visité le Larzac et, sur la parcelle qui avait été donnée aux Kanaks, s'est jointe à un grand rassemblement de paysans pour commémorer la mort de son mari et — d'une grande importance également — l'amitié profonde qui s'était créée entre son peuple et les habitants du causse.

S'il est vrai que la Kanaky représente l'incursion principale du Larzac de l'après-lutte dans les affaires étrangères, et la fondation de la SCTL, l'innovation économique la plus importante sur le plateau depuis la victoire, la formation au niveau communautaire, commencée avec l'établissement de Larzac-Universités, reste une dimension essentielle du dynamisme toujours présent au plateau. Larzac-U, en tant qu'institution administrée par des intellectuels dont beaucoup habitaient Paris, a été remplacé presque entièrement à la fin de la lutte par le Centre d'initiatives rurales du Larzac. Au début, le CIR se divisait en trois branches : (1) Larzac-Universités qui, actuellement, est réduit à la gérance du gîte rural à Montredon utilisé par des touristes — surtout des randonneurs — des groupes scolaires et aussi comme un lieu de réunions pour des militants ; (2) une coopérative vétérinaire établie sur le plateau pendant la lutte par Elisabeth Lepetitcolin et qui, depuis quelques années, est devenue indépendante du CIR ; et (3) le CIR lui-même qui poursuit le rôle de formateur qu'avait Larzac-U.

Le CIR doit son dynamisme à son administratrice, Alice Monier, une ancienne squatter et militante du Larzac qui, avec son mari, José Bové, habite le hameau de Montredon dans le quartier-est du plateau. Au commencement de la lutte, Montredon était un village abandonné qui, dans sa plus grande partie, a été rapidement acheté par l'armée. Alice Monier et José Bové, avec d'autres qui ont squatté les terres de l'armée, sont des gens solides. Ils étaient les premiers à squatter le village et, de 1976 à la fin de la lutte, ont vécu (à la fin avec leurs deux petites filles) sans eau courante, ni électricité, ni chemin qui les liait convenablement au reste du plateau. Depuis le début du CIR, Alice Monier travaille avec diligence et ingéniosité à gérer les activités et à trouver les fonds nécessaires.

Bien que le CIR soit, en général, bien soutenu sur le plateau, il est moins suivi dans la zone plus étendue du Sud-Aveyron. Comme on l'a déjà mentionné, cette région est connue pour son conservatisme politique et social. A partir de 1987, un nombre considérable de militants du Larzac et de sympathisants de l'extérieur se sont persuadés que l'association entre le CIR et la lutte du Larzac était contre-productive. Ils avaient la conviction que bien des personnes qui pouvaient profiter de ses activités refusaient d'y participer à cause de la filiation.

Le divorce s'est fait au moment de l'assemblée générale qui a eu lieu au printemps 1988. Désormais, le CIR du Larzac serait connu simplement sous le nom du CIR. On léguait à l'histoire la relation officielle avec le plateau. L'adhésion du CIR, en 1984, à l'organisation nationale, la FPCIVAM (Fédération régionale des centres d'information et de vulgarisation pour l'agriculture et le milieu rural) a aidé à rendre effective cette séparation. En 1988, avec le soutien de la FPCIVAM et le CFPPA (le Centre de formation professionnelle et de promotion agricole) de St-Affrique, le CIR a reçu une subvention importante pour gérer un stage de 200 heures sur la transformation du lait de brebis en d'autres produits que le Roquefort. Ce projet, à l'origine une idée de l'APAL — qui, par manque de financement et d'autres complications, n'a pas pu la poursuivre — a impliqué le CIR dans un sujet économique important, encore plus pertinent à cause de l'entrée imminente de l'agriculture française dans le système planifié de la Communauté européenne. Il allait aussi, involontairement, empiéter sur les activités de l'APAL sur le plateau, du moins en ce qui concernait le développement économique et la diversification.

A partir de 1987, l'APAL a remplacé le Bureau comme siège du planning d'actions politiques et d'échanges d'information. L'APAL continue à organiser des réunions sur des sujets d'intérêt général. Pourtant, à la fin de notre période de recherches (1992), son activité se centrait sur autre chose. Bien que la charte écrite après la victoire lui ait donné de larges pouvoirs dans le développement économique et culturel du Larzac, son activité principale (et son succès le plus apparent) — à part la poursuite du soutien des nouveaux installés — découlait de la création en 1982 de l'Écomusée du Larzac, établi à la Jasse, lieu de réunion pour l'APAL, situé aux bords de la nationale 9. Ceci n'est pas une réalisation insignifiante. Le musée est non seulement la source de revenus qui permet à cette association d'avancer des prêts à la communauté du Larzac. Il est aussi la vitrine pour le Larzac de l'après-lutte.

La Jasse est une impressionnante structure de pierre qui servait dans le temps de laiterie pour la collecte du lait pour Roquefort. Elle constitue un exemple magnifique de l'architecture du nord du Larzac avec sa voûte qui court le long de la construction soutenant le lourd toit couvert de plaques en calcaire (lauzes). A présent, ce bâtiment, restauré par l'APAL, est divisé en trois parties. A l'entrée, en face de la nationale, une section est réservée à l'étalage et la vente de produits des agriculteurs qui, après la lutte, se sont organisés en association, Les Produits Fermiers. On y vend, parmi d'autres aliments, des fromages, du pâté, des confitures, du miel, le tout fabriqué sur le Larzac. Étalé en vente aussi, le travail d'artisans locaux : de la poterie, du tissage, des sacs de bergers, des colliers, etc. Dans cette partie, se trouve également un coin librairie où on vend des affiches, des cartes postales, et des livres intéressants qui vont de l'histoire de la lutte à l'écologie et à l'architecture du causse et de ses environs.

La section au milieu du bâtiment est réservée aux expositions du musée qui, au cours des années, ont traité de différents thèmes concernant le Larzac : l'histoire de la lutte, la vie économique sur un plateau renouvelé, l'architecture du Larzac, des photos du plateau faites par des artistes connus au niveau national, le Larzac pendant la Révolution de 1789, une exposition de photos et de textes sur la vie des femmes du Larzac et de l'Aveyron environnant et, à l'occasion de l'anniversaire des vingt ans du Larzac (1971-1991), une collection d'affiches riches en signification pour tous ceux qui avaient participé à la lutte. Enfin, au fond de La Jasse, se trouve une grande salle avec un coin cuisine où l'APAL tient ses réunions et qui est disponible aux autres associations pour leurs assemblées ou activités. Là, les deux mois d'été de la saison touristique, on tient aussi une buvette pour les touristes de passage, mais dont profitent également les gens du Larzac.

Le musée du Larzac a été conçu comme un lieu d'exposition des aspect importants de la vie du plateau. Les thèmes représentent le point de vue des individus actifs dans la communauté de l'après-lutte. Il a toujours eu, par conséquent, une couleur politique qui n'a pas plu à tout le monde. Les personnalités politiques de la gauche, comprenant des personnes qui venaient dans bien des cas de Paris pour l'occasion, ont assisté aux inaugurations des nouvelles expositions mais des élus locaux ont généralement boudé ces cérémonies. Afin de mettre en relief la partie du plateau qui a été concernée par le conflit, une exposition permanente a été projetée hors des murs de La Jasse aux fermes et à d'autres secteurs du plateau qui ont eu une importance pendant les années de la lutte. Pour réaliser cet objectif, on a établi un itinéraire qui amène les visiteurs sur la majeure partie du Larzac du nord. Chaque site est indiqué par un panneau qui illustre et explique son lien à l'histoire de la lutte. Tous les étés depuis la victoire un bon nombre des touristes qui s'arrêtent, d'abord, à La Jasse, se rendent ensuite aux différents sites. De cette façon, l'écomusée informe le public sur l'histoire du plateau attirant l'attention sur les événements symboliques du mouvement du Larzac.

L'inspiration et une bonne part de l'énergie soutenant l'écomusée viennent d'Élizabeth Baillon, une artiste et écrivain qui habite avec son mari, Claude, lui-même artiste, dans la ferme fortifiée de Brouzes, à l'extrême nord-ouest du plateau. Depuis la création du musée, Élizabeth Baillon propose des thèmes d'expositions à l'APAL et, hormis celle sur le Larzac et la

Révolution, en assure la mise en place. C'est en général un point de vue politique qui a présidé au choix des expositions faites par Élisabeth Baillon. En 1984, elle en a proposé une sur les affiches militantes de la période de la lutte. Pierre Bonnefous — un de ceux qui voulaient que la vie du Larzac dépasse les limites géographiques et historiques du plateau — a estimé que ce thème constituait une provocation politique et restait trop centré sur le passé. Après de longs débats, le thème a été modifié au profit d'une présentation des activités actuelles du plateau. Élisabeth Baillon a accepté la décision du bureau de l'APAL et, à force de travail, a pu monter une exposition du nouveau thème dans des délais fort courts. Comme nous l'avons vu, toutefois, l'exposition des affiches a finalement eu lieu, l'été 1991, pendant la célébration de l'anniversaire des vingt ans de la lutte.

Mis à part des conflits ponctuels sur le choix d'exposition, le musée doit faire face à deux autres problèmes. Parce qu'il ne rentre ni dans une rubrique artistique, ni tout a fait dans une catégorie écologique, il lui est difficile de trouver un financement pour la préparation de ses expositions. Il faut parfois accepter certains compromis à cause du budget limité. Par ailleurs, le musée n'a jamais reçu un grand soutien de la part des nouveaux arrivés qui sont installés sur le plateau depuis 1981, pour la plupart sur des terres de la SCTL. De leur point de vue, le musée, comme d'autres associations mentionnées plus tôt, est un lieu où les « anciens combattants » remémorent leur passé. N'ayant pas fait leur propre expérience de la lutte, ils ne s'y sentent pas concernés.

Quand elle évoque les premiers jours du musée, Élisabeth Baillon admet que la critique (selon laquelle son centre d'intérêt était trop étroit et trop focalisé sur la lutte) avait quelque validité. En 1984, pourtant, elle a organisé une exposition sur l'architecture du Larzac qui a eu lieu à La Cavalerie. Le maire, tout en ayant soutenu l'extension, était d'accord pour rétablir des liens avec ceux qui s'étaient opposés aux militaires. (Cette exposition, accueillie très favorablement, a été montée encore une fois à La Jasse, l'été 1992.) En 1987, avec l'accord de l'APAL, Élizabeth Baillon a également sollicité un secteur plus grand du plateau en rédigeant une brochure qui présentait l'ensemble des sites touristiques et commerciaux dans les diverses communes du Larzac. Cette plaquette, qui eut beaucoup de succès, fut financée conjointement par l'APAL et les communes concernées.

En 1989, Élizabeth Baillon a été élue, sous l'étiquette socialiste, au conseil municipal de Millau. A présent, elle est adjointe au maire, chargée des affaires culturelles. Dans ce rôle, elle a pu convaincre les membres du conseil municipal de faire entrer les archives du Larzac, rassemblées par Robert Pirault, à la bibliothèque municipale. Elle a aussi obtenu de « récompenser » ce dernier au moyen d'une modeste indemnité pour le soin qu'il a pris pendant des années à préserver documents et témoignages de la lutte.

Le CIR, en réponse aux facteurs économiques particuliers au Larzac et à la région environnante, offre des stages aux agriculteurs pour les aider à tenir tête aux pressions économiques spécifiques au pays. Les paysans les plus militants s'organisent aussi. Regardons de plus près la situation. Dans les années 70, de nouvelles techniques d'alimentation et une amélioration génétique multipliaient la productivité des brebis. La dimension moyenne des troupeaux s'élevait aussi. En même temps, vers la fin de la décade, la société multinationale Perrier est devenue propriétaire majoritaire des actions Roquefort Société. (Depuis, Société a deux fois changé de mains : d'abord achetée par Nestlé et, plus tard, par le producteur de camembert, Besniers.) On appréhendait qu'une industrie qui avait toujours été implantée dans la région, fière de sa place importante dans l'économie régionale, soit désormais peu concernée par des problèmes locaux. Des rumeurs commençaient à courir dans le bassin de Roquefort à propos de lait de vache moins coûteux qui viendrait de l'extérieur — même de l'étranger — et qui se substituerait au lait de brebis plus cher. En 1985, l'industrie Roquefort, qui jusqu'à cette époque avait adhéré à un accord avec les éleveurs de la région avec promesse de leur acheter tout le lait qu'ils produisaient, décida qu'elle avait besoin de se protéger contre la surproduction. Deux solutions furent envisagées : une diminution dans la production de lait et une diversification des produits fabriqués par Roquefort. La diversification a été instaurée en premier. En 1987, 30 % du lait de brebis acheté par l'industrie de Roquefort était converti en fromage de fetta, yaourt et poudre.

Mais la peur qu'éprouvaient les agriculteurs des quotas éventuels ne se dissipait pas. En février 1987, le CIR organisa un stage de deux journées sur l'avenir de la production régionale de lait de brebis. La possibilité que des quotas soient imposés — et ce, en peu de temps — constituait un sujet de discussion. En effet, dans la même année, l'association de producteurs de lait, le SEB, et l'industrie de Roquefort se sont mis d'accord pour fixer des différences de prix selon le produit de conversion du lait. On payerait la prime la plus forte au lait destiné à être converti en fromage de Roquefort, moins pour le lait converti en fetta, et moins encore pour le lait changé en poudre. Les industriels continuaient à acheter tout le lait produit, mais on instaurait un système de quotas où, pour chaque agriculteur, on limitait la quantité de lait qui servirait dans la production de chacune de ces trois catégories. Le système proposé, basé sur la production antérieure de chaque ferme, favorisait les producteurs plus importants déjà bien établis au détriment des jeunes agriculteurs qui commençaient leur carrière. Par malchance, ces derniers, ayant reçu l'approbation des autorités agricoles devant leurs projets d'agrandir leurs exploitations, s'étaient lourdement endettés vis-à-vis du Crédit Agricole auprès duquel ils avaient contracté des emprunts pour payer l'expansion de leurs fermes.

En 1987, un Comité Roquefort se créa grâce à Guy Tarlier (lui-même un des gros producteurs, donc peu affecté par les quotas) et José Bové, membre du nouveau syndicat agriculteurs-ouvriers, la Confédération paysanne (le successeur de Travailleurs-Paysans). Il n'était pas personnellement impliqué non plus car sa ferme ne produisait pas pour Roquefort. Les membres du comité venaient en grand nombre des petits producteurs qui travaillaient dans les cinq départements produisant pour l'industrie de Roquefort. Pourtant, une bonne partie de son énergie découlait des militants du Larzac qui y participaient et qui mettaient leur expérience acquise dans la lutte au service des agriculteurs d'autres secteurs peu accoutumés à des actions soutenues. Sous la pression du comité, l'association des industriels a, à plusieurs occasions, modifié le système des quotas mais rarement à la satisfaction des petits producteurs. En 1988, le comité a découvert ce qu'il estimait être une « caisse noire ». Les industriels se servaient illégalement de l'argent fourni par chaque producteur au profit d'une société fondée pour développer des formes alternatives de conversion du lait de brebis. Le comité intenta un procès contre l'industrie. Le jugement rendu exigea que l'association des industriels ouvre ses livres de comptabilité concernant ces fonds et rembourse les producteurs qui ont apporté leur contribution. En automne 1990, le Comité Roquefort s'est converti en un syndicat, le SPLB (Syndicat des producteurs de lait de brebis), ce qui lui donnait un statut légal qui lui faisait défaut en tant que « comité » [3].

Le Larzac a été le moteur derrière les petits producteurs dans leurs demandes d'égalité et de transparence dans l'emploi de leur argent. Quand nous lui avons demandé s'il avait le sentiment que le mouvement du Larzac allait continuer à servir de force morale pour des changements sociaux, François Roux a répondu :

> Je crois qu'au niveau des idées, le Larzac est très important. C'est un symbole qui est ancré très profondément. Je ne dis pas que c'est facile de vivre et, en même temps, d'être un symbole. C'est souvent un fardeau bien lourd. Si nous regardions la vie quotidienne du plateau maintenant et voyions les conflits qui ont surgi entre certaines personnes, nous émettrions quelques réserves sur la valeur symbolique du Larzac. Mais le Larzac dépasse ces individus. Ils n'ont pas le choix. Le symbole leur appartient et en même temps ils ont la responsabilité de l'incarner. L'interaction des habitants du Larzac avec la Kanaky préserve le caractère vivant du symbole. Après la Kanaky, il y aura d'autres luttes. Et on peut compter sur moi au Larzac pour aller le solliciter. C'est notre co-responsabilité à tous en fait. La lutte, par son exemplarité, a marqué une génération de gens à l'extérieur du plateau. J'ajouterais ceci : elle a d'autant plus marqué qu'elle a réussi. Combien de fois dans les réseaux militants — même si, sur le fond, on a certainement raison — on est les éternels vaincus. Alors que là, on a gagné. Il n'y a rien à faire. Cela restera longtemps.

Le futur d'un Larzac militant dépendra certainement de la poursuite d'actions comme celles qui caractérisent le plateau depuis plus de vingt ans, mais il dépendra aussi des enfants du Larzac et de la façon dont ils assumeront les valeurs de leur communauté. La maternelle de La Blaquererie et l'école du Larzac, la première nouvelle école rurale en France depuis plus de trente ans, sont en pleine activité. L'école de l'Hôpital avait plus de quarante enfants en 1992. Le plateau est fier de ses enfants qui sont essentiels à la poursuite de la vie sur le plateau.

NOTES

1. Dans les années 80, un vif débat a eu lieu parmi les agriculteurs de la gauche, y compris les dissidents de la FDSEA, sur les moyens de changer le foncier des terres agricoles qui étaient devenues trop chères pour permettre aux jeunes agriculteurs d'en acheter.

2. Alain Ottan, le collègue de François Roux, a collaboré aussi à la préparation de ces accords.

3. Le combat pour la survie économique continue en face d'une surproduction dans la Communauté européenne et une chute des prix pour des produits agricoles. En avril 1992, une réunion s'est tenue avec la participation d'un comité de développement, en théorie affilié avec l'APAL, mais composé, pour la plupart, de la jeune génération qui n'appartenait pas, en réalité, à l'association. Elle a attiré une mosaïque intéressante des différentes générations du plateau et promettait une participation plus importante de la part des jeunes dans de nouveaux projets.

L'ÉVOLUTION DE LA COMMUNAUTÉ

Chapitre 7

De l'histoire au mythe [1]

On nous dit que Jean-Marie Tjibaou, quand il a rencontré le président Mitterrand, en 1988, après la signature des accords de Matignon sur la Nouvelle-Calédonie, aurait déclaré : « Nous avons gagné parce que nous étions les plus faibles. » Il avait remarqué cette formule pendant une visite à l'écomusée du Larzac où un des panneaux qui célébraient la victoire de 1981 la mettait en relief. En la citant, Jean-Marie Tjibaou manifestait son soutien à la non-violence et, en même temps, reconnaissait le mérite de ses alliés du Larzac qui appuyaient sa cause depuis 1984. C'était sa façon d'exprimer la légitimité de la lutte kanak contre le pouvoir de l'État français. Quant à François Mitterrand, il aurait répondu : « Oui, vous avez gagné parce que vous étiez les plus faibles ; mais vous avez gagné aussi parce que je suis le président ». Ainsi, François Mitterrand a réaffirmé le pouvoir de l'État et la légitimité de son exercice de ce pouvoir.

Aussi longtemps que le contrat social reste intact, ceux qui gouvernent exercent un pouvoir légitime. Dans les États totalitaires où les mouvements de protestation sociale n'ont aucun accès au pouvoir, l'histoire nous donne des exemples de protestations qui visent précisément ce manque de légitimité de l'État.

Quand ces mouvements réussissent, même partiellement, l'État tend à réagir par la répression. De même dans les États non totalitaires, la meilleure stratégie des mouvements sociaux minoritaires est d'attaquer la légitimité de l'État par rapport au problème qu'ils soulèvent. S'ils le font avec succès, ils peuvent s'imposer ou par le processus du vote ou en acquérant le droit de négocier avec l'État en faveur de leurs programmes. Dans tous les cas, quand un mouvement manque de pouvoir politique pour atteindre ses objectifs, il peut essayer de fonctionner dans le domaine des symboles, même là où il n'y qu'un minimum de liberté d'expression. Dans la manipulation de l'ordre symbolique, il lui est possible d'énoncer une contre-vérité qui défie la doctrine officielle. Puisque la bataille se fait seulement au niveau des symboles, on a des chances de la gagner avec une campagne opiniâtre et habile même s'il existe entre les deux parties une inégalité de ressources et de possibilités de diffusion auprès du public.

La lutte du Larzac, menée dans le contexte d'une société démocratique et sous le règne de la loi, a eu lieu sur deux fronts : le légal et le symbolique. La bataille légale s'est faite autour des péripéties des ordres d'expropriation à mesure que le gouvernement les promulguait. De 1971 à 1981, avec ces actions légales, les paysans essayèrent d'éviter ou du moins de retarder le plus possible les expropriations. Sur le front symbolique, le Larzac voulut riposter à l'affirmation du gouvernement selon laquelle l'extension du camp militaire allait dans le sens de l'intérêt national et local et que, de toute façon, elle n'affectait qu'une petite minorité d'agriculteurs arriérés dans une région dépeuplée.

Conscients dès le début qu'ils étaient en train de prendre une place dans l'histoire (un bon nombre d'entre eux gardaient pratiquement chaque morceau de papier produit pendant les dix années de lutte), les paysans du Larzac et leurs alliés se mirent à examiner leur vie passée et leurs activités d'alors et à sélectionner les éléments qui pouvaient le mieux servir leur cause au niveau national. Les débuts de ce processus sont contenus dans la première publication importante concernant la lutte qui visait un public à l'échelle nationale : *Le Larzac veut vivre,* sorti en 1973. C'est un livre en grand format, illustré par des photographes réputés. Il montre comment on s'est servi d'un ensemble de faits et de symboles pour capter l'imagination du grand public. Si ce livre est comparé à deux autres ouvrages clés (le catalogue pour l'exposition, *Larzac Terre en marche*, et le livre, *Alors la Paix viendra)* présentés à la fin du chapitre, écrits après la victoire en 1982 et 1984, on verra une progression évidente : on part, d'un effort conscient d'écrire l'histoire du dedans, en ayant recours à des événements et des personnes choisis, mais réels, pour arriver, enfin, à la création d'un mythe-charte qui n'est plus ancré dans le temps. Les ethnologues rencontrent ce même genre de mythe dans les sociétés non-occidentales, pré-lettrées, qu'ils ont l'habitude d'étudier. Le mythe du Larzac est le résultat, bien sûr, de l'effort d'individus spécifiques qui ont écrit à une époque particulière avec des intentions précises. Le produit, pourtant, sert le même objectif qu'un mythe généré on ne sait quand, dans une tradition orale. Dans sa version mythique, la lutte du Larzac a été évacuée du temps normal et imputée aux « ancêtres ». On peut alors s'en servir pour justifier et guider l'action sociale et politique du présent et de l'avenir.

Les fabricants du mythe du Larzac sont, de toute évidence, comme les Maori décrit par Marshall Sahlins,

> ...des mythologistes ingénieux capables de choisir d'un corpus flexible de traditions celles qui sont les plus à même de satisfaire leurs intérêts actuels, comme ils les conçoivent. Ce qui distingue leur praxis n'est pas l'existence (ou l'absence) de tels intérêts, mais, précisément, le fait qu'ils sont conçus de cette manière. Les Maori, dans les termes de Johansen, « se rencontrent dans l'histoire » (Sahlins 1985 : 55 ; traduit de l'américain par S. Alland).

Dans leur évolution de l'histoire au mythe, les trois œuvres en question ont ceci en commun : une façon de relier ce qui risque de nous apparaître comme des éléments contradictoires en un argument sans faille contre l'extension du camp. Notre premier livre, *Le Larzac veut vivre*, par exemple, évite de gloser sur les vastes différences économiques et sociales entre les grandes fermes mécanisées, peu nombreuses, habitées principalement par des gens récemment installés et les petites exploitations où habitent la plupart des « purs porcs ». Il défend à la fois l'agriculture moderne productiviste et l'attachement immémorial à la terre personnifié par les « purs porcs » traditionnels. On constate cette dualité dans le choix des photos. Celles des fermes montrent, pour la plupart, les exploitations les plus grandes, les plus modernes, et les plus prospères du secteur nord-ouest du plateau (en incluant le GAEC du Clos, qui fonctionne bien, à La Cavalerie). En revanche, les photos de paysans individuels se limitent presque exclusivement aux « purs porcs » qui habitent les fermes les plus petites du secteur moins bien développé du nord-est. On présente au lecteur, donc, des fermes sans leurs agriculteurs et des agriculteurs sans leurs fermes. Intercalées entre les images de fermes et d'agriculteurs, on trouve les photos du berger mytho-poétique avec son troupeau.

Sur la couverture du livre, on peut voir, en grand format, une photo de Robert Gastal dans sa bergerie avec un agneau dans les bras. La première page, avant celle du titre, est vide, sauf pour une courte citation en bas, à droite, de Georges Pompidou, à l'époque président de la République. Elle est tirée d'un discours prononcé à Perche le 11 juin 1972 devant des agriculteurs : « Nous voulons sauvegarder les exploitations familiales pour des raisons sociales évidentes, pour des raisons politiques évidentes, et aussi pour des raisons d'environnement et de paysage. Il faut sauver la nature cultivée et habitée. Une autre nature est une nature funèbre ». La page du titre est suivie d'une section qui présente l'histoire du camp militaire du Larzac, avec des cartes de la région et de l'extension proposée. La première section de l'ouvrage s'appelle : « La vie sur le plateau ». Ce titre apparaît en lettres grasses en haut de la page sept. Au bas de la même page, on peut lire une brève citation du ministre de la Défense de l'époque, Michel Debré, faite devant l'Assemblée nationale, le 8 novembre 1972 : « Le choix, là aussi, s'imposait. L'austérité du pays, le vent, la neige laissaient peu de chances à l'implantation d'activités quelconques ».

Le livre, avec habileté, contredit le gouvernement en se servant de ses propres arguments. Georges Pompidou met l'accent sur la préservation de l'exploitation familiale. Le livre démontre que, sur le Larzac, il y a, justement, des fermes familiales : il faudrait donc les préserver. Le plateau offre aussi un paysage où la nature, dans les termes mêmes du président Pompidou, est « cultivée et habitée » — précisément l'environnement qu'il faut, selon lui, préserver. Michel Debré, de son côté, prétend que l'environnement du Larzac est trop dur pour permettre des activités normales. L'ouvrage démontre d'une façon éclatante le contraire.

La première section du livre se penche sur la beauté du paysage du Larzac, l'héritage artistique régional, préservé dans son architecture, et l'importance de son activité agricole. Parmi les trésors architecturaux, on découvre une photo de la ferme fortifiée des Brouzes, restaurée par Claude et Élizabeth Baillon vers la fin des années 60 et au début des années 70, qui a remporté un prix national pour la meilleure restauration d'un site architectural important. Dans le texte, on trouve en-têtes et sous-titres, comme « Un environnement exceptionnel », « Une vie pastorale, base de l'économie » et « Un pays qui ne connaît ni clôtures, ni limites », qui soulignent le message du livre.

C'est seulement après avoir bien fixé le cadre qu'on présente au lecteur les données économiques sur les fermes et la production de lait. Elles sont mises en relief à la page 32. On y apprend que la zone menacée d'expropriation maintient 16 500 ovin qui produisent 1 300 000 litres de lait par année, à partir de quoi sont fabriqués 325 tonnes de Roquefort. La production de viande de cette même zone comprend 13 000 agneaux et 4 000 brebis destinés à la boucherie. Cette page est suivie de photos de bergeries de construction récente, de divers bergers au travail avec leurs troupeaux, et de l'agnelage aux fermes de l'Hôpital et du Devez Nouvel. On rencontre ensuite des photos de diverses activités agricoles. L'importance de la culture y est souligné avec l'en-tête : « La mise en culture : une nécessité pour la survie du troupeau ». On voit également les salles de traite de plusieurs fermes, y compris celle du GAEC dont Guy Tarlier était membre où on perçoit ce dernier faisant marcher un roto-lactor, une machine à traire qu'il a adapté et qui a gagné un prix. A la page 76, sont encadrées d'autres statistiques sur l'économie de « la zone menacée ». On y note que 30 % de la surface agricole utilisée se compose de « bons sols ».

A la suite des photos qui montrent le travail dur mais productif du sol viennent des images des familles de paysans. Toutes, sauf deux, sont des « purs porcs ». A la fin de cette partie, après avoir rencontré les vivants, on nous présente les morts sous forme de photos de cimetières et de monuments aux morts. Ces photos ne manquent pas d'évoquer non seulement l'horreur de la guerre mais aussi la continuité entre les vivants et les morts parmi les natifs d'une région.

Ce rappel de la mort sert de transition avec une deuxième partie qui contraste de façon frappante avec les images antérieures de la vie agricole sur le plateau. Ici, nous voyons des photos du camp militaire même : un pays ravagé qui était, autrefois, les fermes des Agastous et de Cazalets. Ayant longtemps servi de cibles pour les manœuvres d'artillerie, elles ne sont plus que des monceaux de rocaille. D'autres photos montrent un paysage abîmé avec des arbres délabrés, le terrain dégradé par le passage des blindés pendant des manœuvres que les militaires font, d'une façon routinière, en dehors des limites du camp.

Le dernier texte du livre est un discours émouvant prononcé par Janine Massebiau à l'occasion de la plantation des 103 arbres le long de la route nationale 9, juste en face du camp militaire. Elle y célèbre le serment signé par les paysans de ne pas vendre à l'armée et la détermination de résister à la décision injuste du gouvernement. Ce texte est suivi d'une annexe qui donne une chronologie des actions militantes de la lutte. La couverture du dos du livre montre la porte d'une bergerie traditionnelle, peinte avec le slogan : « Nous Garderons Le Larzac ».

Avant de poursuivre notre analyse des trois livres en question, il serait intéressant d'examiner les moyens que les militants du Larzac ont employés pour manipuler des symboles afin de soutenir leur mouvement face au grand public et de gagner son adhésion à leur cause.

Certes, les diverses manifestations locales et nationales visaient ces objectifs. Pourtant, il y avait d'autre moyens pour atteindre les mêmes buts. En France, les affiches continuent à être un moyen important — et économique — pour diffuser des messages politiques. Peu après le commencement de la lutte, une véritable industrie s'est développée autour du mouvement du Larzac. On utilisait, à une occasion ou une autre, plus de 150 affiches différentes pour protester contre l'extension du camp aussi bien que pour annoncer événements ou manifestations. Un grand nombre de ces affiches sont devenues des « classiques » de la lutte. Elles proclamaient la solidarité avec le Larzac (l'opposition entre la force vitale du plateau et l'image de la mort projetée sur l'armée) et, à mesure que les dix années de la lutte avançaient, faisaient valoir la force, la persistance, et la continuité du mouvement.

Dès le début, deux symboles, la brebis et la cardabela — l'un, animal, l'autre, végétal — ont émergé pour représenter la lutte. (Quand l'être humain apparaît sur les affiches, ce qui est rare, ce sont des stéréotypes, comme des paysans ou des soldats, ou des membres anonymes d'une foule.) La cardabela (terme occitan pour la cardabelle) est un grand chardon, atteignant une trentaine de centimètres en largeur, qui croît sur le sol le plus pauvre du causse. La fleur, qui pousse au ras de la terre, semble s'agripper au sol rocailleux. Des feuilles hérissées rayonnent autour d'un centre rond et plat d'une douzaine de centimètres de diamètre. La cardabela est une espèce protégée, limitée aux régions de terre calcaire dures et arides comme le plateau. A d'autres époques, les paysans les séchaient et les clouaient aux portes de leurs étables ou bergeries où elles servaient de baromètre. Quand l'orage approchait et que l'humidité augmentait, les feuilles se recroquevillaient. Par temps sec et ensoleillé, les feuilles se relâchaient et s'épanouissaient de nouveau.

Pendant la lutte, la cardabela est devenue une métonymie pour la terre sur laquelle elle pousse, un symbole de la ténacité requise pour survivre sur ce sol maigre. En outre, avec sa surface épineuse, elle est bien équipée pour se défendre contre ses ennemies. Ainsi, la cardabela parle, métaphoriquement, du droit à l'auto-défense, un droit dérivé de la terre elle-même. On se sert de la cardabela pour représenter le soleil aussi. L'affiche utilisée le plus souvent pendant la lutte du Larzac montre une file de marcheurs tenant des drapeaux en silhouette noire contre l'horizon avançant sur un sol inscrit avec le mot : LARZAC. Au-dessus d'eux, occupant les trois quarts de l'affiche, rayonne une imposante cardabela d'un rouge-orange brillant. Sur d'autres affiches, le Larzac est symbolisé par une cardabela au centre d'une représentation de la région et, dans une image, elle a été mise au centre de la carte de la France entière pour signifier que le Larzac est une affaire qui concerne toute la nation.

Si la cardabela représente la ténacité, la brebis incarne la force qui, pendant des siècles, a soutenu la vie humaine sur le plateau. Son lait, converti en fromage de Roquefort, est la source principale de revenus, la base économique de toute la région. Ses agneaux fournissent de la viande et du cuir de qualité. La fertilité du sol est entretenue par le fumier apporté chaque printemps des bergeries aux champs. Les brebis, comme les êtres humains, sont des animaux sociables. Elles se regroupent dans des troupeaux pour se sentir en sécurité. L'agneau, comme un enfant, est enjoué et sans soucis mais aussi sans défense et étourdi. Il doit être protégé au sein du troupeau et par le berger. En dehors de la lutte du Larzac, l'agneau est, bien sûr, un symbole éminent pour la France catholique. C'est l'agneau de Dieu, le Christ, le symbole du sacrifice et des êtres choisis par Dieu.

Il n'est pas surprenant que, dès le début, la brebis soit devenue le symbole le plus apparent de la lutte du Larzac. Le premier auto-collant produit en guise de soutien du mouvement montre une brebis qui mâche du lierre, accompagnée de la légende : « Sauvons le Larzac ».

Mais c'était surtout sur les affiches que la brebis avait une place prééminente. On y voit souvent des troupeaux de brebis, ou un seul bélier, qui font fuir les tanks du plateau. D'autres représentent un animal vêtu d'une gabardine, identifiant le mouvement du Larzac à la résistance contre les nazis pendant la deuxième guerre mondiale ; ou bien une brebis (au lieu du chien habituel) qui écoute « la voix de son maître » sur une affiche servant de réclame pour un concert au profit de la cause ; ou encore un troupeau avec son berger sortant de la Tour Eiffel, convertie en bergerie ; voire un troupeau et son berger, sur la crête d'une colline, se dirigeant vers la bouche béante d'un soldat. Sur d'autres posters encore, on trouve des brebis qui mangent du foin paisiblement ou, en contraste, qui mordent du fil de fer barbelé. Une variation du panneau qu'on trouve aux bords des routes signalant « Travaux. Danger » indique une brebis habillée en vêtements de travail, creusant une tranchée. C'est un poster qui sert de publicité pour les projets de construction illégaux sur le plateau. Au moment de l'arrestation des paysans qui avaient envahi le camp militaire, on trouvait sur tous les murs un poster montrant une brebis derrière les barreaux d'une prison.

Et, enfin, une banque à sous a emprunté la forme d'une brebis, invitant la population à retirer 3% de leurs impôts pour le bien de la cause du Larzac.

Mais la brebis se prête aussi à une symbolique négative qu'on peut tourner contre son adversaire. Dans ces moments-là, l'animal symbolise la dépendance, la stupidité, et le manque d'individualité. Une affiche demande au public de ne pas payer ses impôts « comme des moutons ». Bien qu'on trouve des brebis et des béliers métamorphosés en militants du Larzac, on les voit aussi comme membres de l'armée. Ainsi, un poster décrit une brebis dans l'uniforme d'un officier. Un autre recommande aux appelés de refuser de servir dans les forces armées : ils « ne sont pas des moutons ». D'autres encore représentent un tank à l'intérieur d'un « mouton de Troie », ou des soldats peints avec une brebis sur l'épaule. La légende déclare : « Le nouveau style de paysan du Larzac ».

A part la cardabela et la brebis, on rencontre sur les posters d'autres objets, ainsi que la représentation d'expériences intrinsèques à la vie du plateau. Des outils agricoles banals, comme les faux, les fourches ou les tracteurs, apparaissent. La fourche pointue vers le ciel empalant des barbelés, ou même un tank, parle clairement de la détermination formidable de vivre de la terre et de protéger ce mode de vie. La solidarité entre le Larzac et la classe ouvrière, ainsi qu'avec des mouvements écologiques, est un thème favori. Une des affiches les plus impressionnantes fait le lien entre le Larzac et les ouvriers de l'usine de Lip, le fabricant de montres, qui en avaient pris la direction pour marquer leur opposition à la fermeture de leur source d'emploi. Un autre thème oppose la vie et la fertilité à la mort et à la destruction associées à l'équipement de guerre. Un poster avec ce message annonce la récolte qui sera faite pour le tiers-monde, l'été de 1974. On y voit un casque fêlé, renversé, servant de jardinière aux épis de blé florissants. Un autre, célébrant la fin de la lutte en 1981, est d'un obus rempli de fleurs. Et celui qui encourage les réservistes à renvoyer leurs livrets militaires au gouvernement représente un enfant souriant habillé de blanc, surgissant de la silhouette noire d'un soldat debout, au repos, tenant son fusil, avec la légende : « Quittez les réserves ».

La constance et la détermination du mouvement sont illustrées de façon spectaculaire par une affiche qui annonce une manifestation pour l'été. Sous les mots, « Vivre et travailler au pays du LARZAC », un sabot envoie des racines loin dans la terre noire. L'affiche qui annonce la marche à Paris, en 1978, montre une route composée du mot « Larzac » montant une colline en lacets et se perdant dans le lointain.

Maintenant, prêtons de nouveau attention à nos livres. Comme nous l'avons déjà noté, on estimait la victoire en 1981 non comme la fin, mais plutôt comme un nouveau départ pour le plateau et ses nombreuses associations. Avec l'inauguration de l'écomusée en 1982, le Larzac a mis en place une vitrine permanente. Elle permettait au public d'avoir une vue sur le passé et, en même temps, de partager le présent avec les membres de la communauté du Larzac décidés à prolonger le mouvement social créé pendant la lutte. La première exposition de l'époque postérieur à la lutte intitulée « Larzac Terre en marche », se présentait sous la forme d'une récapitulation des dix années de résistance. Elle constituait un premier pas dans le processus de mythification consciente du mouvement. Le texte qui accompagnait la série de photos reflétait l'accent mis sur l'idéologie (qui allait croître en intensité avec *Alors la Paix viendra,* édité par la Fondation Larzac en 1984). On représentait le mouvement essentiellement comme la révolte spontanée d'un groupe de paysans relativement amorphes qui manquait de leaders forts et dont l'autorité politique se définissait par la « moralité » de leur cause commune. L'exposition, en dépersonnalisant les faits historiques, a souligné l'idéologie de l'action collective qui avait joué un rôle réel, pour ambigu qu'il fût, dans la lutte. Sous une forme littéraire, on appréhende ici la création, en toute conscience, d'un mythe-charte qui se substitue à l'histoire.

Le texte, *Larzac Terre en marche* (écrit par Élizabeth Baillon dans un régistre lyrique), commence par accueillir le visiteur. « Visiteurs inconnus, voyageurs de hasard, habitants de pays proches ou lointains, compagnons de lutte, amis, la terre vers laquelle vous êtes montés, celle où vous avez posé vos pieds, cette terre-là n'est pas comme les autres, elle s'appelle LARZAC ». L'en-tête d'un passage qui suit annonce que la révolte paysanne a déjà été prédite par la terre elle-même : « A l'ère géologique, en un geste prophétique, le Larzac s'est déjà soulevé ! » L'action humaine est introduite ensuite dans cette métaphore géologique : «...il suffit de couper quelques routes et cette montagne plate devient forteresse imprenable...» La lutte en elle-même oscillait «...entre les actions les plus folles et les idées les plus concrètes. Mais les idées sont parties de la terre....» Les textes sont accompagnés d'abord d'une photo du plateau rocailleux et vide et puis par celle d'un immense rassemblement au Rajal del Gorp. La métaphore géologique se poursuit ainsi : « Une marée humaine déboule sur cette terre de solitude, des rivières humaines affluent de tous côtés vers ce pays sans rivières....» Puis, on associe le Larzac au domaine du sacré : «...la dimension véritable de notre lutte nous apparaît soudain : l'enjeu de cette lutte : ce morceau de terre Larzac, notre outil de travail, notre pain quotidien est devenu un symbole pour des dizaines de milliers de nos contemporains...cette rude terre du Larzac devient pour eux, pour nous, le vivant symbole de la 'terre promise' ». Enfin, la lutte assume la forme primordiale de la mère. « Loin des villes et de la société de consommation, elle les accueille et les rassemble, les materne en son immensité paisible ».

Le Larzac veut vivre a converti les différences (entre les fermes modernes et la tradition paysanne) en un argument unifié contre l'extension. De même, ce texte, *Larzac Terre en marche,* métamorphose une réelle dissension sur le plateau, la transformant en une force pour le mouvement du Larzac en sa totalité. C'est ainsi que le conflit intermittent entre, d'un côté, les petits agriculteurs et leurs alliés, les squatters, du secteur nord-est, et, de l'autre, les agriculteurs sur les grosses exploitations dans le nord-ouest au sujet des mérites d'une mini-extension négociée avec le gouvernement se retrouve transmué. Il devient une alliance mythique de deux oppositions présentées comme deux facettes d'une résistance unifiée. Tout d'abord l'en-tête d'une page appelle à notre attention l'opposition obstinée entre les paysans et l'État : « Face au discours immuable du pouvoir d'État : un discours de paysans ». Mais de quoi se compose le discours de paysan ? On nous dit qu'il est complexe, le résultat d'un dialogue interne au plateau entre deux abstractions : le

« Laboureur » pragmatique et le « Berger » idéaliste. Dans le texte, chacun des deux devient un stéréotype, chacun est censé avoir apporté une voix différente à la lutte :

> ...deux formes d'action s'affrontent, deux énergies se conjuguent et produisent LE DISCOURS PAYSAN DU LARZAC qui, tel un fleuve enrichi de ses deux affluents, va enfin parler en ce pays aux rivières souterraines... Deux paroles naissent et s'entrecroisent en une dynamique incessante...

Le « Berger » parle «...une langue libertaire, affective et poétique, idéaliste et radicale : parole ouverte et sans défense. Elle s'inscrira dans la durée et revendiquera une identité bafouée : 'GARDAREM LO LARZAC' ». L'autre voix, celle du « Laboureur », parle de stratèges. C'est la voix qui perçoit, d'une façon réaliste, les rapports de force. Son langage est «...pragmatique et structuré, assumant, personnifiant le pouvoir au sein même de la lutte. Le 'Laboureur' saura en conséquence le percevoir et le contrer chez l'adversaire dans l'immédiat. »

Une fois la dichotomie établie, Élizabeth Baillon poursuit en suscitant un dialogue entre les deux protagonistes.

> Pendant dix ans, les « laboureurs » pragmatiques diront aux « bergers » idéalistes : « Soyons réalistes : sauvons le morceau de Terre qui peut être sauvé. Et les «bergers » de répondre : «Soyons réalistes, en effet, une terre devenue symbolique est un organisme vivant, lui enlever un morceau, c'est le tuer ». Les « laboureurs » alors de rétorquer : «D'accord sur le principe, mais que faire, ici, maintenant, contre les offensives du pouvoir ? » Un moment, le Larzac s'arrêtera, déchiré en deux... puis l'unité se reconstruira sur un compromis, dans les limites d'un possible immédiat... ainsi... la force dynamique de ces deux tendances permettra de DURER, DURER, DURER... Pendant dix ans, le pouvoir d'État comprendra la parole des laboureurs, entendra celle des bergers, évaluera le poids du soutien extérieur, mais jamais ne percevra l'origine de la dynamique interne du discours : PAYSANS DU LARZAC. Comment un pouvoir urbain, centralisé, travaillant sur dossiers et cartes d'état-major, pourrait-il comprendre une telle origine : cette relation charnelle, quotidienne, avec une terre aimée, cultivée, habitée ? Aussi, nous pouvons dire aujourd'hui : nous et vous, milliers de défenseurs du Larzac, nous l'avons gagnée la

> TERRE DU LARZAC, non parce que nous étions les meilleurs, mais parce que tout simplement nous... NOUS L'AIMONS !

Plus loin dans le texte :

> Pendant 10 ans, ici nous avons fait mentir le mot désespéré de Péguy : « Tout commence en mystique et finit en politique. » Ici, jamais la mystique ne s'est séparée de la politique, l'imaginaire du réel, le symbolique du quotidien : l'un a alimenté l'autre en un va-et-vient incessant : c'est là le secret de notre réussite. Ah ! nous n'avons pas mis nos deux pieds dans le même sabot ! Nous avons marché cahin-caha, un pied en politique, un pied en poétique, un pied dans la boue et le fumier et l'autre en un jardin fleuri. Pragmatique et rêveuse tout à la fois notre lutte du Larzac !

Vers la fin de son texte, l'auteur, sans équivoque, annonce qu'un mythe a été créé.

> Avec audace, nous pouvons dire : ici, nous savons comment naissent les mythes !... de quelle part de rêve ils se composent, sur quelle modeste réalité ils s'édifient...
>
> Ici, il y a eu rencontre entre trois désirs : celui de l'armée, totalement fou, inadapté ; le nôtre, concret, réaliste : « Gardarem lo Larzac » ; un troisième, inattendu, venu des quatre coins de France, renforcer le nôtre, lui donner une ouverture sur le monde, une dimension universelle.
>
> Et le mythe est né, il a « pris »...
>
> ... le mythe a épuré, unifié nos diversités, réduit et censuré nos contradictions ; sous son aile protectrice, sous son désir totalitaire, bien des différences, se sont vécues en silence...

La transformation de l'histoire en mythe, commencée à la fin de la lutte, a continué avec la publication en 1984 du dernier livre en question. En quête de fonds, La Fondation Larzac a eu l'idée d'éditer un livre sur la lutte, utilisant les bénéfices pour ses projets. Ce texte, *Alors la Paix viendra*, n'est rien d'autre qu'un mythe des origines dans lequel l'histoire de la lutte a été incorporée. Des quarante photos du livre, la plupart sont des images de sites naturels. Il n'y en a que cinq où on voit des êtres humains et, dans trois seulement, on peut reconnaître un individu particulier. Toutes les cinq photos sont des bergers qui s'occupent de leurs troupeaux. On ne trouve pas de photos de tracteurs et il n'y a que deux photos de champs cultivés. L'architecture présentée est de type traditionnel, avec des murs en pierre et des toits de « lauzes », des plaques de calcaire lourdes et rugueuses. Un bon nombre de photos ont été prises au petit matin ou tard dans l'après-midi, et une partie significative est éclairée par une lumière d'hiver. Ces conditions tendent à intensifier le mystère d'un paysage déjà fantasmagorique...

Le texte commence avec un prologue :

> Si vous passez, un soir, par le « Rajal del Gorp », habillez-vous le cœur de soleil et prêtez une oreille bien fine au murmure du vent : vous entendrez peut-être cette histoire étrange que des fantômes de pierre racontent tout bas à leurs enfants, le soir au clair de lune...

L'histoire des « fantômes » se raconte sur les quatre pages qui suivent. Elle débute comme un conte de fées pour décrire la création de la communauté mythique :

> Il était une fois, dans un pays lointain balayé par le vent et habité par d'étranges géants rocheux, un petit peuple de paysans et de bergers, composé au départ de 103 familles seulement et de quelques « apparentés ». Depuis des siècles, un calme profond régnait dans ce pays que l'on croyait endormi pour toujours.
>
> Tout était donc à sa place dans ce pays merveilleux, lorsqu'un jour, les bergers, qui sont les éternels veilleurs du jour et de la nuit, s'aperçurent que le ciel n'était pas à son ordinaire. « Lo temps es malaute » (Le temps est malade), dirent-ils en observant leurs bêtes.
>
> Les habitants de ce pays avaient déjà remarqué plusieurs fois dans leur histoire, que pour eux le danger vient du nord. Mais jusqu'à présent, personne n'avait osé le dire tout haut, parce que « ça portait malheur ».

Allant à leurs bergeries, ils trouvent les portes bloquées par d'énormes rochers qu'ils ne peuvent pas déplacer. Des gens viennent de partout pour leur offrir des conseils. Il y en a qui disent que, de toute façon, la terre ne vaut rien et qu'on ferait mieux de l'abandonner. D'autres annoncent qu'ils vont enlever les rochers et, en secret, essaient de le faire. On entend une explosion terrible qui fait peur à tout le monde. Mais les rochers ne bougent pas. Et puis :

> ...un vieillard étrange, venu pour ainsi dire d'une autre planète, arriva lui aussi. Il demanda la permission de rester. Les habitants décidèrent de le garder et l'installèrent dans une de leur[s] maison[s]. Pendant quinze jours, ce personnage étrange resta là, refusant de manger quoi que ce soit. Le matin, il réfléchissait tout seul, la tête entre ses mains et, le soir, il expliquait son idée aux habitants.

Suivant ses conseils, les gens fabriquent des anneaux pour une longue chaîne. Une fois attelée autour des rochers, avec l'aide des bœufs — lentement, presque sans s'en apercevoir — les grosses pierres se soulèvent. Les nouvelles de cette première réussite se répandent et on vient de partout pour connaître l'histoire de la chaîne et de l'attelage. Les gens écoutent et prennent des notes abondantes. Ils veulent tout raconter aux amis qui sont restés dans leurs pays.

> Petit à petit, on se mit à fabriquer un peu partout des anneaux pour la chaîne. Et chaque fois qu'on était prêt, on s'attelait à un rocher et on le dégageait... Cela se terminait parfois par des fêtes énormes, là-bas, au Rajal del Gorp, sous un ciel étoilé où veillent encore des fantôme de pierre...

L'histoire recommence un peu plus loin, cette fois, contée de façon réaliste. Elle se présente du point de vue d'un seul paysan, Émilien, un personnage fictif, composé, mais pour lequel Robert Gastal a servi essentiellement de modèle. Le livre se clôt avec une chronologie de la lutte, suivie d'une bibliographie et une filmographie.

Les trois publications examinées dans ce chapitre ont été écrites, toutes, par des militants non paysans et sont destinées à un public qui ne se limite pas au plateau. Toutefois, elles reflètent un désir de la part des militants de la période de l'après-lutte de garder vivace le sentiment tout particulier de communauté et d'engagement qui s'est développé pendant le conflit. Vu chronologiquement, nous constatons dans ces publications un déplacement d'une présentation de la réalité — bien que tirée sur le volet — dans *Le Larzac veut vivre* vers la création d'entités abstraites, idéalisées dans les deux autres textes. En niant les conflits et en créant une seule voix dans la personne d'un Émilien fictif, le dernier livre cherche à universaliser l'expérience du Larzac et à la conserver intacte pour la communauté d'aujourd'hui.

NOTES

1. En réalité, il s'agissait de la première construction — en pierre — au Cun, en 1977. La maison de paille, construite deux années plus tard, a été plutôt un symbole de réconciliation de Pierrefiche et du quartier est avec le Cun.

Une ancienne ferme située dans le camp du Larzac, après les manoeuvres. Photo : Le Cun.

Une ferme restaurée : La Salvetat, 1987. Photo : S. Alland.

Lanza del Vasto. Photo : *GLL*.

Une photo historique prise au début de la lutte. De gauche à droite : Jeanne et Élie Jonquet, Auguste Guiraud, Pierre Burguière, Lucien Alla et Léon Burguière. Photo : Jacques Houzel pour *La Vie*.

Une discussion sur la stratégie pendant la lutte entre Lucien Alla, José Bové, Jean-Marie Burguière et Guy Tarlier. Photo : *GLL*

La construction de la bergerie à la Blaquière. Photo : *GLL*

Marizette Tarlier en route pour comparaître devant le juge après « l'invasion » du camp, 1976. Photo : Collection de C. et P. Burguière.

Robert Gastal donne le premier discours majeur de la lutte à Rodez. Photo : Collection de C. et P. Burguière.

Les paysans montent à Paris sur leurs tracteurs, 1973.
Photos : Collection de C. et P. Burguière.

Le Larzac occupe le Champ-de-Mars, 1980. Photo : *GLL*

Nicole Bernard en train de faire des fromages de lait de brebis aux Truels, 1990. Photo : A. Alland.

Une manifestation contre les quotas à Millau, 1988.
Photo : A. Alland.

Les militants du Larzac au Japon, soutenant la protestation contre l'aéroport de Narita, 1981. Photo : Collection de C. et P. Burguière.

Jean-Marie Tjibaou « prend possession » du Larzac, 1988.
Photo : A. Alland.

Les enfants du Larzac. Photo : Michel Marguerite.

Chapitre 8

Dissensions

Dans son analyse de la lutte du Larzac, *Le Larzac : utopies et réalités,* Didier Martin (1987) prend note des conflits géographiques et idéologiques qui existaient sur le plateau entre 1971 et 1981. En effet, il s'y trouvait une importante composante géographique — sujet auquel j'ai fait référence dans un chapitre antérieur. Cependant, le caractère idéologique des problèmes s'avérait plus pesant. D'une part, la rupture partielle entre le nord et le sud de la région du projet d'extension, avec, tôt dans la lutte, le basculement du siège du pouvoir vers le nord avait provoqué des tensions. D'autre part, un courant de méfiance persistait entre les éleveurs plus ou moins traditionnels, plus petits et plus pauvres, du nord-est et ceux, plus grands et plus aisés, du nord-ouest. A part les différences culturelles entre ces deux groupes, il existait une autre cause de friction. Les premiers soupçonnaient les derniers de favoriser une mini-extension pour sauvegarder leurs exploitations et les croyaient prêts à y sacrifier les petites fermes. La présence au secteur nord-est, à partir de l'année 1975 environ, de squatters militants gauchistes n'a rien fait pour calmer le conflit.

Bien que la méfiance entre agriculteurs du nord-est et du nord-ouest soit facile à comprendre à cause des différences de tradition et de niveau économique, nous n'avons pas pu établir à notre entière satisfaction les raisons du balancement du pouvoir du sud vers le nord qui a eu lieu bien avant le début de nos recherches. Nous avons parlé avec la femme de Loulou Massebiau (un des leaders originaux), un paysan de La Cavalerie qui, au commencement du mouvement, a été une force dominante dans le sud. (Sa femme y a participé activement aussi.) Elle a catégoriquement refusé de parler de leur participation à la lutte et nous avons eu le sentiment que, ensuite, cela aurait été maladroit d'essayer d'en parler, séparément, avec son mari. En outre, Robert Gastal (associé avec Loulou Massebiau dans un GAEC) qui s'était retiré de la lutte pendant plusieurs années et qui a toujours été discret quand on lui posait des questions sur les conflits, manifestait, lui aussi, une réticence à l'égard d'un sujet qui, maintenant encore, semble troubler. De toute façon, il est clair que vivre quotidiennement dans le même village avec l'armée et ses sympathisants a dû être bien pénible pour les paysans de La Cavalerie. Par ailleurs, ces agriculteurs, avant et pendant la lutte, participaient activement à la FDSEA. Bien qu'en opposition à l'extension, ce syndicat ne soutenait que mollement un mouvement qui prenait de l'ampleur et échappait à son contrôle.

D'autres conflits plus exclusivement idéologiques — cette fois-ci entre les paysans et les militants extérieurs — se comprennent facilement quand on les examine dans le contexte de l'expansion de la lutte au niveau national et la formation des comités du Larzac composés d'un amalgame de pacifistes et de divers courants de la gauche. D'une manière générale, les comités poursuivaient une politique plus radicale que les paysans. Les paysans, à leur tour, bien qu'influencés par les comités et dépendants de leur soutien financier et de leur aide dans l'organisation du mouvement, ressentaient fortement le besoin de garder le contrôle de leur lutte, y compris celui du processus de la prise de décisions. Ils y ont réussi mais l'ont payé cher. Cette attitude a créé de profondes et constantes tensions entre les paysans et les militants. Cependant, en plus de la diffusion du message larzacien à travers la France — et même plus loin — les comités ont pu renforcer la résistance des paysans au gouvernement national aux moments de doute et de crise grave. En même temps, ils ont rendu une grande couche de la population indigène du plateau plus perméable à leurs idées.

D'anciens membres des comités que nous avons interviewés, en dépit de leur fidélité au Larzac, n'ont pas toujours gardé de bons souvenirs de leur expérience. Ils se souviennent des réunions houleuses qui ont eu lieu pendant la lutte. Ils parlent aussi — et avec une certaine amertume — de l'hospitalité offerte par la majorité des paysans. A peu d'exceptions près, l'accueil, à leur avis, aurait pu être plus aimable quand on les appelait au causse pour faire face à une situation d'urgence, surtout que cela les obligeait à laisser tomber leurs affaires et à rouler des nuits entières pour arriver sur le Larzac. Ils sont prêts à admettre que la lutte, ajoutée aux exigences du travail de la ferme, a rendu la vie quotidienne des paysans extrêmement difficile. Néanmoins, ils se souviennent d'un Larzac préoccupé et assez égoïste vis-à-vis des gens de l'extérieur qui sont venus les aider et qui ont prouvé de leur valeur en participant avec constance à de nombreuses manifestations de toutes sortes. Si telle était la perception de certains membres de la classe moyenne et ouvrière des comités, nous avons vu dans les interviews en chapitre trois que ces sentiments étaient plus répandus parmi les étudiants, « hippies » et gens de divers milieux qui travaillaient bénévolement dans la construction de la bergerie à La Blaquière.

Nous savons que les paysans ont ressenti une ambivalence à l'égard des gens de l'extérieur qui, tout d'abord, étaient perçus comme des créatures venues d'une autre planète dont le comportement heurtait leur sens de la moralité. Malgré cela, au fil du temps, ils sont devenus plus tolérants face à d'autres manières de vivre et ont même acquis un certain respect envers la capacité de travail de certains bénévoles. Mais leur accueil restait d'une qualité inégale. Les paysans continuent à justifier ce que quelques-uns estiment être leur manque d'attention aux bénévoles. Ils soulignent qu'ils vivaient dans un énervement constant. Leur travail de tous les jours était rendu encore plus difficile par les conditions éprouvantes d'une lutte qui exigeait des réunions continuelles et d'actions militantes fréquentes.

Il y avait un autre conflit important auquel nous avons fait allusion dans divers chapitres. C'est celui impliquant une contradiction entre l'idéologie qui a été radicalisée dans l'évolution du mouvement et le comportement du Larzac vis-à-vis de ses propres apprentis, bergers et travailleurs agricoles qui contribuaient à la vie du plateau. Ce problème est lié aussi à la contradiction entre l'idéal de la démocratie directe promue comme élément majeur du nouveau Larzac et l'apparition d'individus forts qui sont devenus des leaders. Ceux-ci étaient aussi des agriculteurs plus aisés dont la plupart se situaient au nord-ouest du plateau. Tout le monde admet que, pour gagner, le mouvement avait besoin de leaders dynamiques, mais beaucoup de personnes ont la conviction aussi que l'arrivée de tels individus et la poursuite de leur position prééminente après la victoire ont diminué les chances d'établir une réelle démocratie sur le plateau de l'après-lutte.

Nous avons déjà vu comment les paysans du Larzac ont créé une alliance, tôt dans la lutte, avec le milieu ouvrier de Millau, comme avec la section de la CFDT de cette ville. On a mentionné aussi les liens qui ont été forgés pendant la lutte entre les ouvriers de Lip et le Larzac. Ils ont contribué à attirer l'attention de la nation sur les problèmes du Larzac et ont étendu le soutien du mouvement à un plus grand public. Les rapports avec les ouvriers de Millau et les liens avec les ouvriers de Lip constituaient les premiers pas vers la réalisation d'une alliance générale entre les paysans et la classe ouvrière. Bien qu'une telle alliance ne se soit jamais vraiment matérialisée, les militants à l'intérieur et à l'extérieur du Larzac (donc beaucoup, rappelons-le, étaient des pacifistes et membres de la gauche non communiste) éprouvaient une grande satisfaction à constater ce début de solidarité paysans-ouvriers qu'ils espéraient voir évoluer dans l'avenir.

On y discerne peut-être la raison pour laquelle, même de nos jours, la plupart des paysans militants du plateau qui, dans le passé, ont employé des ouvriers agricoles, essaient de justifier ou de nier leurs propres conflits avec eux. Ce qui suit est extrait d'un certain nombre d'interviews que nous avons eues avec des personnes qui ont vécu ces conflits en tant qu'ouvriers ou sympathisants. Les entretiens démontrent aussi que, bien que les protestataires l'aient suivi, l'admiration pour Lanza del Vasto n'était pas unanime sur le plateau, du moins parmi ceux qui n'étaient pas de « purs porcs. »

Francis Moreau, issu d'un milieu plutôt conservateur, a viré politiquement vers la gauche après son service militaire. Il a habité d'abord à St-Martin où Robert Pirault, qui avait dirigé la construction de la bergerie illégale à La Blaquière, s'était établi en tant que squatteur et où il y poursuivait ses activités militantes. Francis Moreau s'est installé ensuite à La Blaquière. Vers la fin de la lutte, il s'est joint à un groupe d'artisans qui offraient leurs services à des prix raisonnables à des paysans qui, jusqu'à cette époque, avaient profité considérablement du travail artisanal bénévole. A son avis, une série de problèmes existait entre les paysans d'un côté et les artisans, les ouvriers agricoles et les bergers, de l'autre, qui, malgré leurs différences, avaient beaucoup en commun. Il a parlé d'autres facteurs aussi qui, de son point de vue, avaient causé des divisions sociales sur le Larzac.

> Notre association d'ouvriers non agricoles n'était pas acceptée par les paysans. Ces derniers avaient tendance à rejeter les soucis des autres et ne voulaient pas être encombrés des problèmes de résidents non-agriculteurs. On nous considérait comme un élément instable. Cela ne s'exprimait pas dans les réunions — après tout, l'ennemi en commun était l'armée — mais les commentaires fusaient par derrière. Les paysans voulaient bien de la main-d'œuvre, mais bon marché. Pendant la construction de la bergerie, on n'avait pas de problèmes au niveau du travail, mais par contre, il y avait des frictions culturelles. Tout d'un coup, le village se trouvait rempli de « hippies ».
>
> Il y a toujours eu une différence marquée entre les « gros » et les « petits » paysans. Les « gros » avaient les plus grandes propriétés presque toutes au nord-ouest du plateau. La ferme de Tarlier est d'un genre colonial. Elle est grande et bien équipée en machines modernes. Tarlier est l'inventeur du rotolactor. Les Burguière sont une famille de notables. Le père est très important dans la région. Michel Courtin était assimilé à ce groupe à cause de son niveau culturel. (*M. Courtin possède une licence en histoire. Pendant la lutte, il était membre du GAEC des Baumes dans le nord-est*). Son père était le « châtelain » de Saint-Tropez.

Voici un exemple du clivage fréquent. Pierrefiche est un village de petits agriculteurs traditionnels. Ce village a toujours été jaloux de son indépendance. Pendant la lutte, ils avaient l'impression de ne pas toujours être consultés suffisamment. Quand Hervé Ott a décidé de construire la maison de paille [1] au Cun, il n'a pas demandé leur avis bien que le Cun soit dans leur secteur. C'est Léon Maillé, les Burguière et Tarlier qui l'ont installée. Pendant une réunion, on parlait de la construction, qui n'était pas légale. On voulait savoir si les gens seraient prêts à courir le risque de sanctions en aidant la construction. Personne n'a rien dit en public, mais les habitants de Pierrefiche étaient furieux parce qu'ils n'avaient pas été associés aux décisions et, à présent qu'un problème se posait, on leur demandait d'y participer. Ils étaient contre cette installation et pas d'accord non plus avec la non-violence du mouvement. Les gens de La Blaquière étaient opposés à la construction aussi, pour les mêmes raisons que Pierrefiche. Auguste Guiraud craignait que l'armée réagisse d'une manière violente à l'action. Élie Jonquet a dit : « Hervé va trop loin. Il ne demande conseil à personne ». J'avais encouragé les gens à dire ce qu'ils avaient à dire à ce sujet pendant la réunion et cela a provoqué une vive réaction contre moi. Pierre Burguière s'est fâché. Normalement, si les Burguière et Tarlier soutenaient un projet, il était le plus souvent accepté sans trop de discussions. Auguste Guiraud était une vedette de la lutte aussi, mais surtout vis-à-vis de l'extérieur. Je ne veux pas condamner les « grands chefs », parce qu'ils nous ont fait bouger. C'étaient eux qui amenaient des idées nouvelles, mais il faut savoir qu'à cette époque le dialogue manquait. Les leaders n'étaient pas vraiment concernés par ce que pensait la base.

C'est vrai que le Larzac a changé les paysans politiquement. Ils sont passés de la droite à la gauche. Mais il y a beaucoup de contradictions, même ici. Robert Pirault (*lui-même prêtre*) trouvait que, dans leur foi religieuse, ils avaient tendance à ne pas remettre en question le pouvoir de l'Église et ne militaient pas pour la démocratie interne. Sensible à ce problème, Pierre Bonnefous, qui travaillait dans le cadre du CMR, ne pouvait rien y faire. Très prudent, et en aucune manière révolutionnaire, le message chrétien qu'il essayait de faire passer ne suffisait pas. C'est le projet d'extension qui a provoqué le choc psychologique. Un autre point négatif important concerne les bergers. Il existait une sorte de relation traditionnelle entre l'agriculteur et « son » berger. On considérait le berger comme un membre de la famille, mais il avait un statut social très bas et peu de poids en tant qu'individu. Il travaillait tout le temps et gagnait très peu. Traditionnellement, le seul jour de congé était la fête de la loue (*quand les contrats annuels étaient renouvelés*).

Autrefois, le berger était content de sa situation. Maintenant les choses ont changé.

Pendant la lutte du Larzac, des gens nouveaux sont venus travailler comme bergers. Ils ont été engagés par les paysans. Souvent ils avaient plus d'instruction que leurs employeurs. Ils critiquaient les conditions de travail. Ils voulaient de plus en plus participer à la lutte ; ils ont formé un syndicat eux aussi. Au cours d'une réunion chez les Jonquet, les paysans ont déclaré qu'ils n'accepteraient pas le syndicat. Il y avait souvent beaucoup de tension. Tel paysan changeait de berger tous les trois mois. Un autre avait d'énormes problèmes avec les siens. Pour régler leurs problèmes, d'autres ont pris quelqu'un de l'Arche. Plus tard, un berger est devenu un associé d'un GAEC. Maintenant, c'est clôturé presque partout et en général, on n'a plus besoin de bergers.

Les artisans avaient des problèmes par rapport à leur survie économique que les paysans n'ont jamais compris. Il y avait même des conflits entre les agriculteurs et les squatters parce que les nouveaux arrivés dérangeaient la stratégie des traditionalistes. Les squatters de Montredon n'ont pas été bien reçus. Leurs coutumes différaient de celles des paysans. Ils n'étaient pas mariés, par exemple. On les considérait comme des étrangers. Des confrontations fréquentes avaient lieu entre eux et l'armée parce qu'ils vivaient très près du camp. A l'époque, il y avait des rumeurs d'une mini-extension. Les gens de Montredon avaient peur qu'on les abandonne à l'armée. Les bruits les plus divers ne manquaient pas de circuler à ce sujet. La plupart des conversations qui ont eu lieu entre les paysans et le gouvernement concernaient seulement les « gros », les leaders. Les « petits » ne savaient vraiment jamais ce qui avait été dit entre les deux parties. Des ragots couraient sur le plateau à ce moment-là. Par exemple, on disait que Tarlier avait été invité à dîner avec le préfet.

La méfiance qui était apparemment dans l'air se reflétait parfaitement dans ce fragment de « on dit. » Dans de telles circonstances, un tête-à-tête aurait été lourd de signification.

D'autres commentaires témoignant de divisions sociales nous ont été faits par un ancien squatter qui travaillait bénévolement sur la bergerie à La Blaquière et qui maintenant est installé dans une ferme au nord-est du plateau. Il nous a confié qu'on le payait très peu à l'époque où il travaillait dans une des grandes fermes au nord-ouest. Un jour, il a demandé s'il pouvait prendre de la paille pour nourrir ses bêtes. Son employeur a été d'accord mais, bien qu'il n'en ait pas eu besoin pour ses propres bêtes, a déduit du salaire le coût du fourrage.

Une comptabilité où on calculait tous ces petits « plus », ainsi que les salaires minimes, peuvent se comprendre (sans, pour cela, être justifiés) dans le contexte d'un rude conflit qui demandait aux gros agriculteurs qui avaient « réussi », comme aux petits, d'énormes sacrifices. Par ailleurs, il fallait du temps pour changer la longue tradition du berger sous-payé, en dépit de la conscience politique qui s'éveillait.

Alain Desjardin, ancien syndicaliste, était un des militants les plus engagés qui venaient de « l'extérieur » pour soutenir le mouvement sur le Larzac. A présent, il est établi sur le plateau en tant qu'agriculteur et y représente une force politique et morale. Quand il nous a parlé du passé, il a fait allusion, avec une certaine ironie, aux inégalités qui existaient pendant la lutte. Il a dit que le Larzac « a toujours été une guerre de petits chefs. » Il a insisté aussi sur la difficulté de résoudre des problèmes dans un groupe où il existe des ressentiments dûs aux différences culturelles entre les « purs porcs » et ceux qui sont arrivés plus récemment. Quand les premiers se considèrent insultés, ils n'oublient jamais. Cependant, il leur est difficile de parler avec d'autres de ce qu'ils ressentent comme une injustice. Au lieu de cela, ils ont tendance à éviter les réunions. Par contre, ils réapparaissent quand ils ont l'impression qu'il s'agit de leurs principes. Alain Desjardin a poursuivi :

> Il y a une incapacité générale des gens du plateau à discuter d'un sujet d'une manière normale, même quand ils ont des points de vues différents. Les conflits traînent et, finalement, si on trouve une solution, d'habitude elle est proposée par quelqu'un qui intervient pour résoudre le conflit. Certaines personnes ont quitté le plateau à cause de leurs sentiments négatifs devant la façon de gérer les diverses associations.

Une autre personne interviewée, un militant qui continue à être un membre actif de plusieurs associations, nous a exprimé ses propres sentiments négatifs vis-à-vis de la façon de prendre les décisions. En outre, il garde une certaine amertume au sujet de la manière avec laquelle on a traité les gens de l'extérieur, même ceux qui, comme lui, se sont installés sur le plateau pendant la lutte et ont contribué au mouvement.

Je ne peux pas dire que le Larzac a été démocratique pendant la lutte. Tous les renseignements importants passaient par les fermes de l'Hôpital (*la famille Burguière*) ou de Devez Nouvel (*les Tarlier*). C'est seulement là où il y avait le téléphone. Au début, il n'y avait de téléphone qu'à l'Hôpital. Tarlier a dû magouiller pour faire installer le sien. Aux réunions, on s'attendait à ce que des décisions, qui avaient été déjà prises, soient adoptées. Il y avait des confrontations à ces réunions et quelques-unes ont été tumultueuses. Toutes les relations que nous avions avec le préfet passaient par Tarlier. Il était très habile. Quand il avait affaire à quelqu'un d'officiel, il se faisait accompagner par quelqu'un d'autre, comme moi, qui était un militant engagé. Mais, pendant ces réunions, il était le seul à parler. Nous y jouions le rôle de témoins. Quand, après, il y avait une réunion pour discuter de ce qui s'était passé et on n'était pas d'accord avec ce qu'il disait, il répondait toujours : « Mais un tel ou un tel était présent et il n'a rien dit. » Mais est-ce que j'avais le pouvoir d'intervenir ? Tout se passait comme cela. Par exemple, le chef de l'APAL a arrangé un prêt pour un paysan qui avait des problèmes. Quelques semaines après, le conseil d'administration l'a su. J'en étais furieux. Le CA a été d'accord de l'autoriser rétroactivement. Même Tarlier était contre mais il a dû l'accepter comme un fait accompli. Si on avait demandé l'avis du CA avant de prêter l'argent, tout le monde aurait voté en faveur du prêt.

Maintenant que c'est fini, je ne peux plus accepter cette politique-là. Je ne me vois pas obligé de suivre les leaders. Je suis membre du conseil de gérants des GFA, et j'y assume un peu plus de responsabilité car l'association traverse une crise (*en 1987*). Je crois que la SCTL est une initiative intéressante. Elle a certainement des faiblesses à cause de son manque d'expérience, mais elles ne sont pas graves. Par ailleurs, la SCTL n'a pas les mêmes problèmes que les GFA. La SCTL est structurée selon des principes strictement légaux. Les autres associations sont très informelles. Pendant la lutte, les GFA fonctionnaient dans un esprit de famille. Maintenant, il faut les gérer avec une structure plus formelle. Les porteurs de parts ne s'intéressent pas aux querelles qui ont lieu entre les membres du conseil.

Je ne suis pas allé à une réunion de l'APAL depuis 1981. Je considère l'APAL comme un centre de pouvoir pour les leaders et cela ne m'intéresse pas. J'ai vécu la lutte d'une manière très profonde. Elle a été très nourrissante. Elle m'a fait ce que je suis aujourd'hui. J'ai rencontré des personnes de toutes sortes, des

> gens très différents de régions différentes et de professions différentes. Je reste en contact avec des gens de l'extérieur.

Cette personne, en dépit de ses réserves, s'est fait une place dans la vie du plateau. C'est un membre important du CIR comme du CUMA des Grands Causses (organisé pour vendre collectivement des produits fermiers produits sur le Larzac et le plateau avoisinant, le Causse noir). C'est même un des organisateurs du CUMA, quelqu'un qui était contre l'emploi du mot « Larzac » dans le nom de l'association. Dans ses activités associatives, cette personne résiste à la tendance du Larzac à se limiter à ce qui concerne le plateau et à sous-estimer l'importance de la collaboration avec les régions environnantes. « Je suis fatigué du langage employé sur le Larzac — c'est le meilleur, le plus beau, etc. Maintenant que la lutte est terminée, il nous faut aller plus loin et établir des liens avec d'autres secteurs de la région ».

Une autre personne nous a exprimé une opinion venant de l'extrême-gauche. C'était un ancien militant, installé sur le plateau avant la lutte. A présent, il travaille hors de la zone du projet d'extension. En déclarant qu'il était une des rares personnes qui s'opposaient au pouvoir des gros agriculteurs, il poursuivait :

> Pour la génération de 1968, le Larzac était la terre promise. Il était un lieu où on pouvait mettre ses idées en pratique. Le Larzac n'aurait pas pu exister sans 1968. J'ai été à l'extrême-gauche. Je me suis coupé du groupe à la création d'un mouvement en 1975 pour une mini-extension. C'était l'idée des gens sur le côté ouest du plateau et de Michel Courtin aussi. (*Ce dernier nous a confirmé qu'en effet il était en faveur d'une sorte de mini-extension qui serait négociée entre le Larzac et le gouvernement, étant de l'avis que les paysans ne pouvaient pas gagner contre l'armée.*) Les gens de Pierrefiche étaient unanimes dans leur opposition à cette idée. Tarlier était prêt à donner un morceau du Larzac pour sauver le reste. Seule les grosses fermes auraient été épargnées. Ils ont par la suite affirmé que ce n'était qu'un prétexte pour relancer la lutte. (*Guy Tarlier nous a informé qu'une mini-extension aurait été acceptable à la seule condition qu'aucun agriculteur qui voulait rester sur le plateau ne soit exproprié.*) Les gens de Pierrefiche ne s'exprimaient pas pendant les réunions. Quand je disais quelque

chose, Tarlier quittait la pièce. La veille de l'élection de 1981, le Larzac était déjà terminé. Si Mitterrand n'avait pas gagné, l'extension aurait été faite.

Pour moi, le Larzac, cela a été Léon Burguière (*le « pur porc » archétypique et le personnage patriarcal de la lutte*), mais la seule personne vraiment pure est Jean-Marie Burguière (*l'un des fils de Léon Burguière*). Il a été prêt à mourir pour le Larzac. Mais il ne pouvait pas être le chef. Il n'était pas pragmatique comme Tarlier. Il nous fallait quelqu'un comme Tarlier.

Le jeûne de Lanza del Vasto a transformé la lutte en une guerre sainte. C'était la clef de la lutte. J'ai jeûné avec lui. C'était un homme d'un immense orgueil, un égoïste terrible. Je ne l'ai pas aimé du tout. Il enseignait mais il n'y avait pas d'échanges entre lui et les autres sur le plan humain.

La visite de Mitterand chez Tarlier (*décrite dans le prochain chapitre*) a été terrible. C'était une affaire entre notables. C'est comme partout ailleurs. Les vieux leaders deviennent des notables.

Nous avons eu un autre entretien avec un homme qui était ouvrier agricole pendant la lutte. Il continue son travail agricole sur le causse remplaçant temporairement les agriculteurs qui sont malades où qui doivent s'absenter. Il nous a décrit une tentative avortée de former un syndicat sur le plateau avant 1981.

Pendant la lutte, c'était très difficile pour moi parce que j'étais ouvrier agricole. Les ouvriers n'avaient pas le droit de parler aux réunions. Nous constituions la « masse ». En 1977, nous avons créé un syndicat. Nous étions vingt-sept personnes (*tous n'étaient pas de la zone de l'extension projetée*). Tous ont ou quitté le Larzac ou bien ont été virés. Le syndicat demandait des salaires corrects et une journée de congé chaque fin de semaine. A l'époque on nous donnait seulement une journée chaque mois. Pendant la saison de traite, il nous fallait finir de traire avant de pouvoir prendre même cette journée-là. En d'autres termes, je n'avais que huit heures de libre chaque mois, un dimanche par mois. Nous avons demandé aussi qu'on nous inclue dans les discussions sur des actions à prendre contre l'extension. Ti-Clo Galtier et Philippe Fauchot (*associés dans un GAEC formé avant la lutte à la ferme des Baumes*) ont réagi de façon positive. Les Burguière et Tarlier ont dit qu'ils comprenaient nos revendications mais que la lutte venait en premier et que nous devions attendre qu'elle soit terminée. Ils nous ont dit qu'on ne pouvait pas nous laisser participer dans les réunions où on décidait des actions parce qu'elles devaient se limiter à peu de gens pour assurer que les secrets ne soient pas connus par les autorités. Vers la fin de la lutte, nous étions quand même plus impliqués dans les réunions. La seule personne, pourtant, qui nous soutenait vraiment a été Jeanine Boubal (*une militante de l'extérieur et une anarchiste*).

L'interview s'est terminée avec l'observation suivante :

Je pense qu'en effet la lutte a changé la mentalité des gens. Je suis très occupé mais je vais aux réunions quand je peux. Je m'intéresse surtout aux problèmes des Kanaks.

Un agriculteur qui est venu sur le Larzac avant la lutte et qui a participé aux actions contre l'extension se montrait très sévère dans ses critiques des relations sur le plateau. Il ne cachait pas son attitude cynique mais affirmait tout de même que les gens pouvaient travailler ensemble quand il le fallait, malgré leurs différents points de vue.

Le Larzac est un panier de crabes, pareil à ce qu'on peut trouver ailleurs. Ce qui importait, pourtant, est le fait qu'on pouvait s'engueuler et, malgré cela, s'occuper de ce qu'il fallait faire. Il y avait beaucoup de choses sur lesquelles Tarlier et moi n'étions pas d'accord. Lui, c'était un chef, et moi, j'étais contre cela. Lanza était élitiste. Je ne l'aimais pas, mais il avait une influence considérable. Il était très « hollywoodien ». Pour moi, la lutte était plus anti-pouvoir central qu'anti-militaire. Tarlier et moi avions des tempéraments différents aussi. Parfois, je voyais les choses plus clairement que lui et, d'autres fois, c'était lui qui avait raison et moi qui avais tort.

Un jeune couple installé sur une ferme de la SCTL, qui avait vécu sur le plateau pendant la lutte et y avait participé, nous a exprimé ses sentiments au sujet des leaders, des paysans traditionnels et de la dernière vague d'agriculteurs établie sur les terres SCTL depuis 1981. Ces deux personnes ont fait ressortir les principes auxquels elles adhèrent dans leur vie, comme dans leur travail, principes pas toujours partagés par leurs voisins sur le Larzac. Le jeune homme a commencé.

Les leaders de la lutte étaient Tarlier et Burguière. Maintenant il y a José (*Bové*). Il y avait une opposition très forte contre l'exposition de cette année à l'écomusée (*l'exposition d'affiches des années de la lutte suggérée par Élizabeth Baillon*). Les nouveaux agriculteurs ici avaient l'impression que l'expo concernait seulement les vétérans de la lutte. Je n'étais pas d'accord avec eux. Il y a pas mal de gens ici qui critiquent « Babeth », mais ils ne font pas de travail pour l'exposition. Je suis le secrétaire du CUMA (*pour l'emploi de la machinerie agricole en commun*) et je dois prendre la plupart des décisions moi-même. Si les gens se plaignent, je leur dis que tous les chiffres leur sont disponibles et que, s'ils veulent faire les choses autrement, ils ne devraient pas hésiter. En France, il y a une tendance à être très critique, mais à ne rien faire.

Les paysans traditionnels sur le Larzac sont plus susceptibles d'assumer leurs responsabilités que les nouveaux installés. Il y a la théorie et puis la pratique. (*Ici, la jeune femme prend la parole*). Pour beaucoup de choses, nous découvrons que nous ne sommes pas comme les autres. Ils vont chercher de la paille pour leurs bêtes et la traiteront avec de l'ammoniaque (*une façon de convertir la paille en fourrage*). Nous pensons que c'est une pratique terrible et nous ne la ferons pas. L'ammoniaque va dans le lait et la viande. (*D'autres nous ont assuré qu'il n'y avait aucun risque*). Nous n'employons pas non plus de désherbants. Les seules personnes ici qui font une agriculture comme la nôtre sont les gens des Truels et Léon Maillé. C'est pourquoi nous nous sentons isolés des autres. Nous nous servons d'antibiotiques aussi peu que possible aussi. (*Le jeune homme poursuit*). Au moins, il n'y a pas de contradictions parce que les gens ne prétendent pas faire autrement. C'est une contradiction quand ils disent une chose et en font une autre. Il y en a qui soutiennent les syndicats mais acceptent des stagiaires qui travaillent pour peu ou rien. Pendant la lutte, ça allait parce qu'il y avait un besoin particulier, mais le contexte a changé maintenant. Il y a des agriculteurs en France, qui, quand il leur faut un remplaçant, le paient correctement. Un autre exemple : les femmes qui ont un emploi hors du plateau pour augmenter le revenu de la ferme. Quand il y a deux salaires qui rapportent 10 000 francs par mois, ce n'est pas la libération de la femme. C'est plutôt un manque de solidarité avec la classe ouvrière. On peut vivre avec moins et soutenir les travailleurs en ne prenant pas leur travail. Étant donné la situation de l'emploi en France à présent, les deux membres d'une famille ne devraient pas travailler.

François Giacobbi vient de Montpellier. Il s'est fait chasser d'un lycée agricole parce qu'il « emmerdait » par sa façon de s'exprimer. Il est venu sur le Larzac en 1973 comme berger mais, avant cela, il avait été chercheur en agronomie. F. Giacobbi s'est installé sur le causse, tout d'abord, pour des raisons professionnelles. Bientôt, cependant, il s'est trouvé dans les premiers rangs de la lutte. En 1976, lui et un autre militant, Christian Roqueirol, ont occupé la ferme de Cavaliès déjà achetée par l'armée. Fortement engagé à une politique de gauche où on pratiquerait l'autogestion et le consensus, il a quitté le plateau en 1985 quand, à son avis, les principes du mouvement avaient été trahis par ses chefs. Les remarques suivantes nous aident à comprendre pourquoi certains leaders le trouvaient « casse-pieds ».

> La ferme de Cavaliès a été achetée par l'armée à un spéculateur. je l'ai occupée avec l'accord des chefs du Larzac, mais ils n'approuvaient pas tout à fait. C'était un fait accompli qu'ils étaient obligés d'accepter, et ils n'ont jamais été très contents à ce sujet. On nous a expulsés deux jours plus tard. C'était en 1976. Avec l'aide des bénévoles, nous avons construit une maison et une bergerie tout près, juste de l'autre côté des limites de la ferme. Nous étions les seules personnes en contact constant, quotidien, avec l'armée.
>
> Je me suis opposé aux chefs du Larzac vers la fin de la lutte parce que je n'étais pas d'accord avec leur projets pour l'avenir. Ils se sont battus pour chaque pouce de terre qui allait être distribué. Toutes les différences entre nous étaient masquées pendant la lutte. Comment les gens avec 1 000 brebis peuvent-ils discuter honnêtement avec ceux qui n'en ont que 40 ? Ce n'est pas possible. Je voulais discuter du projet (*ce qui, plus tard, est devenu la SCTL*). Je voulais aller plus loin dans les projets collectifs. Par exemple, j'étais en faveur d'un pâturage collectif. Après tout, un tel pâturage (*comme les communaux*) est un fait historique et avait même été employé pendant la lutte. L'idée d'usage collectif s'est terminée avec la victoire. Au lieu de cela, les chefs ont installé les nouveaux venus sur des fermes qui étaient trop petites. C'était ridicule. Ce n'est pas possible d'avoir ces petites fermes et d'autres avec 600 hectares ou plus. On m'a traité de « communard ». On m'a aussi traité de salaud quand je me suis séparé de Christian mais quand P. s'est séparé de son frère, il n'y avait pas de problème.
>
> Nous (*F. Giacobbi et sa femme, Joëlle Chancenotte, qui a participé à la lutte aussi*) avions et avons toujours, de bonnes relations avec les gens de Pierrefiche. Ils ont besoin de terres aussi. Quand le Larzac a abordé la question de qui avait besoin de terres, tout est tombé à l'eau. Quand les paysans de

Pierrefiche voulaient une partie des terres de C., beaucoup de gens les insultaient, disant qu'ils manquaient de culture, étaient des « rustres ». (*La pomme de discorde principale concernait les droits de chasse sur les terres de C. La chasse est la récréation principale des paysans traditionnels et ils en gardent jalousement le droit*). Vous ne pouvez pas travailler avec des gens comme ça. Autrement, je serais resté à Cavaliès. Quand je suis parti, les chefs du Larzac voulaient que je rende les brebis qu'ils m'avaient données quand j'ai occupé la ferme. Ils voulaient aussi que je paye pour les travaux faits dans la construction de la bergerie. (*Un certain nombre de personnes contredisent la version de François Giacobbi sur les circonstances de son départ*.)

Cavaliès n'a jamais eu assez de terre pour réussir. Les nouveaux fermiers ont du terrain supplémentaire qui vient de Pierrefiche. Par conséquent, la ferme, maintenant, est assez grande. Les chefs ont toujours rendu notre installation difficile.

La non-violence servait de colle artificielle pour la lutte. A l'époque où on a découpé le Larzac en zones (*chacune envoyait un représentant aux réunions du Bureau*), les gens de Pierrefiche étaient en opposition à toute mini-extension et c'étaient eux qui l'ont empêchée. Ils étaient assez violents à ce sujet. Une fois quand l'armée est venue sur les terres de G.F., il a appelé le préfet et a demandé qu'elle se retire. Comme rien ne se passait, il a rappelé et a dit que si l'armée ne partait pas, il prendrait son fusil. E.J. a dit que si sa ferme était expropriée, il se battrait contre le gouvernement physiquement. Au début de la lutte, il y avait des maoïstes et puis Lanza est venu. Il a dit à tout le monde qu'il n'y aurait plus ni petits ni gros. Quand vous êtes non violents, vous vous arrêtez de poser les vraies questions. Gastal est un type qui pose les vraies questions et pendant la lutte il y avait des fois où on ne le voyait plus.

Un jour une réunion avait lieu pour discuter de la question de l'expropriation. Les chefs étaient tous présents. La discussion était très importante. J'étais assis à coté de A.V. Je lui ai demandé ce qu'il en pensait. Il m'a dit qu'il ne comprenait pas ce qui se passait. C'était à ce moment-là que j'ai compris que nous avions échoué. Il n'y a plus de « purs porcs » (*qui participent, actuellement, aux réunions ou dans les associations — une exagération*) parce que les choses n'ont pas été expliquées comme il le fallait. Un autre paysan qui avait profité de la lutte ne pouvait pas dire ce qu'il pensait parce que, effectivement, il en avait profité et était devenu un otage des chefs. C'est grave quand les gens n'ont plus le contrôle du discours et sont dominés par les autres.

M. aurait pu le faire correctement. Il était honnête et avait une vision des choses, mais il n'est plus là. Je vais vous donner un exemple de comment les gens se comportent maintenant. Un ancien militant travaillait sur une installation d'eau pour un agriculteur et personne ne lui a offert à boire un verre. Les gens font une livraison et personne ne leur offre une bière. Une femme est en panne dans la neige dans un village et l'agriculteur lui donne une pelle ! Il ne voulait pas l'aider lui-même. Nous soutenons les Kanaks et c'est merveilleux ! Ça me fait honte. Une clinique est en grève à Millau et quelqu'un qui habite le Larzac demande à un des leaders de signer une pétition. La personne s'y refuse demandant à la femme en grève pourquoi elle n'avait pas aidé le Larzac pendant la lutte. Les Kanaks sont loin. C'est facile !

Un jeune agriculteur, qui s'est installé sur le Larzac en 1977 et qui est maintenant membre du conseil des gérants de la SCTL nous a présenté le Larzac de l'après-lutte d'un point de vue différent.

Je ne vais pas aux réunions du Bureau parce que, à mon avis, c'est trop théorique. Quand il s'agit de quelque chose de concret, j'y participe. J'aime la SCTL parce qu'elle a un vrai travail à faire. Nous avons à faire avec la réalité pas avec la théorie. Nous avons à traiter avec des voisins, et, en même temps, nous devons garder nos principes. On n'a pas l'impression de subir la pression des parties intéressées. Nous écoutons tous les points de vue avant de prendre une décision.

Avant 1981, nous étions liés les uns aux autres par la lutte. Depuis, la vie est différente. Moi, je joue au foot avec les gens du village de L'Hospitalet. Effectivement, nous sentons l'ambiance de la lutte quand il y a des manifestations. Bien qu'il n'y ait pas beaucoup de choses qui se passent en ce moment, je suis content. Nous sommes libres de faire notre travail et ce qui nous intéresse. Ce qui reste — le côté positif — c'est qu'il y a beaucoup de gens qu'on connaît et si quelque chose de grave se passe, on sait qu'on peut compter sur eux. Je peux aussi demander aux gens de me donner un coup de main à la ferme.

Je ne comprends pas pourquoi les gens n'ont pas une attitude plus positive, pourquoi ils ne parlent pas de sport ou de fêtes du village, par exemple. Ce sont des choses qui sont importantes dans la vie. Sur le plateau on passe trop de temps dans la politique. Les gens sont trop théoriques.

Nous avons eu une autre interview avec un jeune couple anarchiste qui n'est venu sur le plateau qu'après la lutte quand ils ont loué une ferme de la SCTL. Ils participent à diverses activités économiques et politiques. Les remarques du jeune homme reflètent sans ambiguïté la perception que ce couple a des aspects positifs et négatifs de la vie sur le Larzac.

> Pendant la période de sécheresse de 1984, nous avons participé à l'Action Paille (*un effort collectif pour se procurer de la paille de fourrage, à bas prix, d'un département voisin et de la distribuer sur le plateau à ceux qui en avaient besoin*). Nous avons fait la connaissance de beaucoup de gens. Sur le plateau, on peut avoir n'importe quelle étiquette politique ; on est accepté par les autres. Nous avons un point de vue qui vient de l'extérieur. Nous n'avons pas eu de problèmes pour avoir un prêt du Crédit Agricole. Donc nous sommes moins dépendants que d'autres de l'APAL. (*Plus tard, à sa demande, ce couple a obtenu un prêt de l'APAL aussi*). C'est par la SCTL, principalement, que les jeunes agriculteurs arrivent à s'installer sur le Larzac. La SCTL était un peu euphorique au début et voulait maximaliser le nombre de personnes qui s'installaient sur le plateau. Il y a des fermes qui sont trop petites. Elles devraient être assez grandes pour soutenir une famille avec enfants sans qu'on soit obligé de travailler à l'extérieur.
>
> Notre passé à nous est assez différent de celui du reste des gens ici. Ce qui est intéressant, c'est que des choses se passent ici même si elles ne sont pas acceptées par tout le monde. C'est important. Nous sommes engagés politiquement et c'est bien qu'on soit là ; mais tous les nouveaux agriculteurs ne sont pas engagés. La plupart de ceux qui viennent aux réunions maintenant sont ou les anciens squatters ou quelques nouveaux installés. Très peu de « purs-porcs » continuent à participer activement.
>
> Cette année (*1986*), Élizabeth Baillon a présenté les affiches du Larzac comme projet d'exposition à l'écomusée. Beaucoup de gens n'étaient pas d'accord et il y a eu une discussion très vive là-dessus. Nous avons le sentiment que la Jasse et le musée sont importants mais qu'on devrait s'occuper de ce qui se passe actuellement. Élizabeth avait l'impression qu'on l'attaquait personnellement, mais à la fin, elle a accepté la décision. Nous avons l'impression aussi que l'exposition sur le mouton (*présentée au lieu de celle sur les posters*) est trop idéaliste. Le Larzac devrait montrer comment on vit ici vraiment. Nous ne devrions pas donner une image trop idéaliste du Larzac aux gens de l'extérieur. Les personnes qui se sont installées ici doivent trouver les moyens de rester. Ce serait la meilleure façon de démontrer notre succès.
>
> On a eu pas mal d'échec. P.-Y s'en va (*il a finalement décidé de rester*) et le Sot n'a pas bien marché, mais ce n'est pas pire ici

> qu'ailleurs. Nous avons tous le minimum pour vivre. Pourtant, aux réunions, on ne discute pas des vrais problèmes auxquels le Larzac se trouve confronté aujourd'hui, et c'est toujours les mêmes personnes qui prennent la parole. Pendant dix ans, on avait besoin d'une certaine unanimité, mais maintenant les choses sont différentes. Au nom de l'unanimité, on ne devrait pas être hypocrite. On ne devrait pas se servir de l'unanimité pour détruire une autre personne non plus.
>
> Dans les réunions, souvent on n'arrive pas à discuter du fond du problème. Tarlier a le pouvoir de la parole. Il a sa valeur, mais il tend à se servir de son pouvoir pour dévaloriser les autres.

Finalement, je voudrais citer les remarques d'un militant qui vient de l'extérieur mais qui, à présent, est propriétaire d'une maison de vacances sur le plateau. Il est membre du mouvement écologique allemand.

> Les gros ici ont en effet travaillé pour les petits. Tarlier a aidé les petits agriculteurs à beaucoup d'occasions. Mais les travailleurs bénévoles, du moins les six cents qui sont venus de l'Allemagne en 1978, n'ont pas été reçus très chaleureusement. Il y en avait qui les aidaient, bien sûr. Les habitants de La Blaquière se sont occupés de certaines choses, mais on ne peut pas dire que c'était un véritable « accueil ». C'étaient plutôt les militants de l'extérieur, les comités du Larzac, qui ont pris les choses en main. Joseph Pineau (*du comité de Millau*) était très fort pour organiser tout cela. Les bénévoles, après tout, aidaient les gens à restaurer et à faire le travail de la ferme. Quand nous travaillions à Pierrefiche, les paysans étaient avec nous tout le temps. Les habitants de Pierrefiche ont une mentalité différente. S'ils voient quelqu'un en train de travailler, ils se joignent immédiatement à lui. Les frères Burguière étaient très accueillants aussi.

Les dix années de lutte et le militantisme politique et économique qui en a résulté ont laissé sur le Larzac une population hétérogène unique qu'on peut classer dans des catégories approximatives de « purs porcs », de « pionniers » qui se sont installés sur le plateau avant l'annonce du projet d'extension, de militants qui sont venus pendant la lutte — un grand nombre en tant que squatters — et enfin, de nouveaux installés, ceux qui sont arrivés après 1981. Chaque groupe possède ses particularités sociales et culturelles. Tandis que la plupart des 103 « purs-porcs » qui ont signé le serment d'opposition à l'extension ne sont plus actifs dans le mouvement (beaucoup sont décédés ou ont pris la retraite, ou bien encore ont déménagé), quelques-uns continuent à participer à une ou plusieurs activités, et d'autres sont présents dans des moments de crise. Parmi les « pionniers », deux continuent à jouer un rôle important, deux autres ont quitté le causse, deux participent peu à la vie de la communauté, un a pris sa retraite et un autre est décédé. La majorité des militants qui sont venus sur le Larzac dans les années 1970 restent dynamiques et engagés politiquement. Pour ceux qui se sont installés après la lutte, leur survie constitue une préoccupation majeure. Leurs problèmes sont exacerbés par les quotas imposés récemment par Roquefort, les prix bas pour l'agneau et le mouton et les fréquentes périodes de sécheresse. Le tout conjugué à des situations financières généralement précaires. La plupart sont établis sur les fermes de la SCTL et, bien que leurs fermages soient modestes, les bâtiments dans lesquels ils habitent et travaillent demandent une restauration considérable. Cela exige un investissement important en temps et en argent. Certains ont été attirés au Larzac pour son passé militant ; d'autres ont posé leurs candidatures parce que la SCTL offrait une occasion unique aux jeunes gens sans ressources financières de s'installer dans l'agriculture.

Les personnes citées plus haut sont venus sur le Larzac de l'extérieur. Quelques-uns ont participé à la lutte tandis que d'autres sont arrivés seulement après 1981. La plupart vivent sur le plateau et sont en général acceptés comme habitants du causse. Mon but dans la présentation des entretiens n'a pas été de déconstruire le mythe exposé dans le chapitre précédent, mais plutôt de donner une voix à la complexité et au potentiel de fragilité du tissu social qui existent sur le Larzac d'aujourd'hui. Bien que la coopération au niveau individuel et institutionnel continue, des conflits ouverts et dissimulés sont aussi une partie réelle de la vie quotidienne. Ici, je me suis penché sur les conflits entre individus. Nous verrons au prochain chapitre comment ils se manifestent dans le contexte de différentes structures institutionnelles.

Si le Larzac d'aujourd'hui existait sans tensions ni conflits, il s'agirait d'une pure fiction, d'une utopie, alors que nous sommes en présence d'un univers réel et complexe. A notre avis, le fait qu'un militantisme social, politique et économique, dans le contexte d'une action collective considérable, persiste plus de dix années après que le mouvement eut atteint son but, témoigne de la force et de l'engagement de la nouvelle communauté du Larzac. Elle est jeune au plan de sa dimension historique mais a été forgée à partir d'une expérience unique : dix ans de praxis dans des conditions exceptionnellement éprouvantes. C'est cette praxis qui lui a conféré la force et la capacité de continuer.

NOTES

1. En réalité, il s'agissait de la première construction — en pierre — au Cun, en 1977. La maison de paille, construite deux années plus tard, a été plutôt un symbole de réconciliation de Pierrefiche et du quartier est avec le Cun.

Chapitre 9

La structure du conflit et sa résolution

Après 1981, sans compter les différences géographiques et économiques, une division plus générale se manifestait sur le plateau entre ceux que je vais qualifier d'« affectifs » et d'autres que je vais désigner comme des « politiques ». (Dans la conversation, certains militants du Larzac employaient ces termes également. Ils étaient conscients de la totalité du paysage social tout en étant eux-mêmes dans l'une ou l'autre catégorie). Les « affectifs » considèrent les problèmes en termes de relations humaines qui, de manière générale, prennent le pas dans les décisions concernant la vie du plateau sur des objectifs strictement politiques. Les « politiques », en revanche, voient chaque question dans le contexte plus étendu des changements sociaux et politiques. Ces objectifs ont été formulés au cours de la lutte et sont partagés par des « affectifs » bien que ces derniers ne leur donnent pas toujours la priorité. (Sur des sujets hors-plateau, comme l'indépendance de la Nouvelle-Calédonie, ces deux groupes sont généralement en harmonie). Pour les « politiques », il est de première importance que le Larzac continue de servir de projet-pilote pour le reste de la France. Au risque de contrarier certaines personnes, voire des militants de longue date, à leur opinion, on ne peut pas agir autrement sans nier ses principes. Comme on peut se l'imaginer, cette division est causée, du moins en partie, par des différences culturelles sous-jacentes. Les « affectifs » sont, en grande partie, natifs du Larzac, tandis que la majorité des « politiques » se trouvent parmi les militants qui se sont installés sur le causse pendant et, dans certains cas, après la lutte.

Dans ce chapitre je me propose d'examiner deux conflits majeurs qui ont éclaté sur le plateau entre 1986 et 1990, l'un dans la SCTL et l'autre dans les GFA. Dans chaque cas, les « affectifs » et les « politiques » ont pour la plupart adopté des positions opposées. Nonobstant le fait que les deux dissensions semblaient en apparence de nature politique, il n'est pas surprenant de noter que, dans chaque conflit, l'amitié ou l'animosité dans les relations personnelles a eu une influence considérable. Tant qu'a existé un ennemi en commun, le Larzac s'est comporté avec un niveau élevé d'unité interne. A l'arrivée de la victoire, des divisions enfouies sont remontées rapidement à la surface avec des personnes qui essayaient de régler de vieux comptes. En outre, les différences historiques et structurelles des deux associations ont joué un rôle majeur dans la manière de résoudre les conflits et le temps qu'il fallait consacrer pour parvenir enfin à une solution. L'histoire que je vais raconter fournira deux exemples qui font contraste. On y verra l'interaction de la structure et du sentiment sur un fond institutionnel, dans le contexte des divisions personnelles et politiques.

Dans la SCTL, le conflit tournait autour du choix de la personne à qui serait accordée le bail d'une ferme dans le hameau de Montredon. L'exploitation était devenue disponible en 1988, quand le fermier, qui produisait de l'agneau, avait décidé de partir. Nous étions présents au moment où le conseil de gérants a interviewé les divers postulants à la location de la ferme. Parmi les cinq personnes dont la candidature était prise en considération, trois venaient de l'extérieur du plateau et un seul parmi eux avait un projet qui semblait prometteur. Les deux autres étaient des agriculteurs déjà installés. Un des deux projets proposés consistait dans l'agrandissement de la ferme de La Clapade où des moutons « black-face » avaient été introduits.

Ces bêtes robustes vivent toute l'année en plein air mais ont des besoins importants en pâturage. Les effets d'une sécheresse prolongée avaient fragilisé cette ferme. Les habitants de La Clapade demandaient que la terre de la ferme disponible, sans la maison, leur soit attribuée. L'autre candidat du plateau, un producteur de veau qui vivait et travaillait avec son père sur une exploitation proche de Montredon, voulait la ferme en sa totalité. Les « politiques » au conseil penchaient vers un des candidats qui venait de l'extérieur du plateau. Personne au conseil n'était en faveur de la solution d'attribuer tout le terrain au couple qui avait besoin de pâturage. On s'accordait à penser que cela réduirait le nombre d'agriculteurs sur le plateau et laisserait vide la maison qui venait d'être restaurée. Quelques membres du conseil, surtout ceux qui habitaient Montredon, exprimaient le sentiment que le potentiel d'intégration sociale au hameau du candidat, producteur de veau, était problématique étant donné la réputation qu'avait son père de se soucier peu de sa propre intégration à la communauté du plateau. C'était un facteur important. Montredon se compose d'une population bien petite. Si l'on compte ceux qui y habitent toute l'année, le hameau comprend seulement quatre familles (en y incluant la ferme en débat). Ces gens se sont groupés dans une Association pour l'aménagement et le développement de Montredon et, en coopération avec les résidents d'été, ont participé à de nombreux projets pour améliorer la vie de leur hameau. Les « affectifs », pourtant, avaient le sentiment qu'un habitant du plateau qui était, en plus, le fils d'un ancien militant du Larzac devait avoir la priorité sur des personnes venant de l'extérieur, surtout si, comme il l'affirmait, il devait quitter le secteur au cas où la ferme ne lui serait pas allouée. En même temps, l'amitié entre les jeunes agriculteurs au conseil et les autres candidats du plateau — le couple producteur d'agneaux — jouait un rôle considérable.

Ainsi, à mesure que les discussions avançaient, la majorité favorisait de plus en plus un accommodement aux exigences des deux candidats du causse. Enfin, on décida d'un compromis pour résoudre le problème : la ferme disponible serait divisée. On donnerait la maison et approximativement les deux tiers du terrain au producteur de veau et le reste aux producteurs d'agneau. Une telle solution assurerait la survie d'une exploitation en difficulté tout en gardant la viabilité de l'autre. Le débat sur cette question a été animé, un consensus n'ayant pas été atteint avant plusieurs semaines de discussions. Un « politique » opposé à cette décision a dû faire un choix désagréable entre, pour reprendre son expression, « la peste et le choléra ». En votant oui, pourtant, il acceptait l'inévitable et contribuait à maintenir la solidarité du conseil de gérants de l'association [1].

La décision n'a pas été prise sans quelques critiques de la part du plateau. Un agriculteur de la SCTL qui était aussi un membre des Verts, a attaqué la SCTL, l'accusant d'abandonner la raison d'être de l'organisation et de préférer l'agrandissement d'une ferme plutôt que l'installation de nouveaux agriculteurs. Il a soumis un article exprimant ses reproches au *GLL*. Il a comparé la SCTL à un enfant en train de grandir et qui « passe par une période où il a besoin d'affirmer sa personnalité » en rejetant « des propositions parentales ». A l'égard de l'exploitation de Montredon, il a déclaré : « La dernière (*division*) en date illustre parfaitement cette déviation. Une exploitation parfaitement viable, qui venait d'être restructurée et aménagée, et sur laquelle plusieurs candidats venant de l'extérieur avaient des projets cohérents et justifiés. Les habitants du village étaient unanimes pour voir l'exploitation conservée dans son intégralité, et favorables à l'un des candidats. Malgré cela, la SCTL a préféré la partager entre deux exploitations existantes ». Avançant que les GFA, eux aussi, étaient en train d'abandonner leur programme démographique annoncé dans divers tracts à la fin de la lutte, cette personne a conclu : « Les GFA à qui le nom de SCTL fait pousser des boutons, ont cependant suivi la même politique. Un fermier voisin avait cédé des terres pour favoriser une installation. A la suite du départ, il a souhaité reprendre ces terres à bail, mais le GFA a préféré favoriser l'agrandissement. Mais soyons heureux, il n'a pas mis en vente au plus offrant ». La rédaction du *GLL* a refusé l'article affirmant que le ton y était trop polémique et excessivement dur.

Le premier désaccord majeur des GFA est plus complexe et plus difficile à décrire. On le sentait venir en 1987 quand la tension qui montait entre les membres du conseil des GFA a, selon nos informateurs, finalement explosé dans une assemblée générale houleuse au printemps de cette même année. Un groupe de jeunes agriculteurs et militants au conseil voulait aligner les fermages pour les exploitations des GFA sur ceux de la SCTL. Parmi eux, un bon nombre étaient membres du Conseil de la SCTL ou avaient participé à sa création [2]. Ils étaient tous ce que j'appelle des « politiques ». En même temps, certaines de ces personnes étaient entraînées dans un autre conflit avec des membres plus âgés et plus conservateurs du conseil des GFA (des personnes que je classerais comme des « affectifs »). Il s'agissait de décider si oui ou non on devait rembourser un nombre considérable d'actionnaires qui, apparemment, demandaient aux GFA le rachat de leurs parts. Ces deux questions, dont la deuxième avait émergé à la fin de la lutte en 1981, étaient liées. Les fermages de la SCTL étaient plus bas que ceux des GFA. Par conséquent, si les rentes des GFA s'alignaient sur celles de la SCTL, il y aurait encore moins d'argent disponible pour les remboursements. Selon les règles qui, normalement, gouvernent les GFA, les parts se négocient comme dans n'importe quelle société privée. Les porteurs de parts désireux de reprendre leur argent sont obligés de trouver un acheteur. Il n'y a pas d'obligation, morale ou autre, imposée aux gérants des GFA d'acheter de telles parts. Mais les GFA du Larzac ont été créés dans des circonstances spéciales de la lutte. Il y avait un nombre important de membres du conseil de gérance qui s'estimaient obligés, en toute honnêteté, d'honorer les demandes de remboursement.

Nous avons lu de nombreuses lettres dans les archives du Larzac écrites par des actionnaires des GFA en perspective. Elles montrent que beaucoup de ces personnes voulaient acheter des parts surtout pour aider la cause (en effet, bien des gens se groupaient pour les acheter collectivement, n'ayant aucune intention de demander de remboursement). Néanmoins, un nombre significatif contient une demande au sujet de la négociabilité des parts et des profits qu'éventuellement on pouvait en tirer. On répondait à ces lettres en constatant que, malgré le fait que des profits n'étaient pas assurés, il y avait une possibilité avec le temps que la terre des GFA augmente en valeur et, par voie de conséquence, la valeur des parts individuelles également. On promettait aussi à ceux qui posaient la question du remboursement que, une fois le Larzac gagné, ils pouvaient revendre sans difficulté leurs parts aux GFA.

Les membres du conseil des GFA qui estimaient que la question du remboursement était d'une importance primordiale déclarèrent que des 5 950 parts notées en 1987, au moins 1 000, peut-être même plus, devaient être rachetées aussi vite que possible. Quatre personnes détenaient plus de 400 de ces parts. On prétendait qu'ils avaient besoin d'argent ou, du moins, voulaient l'employer pour soutenir d'autres causes. Selon le secrétaire des GFA (l'un des trois partisans particulièrement zélés du remboursement), les quatre personnes avaient fait des demandes spécifiques pour être remboursées aussi rapidement que possible. Un des alliés du secrétaire (un personnage important pendant la lutte, reconnu pour sa haute moralité, qui continuait à recevoir du courrier de la part des actionnaires des GFA) le confirmait, ajoutant qu'il avait reçu de nombreuses lettres des porteurs de parts qui, se trouvant dans une situation difficile, réclamaient un remboursement immédiat. Il refusait, toutefois, de mettre ces lettres à la disposition du conseil de gérance. Les profits des fermages payés aux GFA ne couvrant qu'environ 80 remboursements par année, le groupe du secrétaire insistait sur la nécessité de vendre sans attendre une ou deux exploitations. (Il était généralement reconnu qu'une des deux fermes était mal entretenue et, par conséquent, avait baissé en valeur.) D'autres membres du conseil considéraient aussi le remboursement comme une question prioritaire. Mais, s'ils s'accordaient à dire que de telles ventes étaient peut-être nécessaires dans le long terme, ils n'estimaient pas, comme le secrétaire et ses deux alliés, que c'était un impératif immédiat. Ceux finalement qui plaçaient l'intégrité des GFA avant le remboursement étaient opposés à la vente des fermes. Ils exigeaient qu'avant de racheter des parts, tout courrier formulant cette demande soit examiné par le conseil au complet.

Le camp (14 individus) qui voyait le remboursement comme le problème majeur — une faction en elle-même un peu divisée, comme nous l'avons vu — tenait la majorité des 21 membres du conseil de gérance. Le terme de référence pour ce groupe devenait la « tendance 1 ». L'autre, le camp minoritaire, avec six membres (un membre du conseil était inactif et n'avait pas de position), était appelé la « tendance 2 ». Ce dernier groupe estimait aussi que le remboursement était une obligation, au moins pour ceux réellement en difficulté et qui demandaient notamment qu'on leur rachète leurs parts. Ils avaient la conviction pourtant qu'avant de le faire, le conseil de gérance devait déclarer sa ferme intention de continuer la vie des GFA qui, avec la SCTL, réalisait l'objectif de fournir des terres aux fermages raisonnables aux agriculteurs du plateau. La « tendance 1 » se composait, pour la plupart, de « purs porcs » et d'anciens militants plus âgés qui vivaient dans les communautés voisines à l'extérieur du plateau. La « tendance 2 » se composait d'immigrants récents au plateau, plus jeunes, dont beaucoup occupaient des fermes de la SCTL. Guy Tarlier y représentait une exception. Les terres du GAEC dont il faisait partie comprenait une ferme importante des GFA. Souvent dans les discussions, on proposait cette exploitation, Boissans, comme l'autre vente possible pour les GFA. Aux réunions du conseil qui ont eu lieu l'hiver 1987-1988, G. Tarlier essaya de protéger ses collègues du GAEC en demandant qu'on change le bail, fait à son nom, et qu'on le constitue au nom du GAEC. Avec ce transfert, le bail serait fonctionnel la vie du GAEC (et non seulement jusqu'à la retraite de Guy Tarlier) garantissant en pratique que la ferme ne serait pas vendue. Le fait que les trois membres principaux de la « tendance 1 » détestaient Guy Tarlier compliquait au maximum la situation. L'animosité personnelle entre eux et ce dernier s'intensifia au fil des réunions tumultueuses du conseil qui eurent lieu entre 1987 et 1989. (Le transfert du bail fut finalement entériné en automne 1992, après la résolution du conflit et le décès de G. Tarlier).

Durant toute cette période, les membres de la « tendance 2 » continuaient à exiger que les lettres demandant le remboursement soient disponibles pour prouver que les parts qu'il fallait rembourser s'élevaient réellement à un millier environ. Mais elles étaient bloquées par le secrétaire et ses alliés qui affirmaient que la justification des actions des officiers n'avait jamais posé problème auparavant pour les GFA. La « tendance 2 » critiquait aussi la pratique courante du secrétaire de choisir de son propre chef ceux qui méritaient un remboursement. Ils exigeaient que le conseil dans son intégralité débatte de telles requêtes et qu'un vote tranche entre elles. Le secrétaire ripostait que l'imposition d'une justification impliquait un manque de confiance de la part de quelques membres du conseil vis-à-vis des personnes qui, pendant des années, avaient donné librement de leur temps et de leur énergie aux GFA sans aucune récompense. Les membres de la « tendance 1 » accusaient ceux de la « tendance 2 » d'être de mauvaise foi aussi. Ils déclaraient que les exigences de ces derniers venaient du fait qu'au fond, ils étaient contre le remboursement. Le groupe de trois, augmenté de quelques autres membres de leur tendance, exprimaient l'opinion également (à nous et en public) que leurs adversaires voulaient fusionner les GFA à la SCTL ou, du moins, convertir les GFA en une association gérée comme la SCTL. A leur avis, ceci n'était pas opportun car les exploitations de la SCTL étaient la propriété du gouvernement, tandis que celles des GFA étaient propriété privée appartenant collectivement à ses actionnaires. Les réunions pour discuter de ces questions dégénéraient souvent en altercations violentes. Peu après, les attaques commencèrent à circuler sur le plateau et à apparaître dans les pages du *GLL*. Dans l'assemblée générale des GFA qui a eu lieu en 1988 (décrite en détail plus loin), les membres des deux tendances se lançaient de dures accusations.

Pendant l'hiver 1987-1988, deux membres de la « tendance 2 » — des femmes — ont écrit des articles pour *GLL* qui, à leur avis, résumaient d'une manière objective le litige en cours. On avait invité les membres de la « tendance 1 » à soumettre aussi des articles à ce numéro du *GLL*, mais ils n'avaient pas voulu le faire. Ils ont accusé les auteurs des articles et la rédaction du *GLL* de présenter une vue injuste de la controverse sur les GFA. Plus tard, ce même hiver, deux propositions reprenant les positions des deux tendances qui allaient être débattues à l'assemblée générale au printemps 1988 étaient envoyées à tous les porteurs de parts. On demandait à ceux qui ne pouvaient pas y assister de déléguer leurs pouvoirs aux individus affiliés à la tendance de leur choix. Les personnes de l'extérieur ont dû rester assez perplexes devant les deux propositions car toutes les deux se ressemblaient fortement. Leur seule différence était que la

« tendance 1 » mettait l'accent sur l'obligation morale de rembourser les parts, même s'il fallait vendre des fermes, tandis que l'autre tendance plaçait l'intégrité des GFA avant le remboursement, tout en respectant le droit des porteurs de parts d'être remboursés. Sur le Larzac, des gens des deux tendances s'accordaient pour dire que les deux propositions ne différaient pas beaucoup. Néanmoins, c'était le leader de la « tendance 1 » qui avait reçu une grande majorité des pouvoirs, probablement en raison du fait que, pendant la lutte, c'était un personnage bien connu et hautement respecté.

Il existe, à notre avis, un autre facteur, peut-être de moindre importance, mais qui, cependant, ajoutait à la dissension entre les deux camps adverses. Malgré l'esprit de tolérance qui est ressorti de la lutte à l'égard de la diversité des modes de vie et des points de vue politiques, il subsistait encore sur le Larzac des vestiges d'attitudes traditionnelles, surtout en ce qui concernait les femmes.

A présent, un certain nombre de couples non mariés habitent le plateau. Ils ont contribué à l'accroissement de la population et à la diminution de l'âge moyen et sont acceptés par les agriculteurs traditionnels. Un de ces derniers nous a dit que pour qu'une exploitation réussisse sur le Larzac, il fallait un couple solide dans lequel la femme soutenait son « homme » avec des activités productives. Traditionnellement la femme s'occupait des animaux de la basse-cour, du potager, ainsi que de la comptabilité. Elle participait aussi aux travaux saisonniers comme l'agnelage. Cette personne trouvait que les mariages légaux étaient une meilleure garantie de la continuité d'une telle coopération. Néanmoins, il a accepté l'idée que les couples non mariés pouvaient fonctionner de la même façon. En revanche, il avait des sentiments ambivalents vis-à-vis des femmes ayant un statut de partenaires légales (comme co-exploitantes) et qui, en conséquence, assumaient les mêmes responsabilités que leurs compagnons (ou maris). Il a noté que, dans les fermes où les femmes jouaient un rôle important dans l'agriculture et (ou) l'élevage — un rôle essentiel à la survie de l'exploitation —, ces fermes étaient au mieux fragiles. A son avis, de telles exploitations couraient des risques parce que, un jour ou l'autre, la femme qui y participait n'accepterait plus le dur travail exigé d'elle. Un autre écho de la tradition se trouve dans la moindre tolérance vis-à-vis des femmes définies comme « agressives ». Il n'est pas étonnant de constater qu'elles sont moins bien acceptées que les hommes définis de la même manière. L'âge relatif joue un rôle considérable aussi chez le traditionaliste quand il définit un comportement toléré chez l'autre.

Comme je l'ai souligné plus haut, la « tendance 1 » des GFA se composait en majeure partie de traditionalistes. Ces personnes étaient les moins susceptibles d'accepter l'égalité entre les femmes et les hommes au moment des prises de décision.

Un fait contribuait à rendre la situation plus compliquée à cet égard : parmi les membres du conseil les plus décidés de la « tendance 2 » se trouvaient justement deux femmes, relativement jeunes, venues sur le Larzac en tant que militantes dans les années 70. Ces deux personnes étaient des « politiques » compétentes qui n'avaient pas de difficultés à articuler leurs points de vues. Elles ne craignaient pas non plus de mettre en question la sagesse des hommes, plus âgés, qui siégeaient au conseil (que nous avons déjà décrit comme des « affectifs »). A leur avis, ces hommes, en prenant une décision, tendaient à être emportés par leurs émotions plutôt que de se soumettre à la raison.

Nous avons observé que, souvent, pendant les débats du conseil, on comprenait ou interprétait mal les arguments présentés par ces deux femmes. On les traitait avec beaucoup moins de tolérance que si elles avaient été des hommes, surtout quand (ce qui se passait fréquemment) elles s'affrontaient à certains membres plus âgés. Ce fut le cas quand une personne, parmi les plus mordantes et certainement les moins diplomates du conseil, les provoqua. Pendant l'assemblée générale de 1988, le leader de la fraction majoritaire essaya de les faire expulser du conseil avec son rival principal, Guy Tarlier. On disait sans détour que les deux femmes n'étaient pas suffisamment « diplomates » pour servir les GFA. L'été 1988, quand la situation se calma un peu, un membre important de « tendance 1 » qui avait accepté un compromis avec l'autre tendance, nous a dit qu'il se réjouissait de l'attitude conciliante d'une des deux femmes pendant une réunion convoquée pour discuter de la composition d'une seconde commission afin de résoudre le conflit. Néanmoins, plusieurs mois plus tard, ses sentiments de longue date vis-à-vis de cette femme avaient pris le dessus. Son souvenir s'est transformé. En se référant au comportement de la femme, il le décrivit de nouveau comme « agressif ».

Les tensions entre les deux tendances ont été, a mon avis, exacerbées quand l'une des deux jeunes femmes en question, Danièle Domeyne, qui avait été ouvrière agricole sur le plateau, a écrit un article qui a paru dans le numéro du *GLL* du mois de février 1987. A sa manière « sans-façon », qui n'excluait pas des pointes sarcastiques, elle a soutenu la logique d'un alignement des fermages des GFA avec ceux de la SCTL et a pris parti sur le problème du remboursement. Un article de ce genre venant d'elle eut le même effet qu'un drapeau rouge agité devant un taureau. L'extrait suivant nous donne une idée de la teneur de son intervention :

> Et l'argument suprême, celui qu'on nous ressort chaque fois pour nous faire verser une larme, c'est celui des apporteurs [sic] de parts qui se sont saignés aux quatre veines pour apporter une part, on remue sous nos yeux cet épouvantail, comme un fantôme pour nous donner des remords de vouloir, paraît-il, gérer les GFA uniquement au profit des fermiers.
>
> Je crois que je peux en parler de ces porteurs et que je serais la dernière à les mépriser puisque j'en ai fait partie. Quand j'étais une étudiante fauchée, j'ai acheté un dixième de part pour des paysans du Larzac que je n'avais jamais vus, mais qui, me semblait-il, se battaient pour des idées « chouettes ». Je suis désolée, je ne suis ni veuve, ni sans ressource pour vous tirer une larme.
>
> Ces porteurs, ils n'ont jamais reçu un centime, leurs parts n'ont jamais été réévaluées. Est-ce la faute aux fermiers ? Soyons sérieux ! Il n'y a pas un seul GFA rentable. Il faut gérer correctement, d'accord, mais cessons de se servir des apporteurs de parts pour maintenir les GFA dans un total immobilisme et refuser aux fermiers le progrès auquel ils ont droit.

A partir de 1987, le conseil de gérance des GFA se composait d'un groupe varié d'agriculteurs du Larzac et d'anciens militants. Une majorité de ces derniers venaient de l'extérieur du plateau. De 1979 ou 1980 jusqu'à l'été 1989, on considérait le secrétaire des GFA qui faisait son travail bénévolement, comme membre du conseil. Selon les règles qui gouvernent le fonctionnement des

GFA, les décisions principales doivent se prendre à l'assemblée générale annuelle. Comme dans toute corporation, chaque porteur de parts détient un nombre de votes équivalent au nombre de ses parts. En outre, on peut faire le transfert d'un nombre illimité de pouvoirs d'une partie à l'autre pourvu que celui qui reçoit les pouvoirs soit un actionnaire aussi. Le pouvoir dans les GFA, par conséquent, risque de se concentrer entre les mains d'un petit groupe ou même dans celles d'un seul individu.

Comme les GFA, la SCTL est gouvernée par un conseil de gérants élus à l'assemblée générale annuelle. Mais la période de présence au conseil est limitée à six ans (aux GFA, un individu peut servir aussi longtemps qu'il est élu) avec un tiers de ses membres renouvelé tous les trois ans. Il se compose actuellement de trois personnes non-agricoles habitant des maisons sans terrain de la SCTL et de neuf fermiers ayant des baux de la SCTL. L'association n'a pas de président et la secrétaire professionnelle, payée pour son travail à temps partiel, n'est pas membre du conseil. En contraste avec les GFA, chaque porteur de part de la SCTL (chacun étant ou un fermier ou un résident non-agricole du Larzac) détient un seul vote à l'assemblée générale et chaque individu présent est autorisé à voter le pouvoir d'un seul actionnaire absent. Ainsi, dans cette expérience d'autogestion, les règlements assurent, dans la mesure du possible, que le pouvoir ne se concentre sur une ou deux personnes.

La SCTL, créée uniquement pour gérer le foncier, tient une position plus claire vis-à-vis de son mandat que les GFA. Il n'y a pas de parts négociables dans la SCTL et l'association n'est pas propriétaire des terres. Sa charte, établie à la fin de la lutte contre l'extension du camp, était le résultat d'un accord conclu entre les militants du Larzac et le gouvernement socialiste de l'époque pour mettre en œuvre une expérience dans le foncier où des terres appartenant au gouvernement seraient louées aux jeunes agriculteurs. Il appartient au SCTL de payer ponctuellement une rente au gouvernement. Elle doit en outre s'occuper de la location des terres, vérifier que la propriété est correctement assurée, gérer les fermages et veiller au bon entretien de la part des teneurs de baux des constructions qui se trouvent sur leurs terres louées. Le profit n'est pas un moteur et il n'existe pas de sentiment d'obligation, comme pour les GFA, de rembourser des fournisseurs de parts nécessiteux qui, dans le passé, avaient fait don de leur soutien financier et moral.

Tous les membres du conseil de gérants de la SCTL habitent le plateau et il en va de même pour le nombre restreint de personnes qui, actionnaires de l'association, ont le droit d'assister à ses réunions annuelles. Chacune, comme il est noté plus haut, détient un seul vote basé sur la part qui lui appartient. Le conseil est géré, de façon prédominante, par de jeunes agriculteurs avec les mêmes préoccupations. En accord avec les statuts, les non-agricoles ne constituent qu'une petite minorité du conseil. Ainsi, même pour la controverse sérieuse autour de l'attribution de la ferme à Montredon, la base historique et structurale de la SCTL permettait une résolution du conflit en un temps relativement court. Incontestablement, ce n'était pas le cas pour les GFA sur lesquels je vais maintenant revenir. D'abord, pourtant, je vais décrire un événement qui apparaîtra peut-être comme une digression. Avec un peu de patience, cependant, on verra le rapport avec notre sujet de discussion.

Guy Tarlier nous a informé que, au printemps 1987, il reçut un coup de téléphone de l'Élysée l'avertissant que le président François Mitterrand venait dans l'Aveyron, en avril, pour une visite officielle et que cela lui ferait plaisir de déjeuner sur le Larzac chez les Tarlier. Pour des raisons de sécurité et parce que sa visite sur le plateau n'était pas officielle, le repas allait avoir lieu dans la plus grande discrétion et avec une attention très stricte aux mesures de sécurité. Par conséquent, selon Guy Tarlier, si l'on avisait les militants du Larzac de la visite, l'heure exacte de l'arrivée de François Mitterrand par hélicoptère devait, par contre, rester secrète jusqu'au dernier moment. Le Président, pourtant, était d'accord pour rencontrer les habitants du plateau qui voulaient bien venir à une réception qui se tiendrait dans le jardin des Tarlier après le déjeuner. Guy Tarlier nous a dit que sa maison avait été choisie parce qu'on pouvait s'assurer de la sécurité du Président et de son entourage avec une relative facilité. (La maison se trouvait en haut d'une colline, dégagée d'arbres ou de broussailles, et isolée d'autres fermes.) Il a dit aussi qu'on lui avait demandé d'inviter seulement un couple au repas. Il pensait que, s'il distinguait certains agriculteurs plutôt que d'autres par cette invitation, il risquait de rendre les autres jaloux. Aussi a-t-il essayé d'éviter de froisser les susceptibilités en invitant ses proches voisins, Élizabeth et Claude Baillon, qui étaient résidents militants, mais non-paysans. Plus tard, on l'a appelé de nouveau pour lui dire qu'une personne dans l'entourage du Président ne pouvait pas venir et que, par conséquent, il était libre d'inviter encore un couple. Sa femme et lui venaient de rentrer d'une visite en Nouvelle-Calédonie. Ils ont donc décidé de profiter des circonstances pour mettre François Mitterrand au courant de la position du Larzac sur la question de l'indépendance et ont demandé à François Roux, depuis longtemps engagé dans ce mouvement des Kanaks, de les joindre. C'était un bon choix car Élizabeth Baillon revenait aussi de Nouvelle-Calédonie où elle avait rencontré des leaders Kanaks et Jean-Marie Tjibaou. La présence du couple Baillon et de François Roux à table avec le Président a constitué une occasion unique pour appuyer les revendications des Kanaks.

Il y avait de la rancœur, surtout parmi des « purs porcs » — et même parmi certains militants — quant au site choisi pour le repas. Beaucoup avaient le sentiment que cela aurait été plus juste d'honorer la maison d'Auguste Guiraud par une telle visite, car c'était là où François Mitterrand avait été soigné quand il avait été agressé pendant la manifestation de 1974. Tombant de Charybde en Scylla, un militant du Larzac et ami cher de Guy Tarlier a téléphoné à la maison après le début du déjeuner pour demander l'heure de l'arrivée du Président. Guy Tarlier affirme avoir eu à ses côtés pendant qu'il parlait au téléphone un homme qui s'occupait de la sécurité du Président. Il était bien embarrassé pour savoir comment répondre, mais a décidé qu'il valait mieux ne pas révéler la présence de Mitterrand. Plus tard, quand on l'a su, la colère de ceux qui se sentaient offensés et (ou) qui avaient d'anciennes rancunes à vider, a déclenché des rumeurs, des accusations qui commençaient à circuler sur le plateau. Peu de gens acceptaient la version donnée par Guy Tarlier des événements autour de la visite du Président. (Elle a été confirmée, pourtant, par un fonctionnaire du gouvernement avec qui j'ai discuté de la situation l'hiver 1989, quand j'ai été à Paris pour examiner des documents sur le Larzac). Guy Tarlier avait été attaqué auparavant, notamment pendant la lutte quand beaucoup de personnes croyaient qu'il était en faveur d'une mini-extension (ce qui n'était que partiellement vrai). Cependant, c'était la première fois dans la période de l'après-lutte qu'il était la cible principal des « on-dit », allégations qu'un grand nombre d'habitants du plateau acceptaient avec trop de complaisance, comme des vérités. La virulence des critiques n'était pas sans rapport avec le conflit qui battait son plein, au même moment dans les GFA.

Guy Tarlier avait été un personnage clé de la lutte. La plupart des gens sur le plateau en demeurent d'accord. Même ses ennemis admettent que, sans lui, les paysans n'auraient pas pu gagner. On estime qu'il a été la personne la plus compétente pour négocier avec les représentants du gouvernement, car il utilisait les contacts personnels qu'il avait établis avec un certain nombre d'entre eux pour avancer le point de vue des paysans. En outre, on le jugeait novateur et hardi. Avant l'annonce de l'extension, il avait été le seul à réclamer des dommages et intérêts quand l'armée manœuvrait au-delà des limites du camp, ce qu'elle faisait souvent. Mais G. Tarlier a toujours été un sujet de controverse parmi les militants du Larzac. Bien des personnes que nous avons interviewées se plaignaient de sa tendance à imposer ses décisions. Par ailleurs, il avait la réputation de prendre un ton méprisant avec les gens, surtout quand ils n'étaient pas d'accord avec lui, défaut qu'il reconnaissait lui-même. Malheureusement, il adoptait souvent cette attitude au cours des réunions. Cette humiliation qu'il infligeait en public n'a rien fait pour encourager les rapports amicaux. Beaucoup de gens, en particulier les traditionalistes, critiquaient aussi son style de vie.

Des informateurs relativement neutres, c'est-à-dire ceux qui voyaient ses défauts mais qui avaient le sentiment que les accusations contre lui étaient exagérées, partagent notre point de vue selon lequel l'hostilité ressentie envers lui se fondait, du moins partiellement, sur le fait qu'il était étranger et, mieux encore, un étranger qui avait réussi. Au moment de son arrivée sur le Larzac, en 1965, sa ferme n'avait que 100 brebis et quelques hectares de terres cultivées. A la fin des années 80, le troupeau atteignait presque 1 000 bêtes et la quantité de terre cultivée s'était multipliée. Par ailleurs, Guy Tarlier avait la réputation de payer ses dettes au tout dernier moment et, en général, de gérer les affaires du GAEC dont il était membre avec une grande finesse. Ce comportement, plus acceptable dans le monde des affaires, est mal vu dans une communauté rurale. L'adhésion aux valeurs traditionnelles de la société rurale dans laquelle il se trouvait aurait pu rendre ses actions plus prévisibles et, par conséquent, peut-être moins menaçantes pour ses voisins « purs porcs ».

Quant à la résidence des Tarlier, on la prenait pour un symbole du style de vie du couple qui, comme la façon de gérer la ferme, était de nature plutôt citadine, contrastant avec celui de leurs voisins plus traditionnels. La maison, une structure ancienne en très mauvais état quand ils l'ont achetée, a été restaurée avec amour. Les frais de restauration n'ont pas été plus élevés que pour la construction d'une maison nouvelle relativement modeste. Pourtant, elle a l'air d'avoir coûté très cher. Pour quelques-uns, sa maison confirmait le fait que Guy Tarlier était bel et bien un étranger. Au surplus, Guy Tarlier était de taille impressionnante et, même quand il n'en avait pas le désir, il s'imposait aux autres.

Finalement, il aimait bien un bon combat verbal ou stratégique et prenait tout naturellement le poste d'avant-garde dans les luttes où les causes lui semblaient justes. Ses actions l'exposaient donc à la vue de tout le monde et aux critiques faciles.

La rumeur principale qui circulait sur le plateau, et à Millau aussi après la visite de François Mitterrand, concernait une somme d'argent (50 000 francs) que Guy Tarlier aurait obtenue des GFA en 1978 de manière douteuse. Cette accusation venait s'ajouter à d'autres reproches touchant ses finances et à sa façon de se comporter. On nous a déclaré, par exemple, que ses associés du GAEC n'étaient que des « esclaves » sous son entière domination. Une ou deux personnes qui avaient travaillé pour lui pendant la lutte se sont plaintes du salaire ou d'un manque de générosité dans leurs rapports. D'autres informateurs, des militants de l'extérieur, partageaient ce point de vue critique mais notaient que Guy Tarlier n'avait pas été le seul à exploiter les ouvriers agricoles pendant la période avant 1981. Ainsi, ces reproches, justifiés ou pas, auraient pu s'appliquer aussi bien à d'autres agriculteurs du Larzac. De toute manière, depuis la fin de la lutte, le problème n'avait plus une grande importance. En premier lieu, la clôture de la plupart des pâturages avait considérablement réduit la nécessité d'avoir un berger. En second lieu, les ouvriers agricoles, peu nombreux, qui continuaient à travailler après la lutte avaient été intégrés aux GAEC. On avait converti les ouvriers en partenaires.

En ce qui nous concerne, nous pouvons faire justice sans difficulté de l'accusation selon laquelle Guy Tarlier exploitait ses associés. Nous les connaissons tous les trois. Chacun a une personnalité foncièrement indépendante qui les rend peu enclins à être contrôlés ou exploités par d'autres. Nous les avons observé en présence de Guy Tarlier et dans les circonstances où il était absent. Leur comportement n'a jamais manifesté qu'ils étaient autre chose que leurs propres maîtres. En revanche, on ne peut aussi aisément faire litière de ce grief lorsqu'il est formulé par ses adversaires au cours de nos conversations. Ils prétendent en effet que Guy Tarlier a intégré ces personnes au GAEC uniquement pour économiser de l'argent. Ceci parce que, à long terme, les partenaires du GAEC coûtent moins que les ouvriers à cause des charges sociales très élevées qu'un employeur est obligé de payer. En outre, un individu peut apporter une somme d'argent importante au GAEC avec les subventions réservées aux jeunes agriculteurs. Mais il y a bien d'autres GAEC sur le Larzac et, au demeurant, dans d'autres régions. Beaucoup d'agriculteurs considèrent les GAEC comme un moyen efficace de gérer une ferme moderne. Ils créent une division rationnelle du travail et permettent à ses membres de prendre des journées de congé et des vacances. Guy Tarlier, comme d'autres, aurait reconnu ces avantages. Néanmoins, lui seul a été accusé d'exploiter ses partenaires. Étant donné ce que nous savons de ses associés, l'accusation était absurde.

L'allégation selon laquelle Guy Tarlier aurait utilisé des fonds des GFA de façon douteuse a été prononcée en public à l'assemblée générale des GFA qui a eu lieu au printemps 1988. Un de ses trois adversaires les plus acharnés (la personne qui tenait en sa possession les demandes de remboursement des porteurs de parts) a lu un tract qui déclarait essentiellement que G. Tarlier avait volé l'argent pour son profit personnel et qu'il devait le rendre immédiatement. Afin de comprendre cette accusation, il me faudra rappeler au lecteur que, pour fonder un GFA, il y a une obligation d'échanger les parts initiales contre de la terre. Tandis que beaucoup de paysans avaient donné de petits lots de terrain pour fonder les GFA du Larzac, Guy Tarlier avait été un coopérateur majeur, donnant un nombre considérable d'hectares. En 1978, quand il a eu besoin d'argent pour des raisons qui seront présentées plus loin, il a revendu aux GFA une portion de ses parts, la valeur de 50 000 francs. Le nombre de parts qu'il avait reçu au moment de la création des GFA était fondé sur une valeur de terre estimée à l'époque par l'armée, qui était en train d'exproprier en vue d'étendre le camp. Tout le monde est d'accord pour dire que cette valeur était deux à deux fois et demie plus élevée que la valeur normale. Par conséquent, en revendant ses parts aux GFA, Guy Tarller tirait un bénéfice appréciable à cause des prix gonflés par l'armée. Il a répondu à cette attaque en soulignant que son besoin d'argent à l'époque était en rapport direct avec la lutte. Selon lui, il avait acheté un tracteur avec l'accord du Crédit Agricole qui lui avait garanti un prêt pour l'achat. Après en avoir pris possession, la banque, a-t-il déclaré, lui a refusé le prêt. Se voyant menacé de poursuites par le vendeur du tracteur, et n'ayant pas d'autres fonds, il a demandé au secrétaire des GFA un remboursement de cinquante de ses parts au prix courant de 1 000 francs la part. Cette transaction a eu lieu vraisemblablement, comme beaucoup d'autres qui concernaient l'argent — et surtout pendant les jours difficiles de 1a lutte —, dans des circonstances qui ne furent pas révélées à tout le monde. (Par ailleurs, il est typique des « purs porcs » eux-mêmes de ne pas discuter d'argent en public). Les accusateurs de Guy Tarlier ont affirmé que s'il était à court d'argent, il aurait dû demander un prêt à l'APAL. De cette façon, aucune part n'aurait été remboursée et on aurait pu se servir de l'argent retenu par les GFA pour acheter encore de la terre aux agriculteurs qui voulaient la vendre. Tarlier a insisté sur le fait qu'à l'époque, il était président de l'APAL et qu'un prêt aurait eu l'air plus douteux que la vente des parts. Pour reprendre ses propres termes :

> Contrairement à ce que pensent les autres, je croyais que cette solution était plus claire que si j'avais emprunté de l'argent directement des fonds des GFA ou, pire, de l'APAL dont j'étais le président. Je croyais d'une manière absolue, à ce moment-là, que je ne devais pas ajouter encore une ambiguïté aux soupçons qui circulaient sur le plateau à mon sujet. Par la suite, d'autres paysans ou locataires des terres des GFA, qui avaient pour cela de bonnes raisons, ont demandé à être remboursés par les GFA. Parmi ceux qui me font des reproches sur la question, il y en a qui ont été remboursés de cette façon.

L'amertume d'un grand nombre d'agriculteurs du Larzac à l'égard de cette revente venait — au moins partiellement — du fait que les gens qui avaient acheté de la terre pour agrandir leurs fermes pendant la lutte avaient été obligés de payer les mêmes prix gonflés que Guy Tarlier a reçus pour sa terre sous forme de parts revendues aux GFA. Ces personnes avaient tendance à oublier que les GFA avaient été établis avant tout pour aider les agriculteurs qui avaient besoin de vendre leurs terres mais qui ne voulaient pas vendre à l'armée. Ainsi, les GFA étaient tout autant captifs d'une dynamique de marché créée par l'armée que les agriculteurs.

Le nombre de parts détenu par G. Tarlier était considérable. S'il l'avait voulu, il aurait pu vendre le tout à l'armée ou, d'une manière ou d'une autre, contraindre les GFA à lui rembourser ses parts. Dans les deux cas, il en aurait tiré un profit immense. Mais, étant donné sa personnalité et ses idées, il ne l'aurait jamais fait. De toute façon, s'il avait profité de la transaction, le bénéfice était modeste puisque la terre en question avait une valeur, avant le conflit, de déjà au moins 18 000 francs. D'ailleurs, beaucoup de gens sur le plateau admettent que Guy Tarlier n'était pas le seul militant à tirer un petit profit de la lutte. Dans chaque cas, ce fait devait être considéré en fonction des sacrifices de temps, de l'énergie et de la perte de revenus assumés volontairement par ces personnes pendant les dix années d'activité contre l'extension du camp.

Mais la situation était plus compliquée encore. Quand Guy Tarlier a répondu aux accusations lancées contre lui pendant l'assemblée générale des GFA de 1988, son accusateur, qui était membre du conseil d'administration du Crédit Agricole au moment où la demande de prêt avait été faite, a dit que le prêt avait été accordé immédiatement et que G. Tarlier n'avait pas besoin des 50 000 francs reçus de la vente de ses parts. Ce dernier a répondu que le prêt avait été en effet accordé mais seulement en 1983, bien après la fin de la lutte. Nous possédons les copies de trois documents qui confirment la situation telle que Guy Tarlier la présentait. Le premier document consiste en une facture pour le tracteur faite par Rouergue Motoculture pour 113 000 francs, datée de 1978. Un autre est le calendrier de remboursements à la banque pour un prêt de 150 000 francs que G. Tarlier a reçu, mais en 1983. Le troisième document est une lettre écrite par Guy Tarlier au directeur du Crédit Agricole en 1979 dans laquelle il se plaint du traitement préjudiciable qu'il a reçu de la part de la banque, notamment en relation au non-paiement du prêt destiné à payer pour le tracteur. Bien que ces documents soient fort convaincants quant à la véracité des propos de Guy Tarlier, je ne veux pas faire supposer que son adversaire mentait au sujet des circonstances et de la date à laquelle le prêt fut finalement accordé. C'est une personne honnête, de grande intégrité. Mais c'est un homme maintenant âgé, devenu amer, obsédé par un sentiment d'antipathie à l'égard de l'autre. Il se peut que sa colère l'ait amené à oublier certains détails de ce qui s'était passé en 1978 et 1983. Je m'aventurerai à dire que, selon nos observations, les trois adversaires de Guy Tarlier sont devenus progressivement moins rationnels entre 1987 et 1989 quand nous avons fait le plus gros de nos recherches. Ce sont tous trois des hommes honorables mais, à mesure que le contentieux sur les GFA s'aggravait, ce qui avait commencé en forme de conflit sur le remboursement des parts se changeait en « vendetta » personnelle. Ceci est devenu enfin une évidence pour les membres de la « tendance 1 » qui, au printemps 1989, sont arrivés à un compromis avec les membres de la « tendance 2 ». Mais nous n'avons pas encore atteint ce moment de notre exposé.

Craignant que le poids des dissensions bloque l'assemblée générale de 1988 et afin d'éviter une répétition de la réunion houleuse de 1987, les deux tendances ont demandé à François Boé, membre du conseil de gérance, de présider l'AG. La stratégie consistait à permettre à l'attaque personnelle contre Guy Tarlier (on s'y attendait) d'émerger rapidement, puis à essayer d'amener le groupe à un compromis. Sonia et moi, qui nous sentions partisans des objectifs des GFA, avions décidé tout en restant neutres sur les sujets de discussion, d'essayer de « calmer le jeu ». Afin de garantir notre admission à cette réunion annuelle, ouverte en principe seulement aux porteurs de parts, nous avions acheté une part l'hiver 1987. Par conséquent, notre présence n'était pas seulement légale mais nous avions aussi le droit à la parole. Juste après un âpre échange entre Guy Tarlier et son adversaire, je me suis levé pour faire une courte déclaration. J'y proposais, sans accuser quiconque, que le passé soit laissé à l'histoire et que les GFA visent plutôt l'avenir. Pour aider les GFA à acheter les parts des porteurs qui avaient demandé un remboursement, nous nous engagions à acquérir une part par an pendant cinq années, et encouragions d'autres porteurs à faire de même. On accueillit notre affirmation avec des applaudissements et la tension semblait, jusqu'à un certain point, s'atténuer. Plus tard, pourtant, on constata que l'attaque contre Guy Tarlier n'avait pas perdu de vigueur. Notre intervention, en fin de compte, ne servit en rien à réconcilier les deux parties.

L'après-midi, le vote sur les motions des deux tendances était enregistré. La « tendance 1 », à cause d'une forte concentration de pouvoirs détenus par une seule personne, l'adversaire principal de Guy Tarlier, l'emporta à une large majorité : 900 votes contre 170. François Boé a immédiatement demandé : « Ne pourrait-on pas sortir de cette impasse en fixant une série d'orientations pour l'année prochaine ? Les gens ici présents peuvent voter des amendements au nom des pouvoirs qu'ils détiennent et peut-être qu'on pourra travailler ensemble afin de réconcilier nos points de vues divergents ». Ceci était de toute évidence inacceptable pour la « tendance 1 ». Elle s'y est donc opposée. A ce moment, Guy Tarlier a déclaré que les motions présentées à l'avance aux porteurs de parts nécessitaient, pour être acceptées, un vote qui représentait au moins 50 % du nombre total des parts et que, pour des motions proposées pendant la réunion, le vote devait représenter les deux-tiers. Le secrétaire, furieux, a riposté en disant qu'à cause des exigences légalistes de G. Tarlier, les GFA étaient paralysés. Il a annoncé sa démission des GFA, a quitté la salle pour revenir, démissionner de nouveau et puis, revenir encore. Et cela s'est reproduit encore une ou deux fois. La « bombe » lancée par Guy Tarlier fut suivie d'une discussion longue et indécise pendant laquelle les membres des deux tendances affirmaient encore une fois leurs positions : la « tendance 1 » insistant sur la nécessité de rembourser ; la « tendance 2 » exigeant une totale transparence pour que tout ce qui concernait les finances soit connu de tous les membres du conseil.

A cette phase de la réunion, le débat a dégénéré en prise de bec entre le leader de la « tendance 1 » et une personne qui avait été secrétaire des GFA à l'époque de la lutte et qui soutenait le point de vue de la « tendance 2 ». Quand la situation s'est calmée un peu, José Bové a suggéré qu'on fasse réunir tout le plateau à fin de définir les objectifs des GFA. Cette suggestion, pourtant, n'a eu aucun effet. Finalement, on s'est adressé à l'élection du conseil de gérance pour l'année suivante. La plupart des gens de la « tendance 2 » présumaient que le conseil en place allait continuer encore une année. Le leader de « tendance 1 » avait d'autres idées là-dessus. Il s'est levé pour présenter une liste — qu'il avait préparée à l'avance — qui excluait Guy Tarlier et ses alliés les plus décidés du conseil. Comble de l'insulte, parmi les membres de sa liste se trouvait une personne inacceptable aux yeux de beaucoup au sein de la « tendance 2 », comme pour ses partisans. François Boé a tenté à nouveau d'effectuer un compromis, mais le leader de la « tendance 1 » demandait, au minimum, que Guy Tarlier et un autre agriculteur ainsi que les deux femmes de la « tendance 2 » soient éliminés du conseil. Quand il s'est avéré que sa liste, grâce aux pouvoirs qu'il détenait, serait acceptée, Guy Tarlier a recouru encore une fois aux tactiques parlementaires. Il a annoncé qu'il fallait une majorité du nombre total des parts pour élire un nouveau conseil. La « tendance 1 », même avec son nombre considérable de pouvoirs, n'en détenait pas la majorité. L'élection de sa liste, par conséquent, ne serait pas faite dans les règles. Les leaders de la « tendance 1 » ont accueilli cette déclaration avec colère en s'écriant qu'avant ce moment, on n'avait jamais adhéré strictement aux procédures légales dans les GFA.

Guy Tarlier, toutefois, ne renonçait pas à sa position. Un membre de la « tendance 2 », qui était en faveur d'un compromis, a proposé que le conseil existant serve pour encore une année sous réserve de l'exclusion des membres les plus vociférants des deux camps et qu'un bénévole, qui ne serait pas membre du conseil, assume les responsabilités de secrétaire.

Le secrétaire en place a réagi avec indignation et a menacé à nouveau de démissionner. Mais, avant, il voulait que le conseil lui rembourse ses parts. Une membre de la « tendance 2 » qui avait été exclue de la liste de la « tendance 1 » a dit qu'elle était d'accord pour donner sa démission mais refusait de vendre sa part. Le leader de la « tendance 1 » repoussait tout compromis, répétant qu'il tenait les pouvoirs nécessaires pour imposer sa liste. François Boé a essayé encore une fois de calmer la discussion en notant qu'il y avait des noms acceptables pour les deux parties parmi les individus du conseil existant et ceux inscrits sur la liste présentée par la « tendance 1 ». Il a proposé que ces personnes constituent un « comité d'experts » pour s'occuper de l'impasse. Les résultats de leur travail seraient présentés à la fin de l'été au conseil en place. Cette suggestion arrivait très tard dans la réunion et de nombreux porteurs de parts étaient absents de la salle.

La plupart de ceux des deux tendances qui étaient encore présents ont pourtant accueilli l'idée de François Boé d'une manière positive. A ce moment, quelqu'un a suggéré que Sonia et moi soyons inclus au comité en tant qu'observateurs. Nous avons accepté d'y participer sous de telles conditions. Il y eut énormément de confusion et d'interpellations entrecoupées. Le leader de la « tendance 1 » ne semblait pas comprendre, ou n'était pas conscient de ce qui se passait. Bien que d'autres de sa tendance aient donné leur accord à la formation du comité (son allié, le secrétaire, était parti), il ne l'a jamais approuvée. Plus tard, quand il rejeta les conclusions du comité, il affirma justement qu'il n'avait jamais accepté sa création.

Le comité d'experts, présidé par Francois Boé, se réunissait fréquemment l'été 1988. A l'exception de F. Boé, ces quatre membres étaient tous des adhérents modérés de la « tendance 1 ». En tant que membres-observateurs du comité, Sonia et moi assistions aux entretiens avec les agriculteurs qui louaient toute leur terre, ou la plus grande partie, à des GFA — à l'exception de l'un d'eux que le comité n'a jamais pu interroger. Dans notre rôle d'observateurs, nous avons également lu les lettres envoyées au comité pendant les semaines successives. L'échange de courrier entre le Comité et les trois adversaires de Guy Tarlier était particulièrement intéressant. Progressivement, les charges contre lui s'aggravaient et se multipliaient. Les trois commençaient à aller trop loin. Il devenait de plus en plus évident aux membres du comité que, malgré les enjeux réels, une bonne partie du conflit avait été causée, ou du moins amplifiée, par l'inimitié personnelle ressentie envers Guy Tarlier.

En tant que président du comité, François Boé rendit visite au leader de la « tendance 1 » où on lui permit de lire les lettres qui demandaient un remboursement des parts. Il y en avait approximativement deux cents. Selon François Boé, pourtant, elles pouvaient se diviser en trois catégories distinctes. Il y avait un nombre significatif de lettres de personnes qui déclaraient être dans le besoin et qui souhaitaient qu'on leur achète leurs parts immédiatement. Au total, entre 400 et 600 parts y étaient impliquées. D'autres actionnaires disaient qu'ils souhaitaient bien être remboursés éventuellement. Mais ils n'étaient pas pressés de recevoir leur argent. Enfin, certains écrivaient que si, comme ils semblaient comprendre, les GFA se dissolvaient, ils aimeraient être remboursés. Pour le comité, cette dernière catégorie indiquait qu'au moins une partie des lettres avait été sollicitée.

Pour clarifier la situation, on décida d'envoyer un questionnaire à tous les porteurs de parts. On leur demandait la date à laquelle ils avaient acheté leur parts, s'ils voulaient ou non être remboursés et dans le cas affirmatif, selon quel échéancier. Le questionnaire fut présenté au conseil de gérance. Après l'avoir débattu, on se mit d'accord sur une dernière révision à faire avant de l'expédier. En dépit de tout cela, quand le comité demandé au secrétaire de lui remettre la liste des adresses des porteurs de parts, il s'y est refusé. François Boé, toutefois, avait obtenu antérieurement une liste plus restreinte d'actionnaires qui possédaient plus de cinq parts. On pouvait toujours leur envoyer le questionnaire. De plus, afin d'attirer l'attention du plus grand nombre de porteurs de parts possible, le comité a décidé de faire paraître le questionnaire dans *GLL*. Il a été publié donc dans le numéro de décembre 1988. Bien que les résultats obtenus de cette manière aient sans doute favorisé une réponse positive à la poursuite des GFA (les lecteurs de *GLL* se situent en général parmi les plus militants de ceux qui soutiennent le Larzac), ils ont tout de même montré un engagement très clair en faveur des GFA. Peu de gens demandaient à être remboursés et un nombre significatif offrait d'acheter de nouvelles parts.

Le même conseil continua à se réunir pendant l'été et l'automne 1988. Il devenait de plus en plus évident que la plupart de ses membres souhaitaient un compromis. Pendant les confrontations, même les plus difficiles, les discussions étaient passionnées, mais correctes, entre les membres des deux tendances. Cependant, les trois adversaires de Guy Tarlier étaient souvent absents des réunions. Ils s'activaient plutôt entre eux. En même temps, Francois Boé, sans suggérer qu'il y avait eu malversation, encourageait G. Tarlier à faire le geste conciliant de rembourser les 50 000 francs obtenus de sa vente des parts en 1978. Il notait que cet argent pouvait servir à rembourser d'autres parts. Quand Guy Tarlier eut donné son assentiment, F. Boé, en transmettant sa décision au conseil, a proposé qu'on engage un nouveau secrétaire qui serait rémunéré, mais pas un membre du conseil. Il a suggéré aussi qu'on se dote de moyens rationnels et ordonnés afin de rembourser les parts. Quelques membres avaient des objections quant au calendrier de remboursements présenté par G. Tarlier. Néanmoins, le conseil a fini par voter à l'unanimité d'accepter les recommandations de François Boé. Avec l'exception des trois adversaires de Guy Tarlier, les deux tendances, en fait, s'étaient réunies.

Au printemps 1989, les ennemis de Guy Tarlier ont organisé une contre-attaque. Ils ont envoyé une lettre et un questionnaire à tous les porteurs de parts (ils avaient la liste complète d'adresses à leur disposition) en demandant qu'on réponde directement à la chambre d'agriculture de l'Aveyron, à Rodez, ce qui mettait les réponses entre les mains d'une personne hostile au Larzac. Il était évident que ce questionnaire, par son orientation, encourageait, non seulement des requêtes de remboursement, mais visait à la dissolution totale des GFA. La lettre affirmait que le comité d'experts n'avait jamais été accepté par la « tendance 1 » et que François Boé avait été de mauvaise foi en agissant en faveur de la « tendance 2 ». Toutes les parts devaient être remboursées et les fonds non utilisés distribués à une bonne œuvre. Cette lettre, avec son questionnaire, a consterné un nombre considérable de gens sur le plateau.

On voyait ce nouvel assaut des GFA comme une agression, non seulement contre la personne de Guy Tarlier, mais aussi contre le Comité Roquefort (dans lequel G. Tarlier était une des personnalités dominantes). A cette époque-là, cette association se trouvait engagée dans un conflit avec l'industrie Roquefort. Elle affrontait aussi le syndicat agricole majoritaire, la FDSEA, dans une lutte de rapport de forces. Celle-ci s'opposait aux actions du Comité Roquefort qui s'était allié avec la Confédération paysanne. Le renvoi du questionnaire à la chambre d'agriculture, dominée par la FDSEA, la faisait bénéficier d'informations à un moment délicat. A cette occasion, Pierre Bonnefous a offert de servir de médiateur entre la majorité du conseil et le leader de la « tendance 1 ». Il a essayé de le convaincre de se retirer du conseil, mais sa recommandation a été rejetée. La personne en question n'en voyait pas l'intérêt en dépit de la suggestion qu'un tel acte atténuerait les tensions et faciliterait un accord entre les deux factions. Pour lui, la seule solution au problème consistait en l'éventuelle dissolution de cette organisation qui, selon lui, n'avait plus de raison d'être sur le Larzac de l'après-lutte. Il a de nouveau insisté pour que Guy Tarlier démissionne des GFA immédiatement et qu'il rende les 50 000 francs.

C'est à ce point qu'une autre personnalité est intervenue : Hervé Ott, le fondateur du Cun, le centre de non-violence. H. Ott a pris sur lui de commencer un jeûne pour exercer une pression morale sur les deux factions. Pour appuyer son action, il a expédié une lettre aux membres des GFA expliquant son geste et demandant qu'un compromis soit trouvé pour mettre fin au conflit. On a accueilli cette action sur le plateau avec des sentiments mélangés. Les uns étaient convaincus que le leader de la « tendance 1 » était à présent si isolé qu'il ne pouvait plus nuire ; les autres y voyaient, en même temps, le désir d'Hervé Ott de compenser son attitude critique envers G. Tarlier dans l'affaire des GFA. Toutefois, son action émut profondément le fils du principal adversaire de Guy Tarlier. A son grand mérite (avec l'aide de son frère qui, également, se rendait compte de la position intenable de leur père), il convainquit ce dernier non seulement d'accepter un nouveau comité d'experts composé de gens extérieurs aux GFA — anciens militants et notables locaux — mais, en outre, de démissionner du conseil de gérance. Lui aussi avait la conviction qu'il fallait rembourser. Mais il reconnut que l'obsession qu'avait son père vis-à-vis de l'autre homme avait fini par le faire agir d'une manière destructrice. Cependant, un désaccord persistait à l'égard des individus qui devaient servir dans le nouveau comité. Les deux factions parvinrent à un compromis en acceptant tous les candidats proposés des deux côtés.

On atteignit, donc, l'unanimité. Le nouveau comité commença son travail en automne 1989. Une de ses tâches était de mettre les affaires des GFA en ordre. A cette fin, il lui fallait les registres de l'association. L'ancien secrétaire qui n'était plus membre du conseil et qui ne tenait plus de parts (il s'était remboursé) a refusé de les rendre à moins qu'on ne lui donne 50 000 francs qu'il confierait par la suite à une bonne œuvre. (Cette demande résultait d'une vieille querelle que le secrétaire avait perdue avec les membres de la Fondation Larzac deux années auparavant). Plutôt que de trancher sur ce point, le comité se mit tranquillement à la besogne et, petit à petit, reconstitua les registres des GFA.

Au printemps 1990, le rapport du comité était prêt. On convoqua une assemblée générale pour le 22 avril afin de régulariser les opérations des GFA. Le rapport notait que, bien que les GFA n'aient pas fonctionné dans le passé selon les règles qui normalement gouvernent une telle organisation (l'improvisation avait toujours été de mise dans la gestion des associations pendant la lutte), personne n'avait commis de fraude et tous les comptes avaient été tenus correctement. Le comité se prononçait clairement en faveur de la poursuite des GFA Larzac.

La réunion a eu lieu à Millau ; elle a commencé à 10 heures. Une centaine de porteurs de parts venus du Larzac et d'ailleurs étaient présents. Au début, quelques personnes représentant des actionnaires d'autres régions ont posé des questions sur le fonctionnement antérieur des GFA et ont voulu s'assurer que la poursuite serait conforme aux objectifs de la communauté de l'après-lutte. Le comité leur a répondu d'une façon positive, soulignant qu'après les remboursements prévus, les GFA poursuivraient leur rôle utile. Un membre du Comité, connu pour ses positions conservatrices, s'est exprimé néanmoins avec passion sur la nécessité de sauvegarder l'activité agricole sur le Larzac et ailleurs dans le Midi, si l'on ne voulait pas voir la région devenir un parc de loisirs pour le reste de l'Europe. Après un débat assez long, l'assemblée a voté à l'unanimité la poursuite des GFA du Larzac.

Dans la session de l'après-midi, le comité a proposé une liste de candidats pour un nouveau conseil qui assumerait la direction des GFA pendant leur première année de fonctionnement renouvelé. Il allait se composer de trois agriculteurs, trois non-agriculteurs du secteur du Larzac et trois personnes de l'extérieur. D'anciens adversaires des deux tendances ne figuraient pas parmi ceux nommés par le comité.

Après adoption de la liste, la réunion a pris fin. Tout le monde était de bonne humeur, en ayant la conviction que quelque chose d'important venait de se réaliser. On constatait avec satisfaction le résultat du travail généreux d'anciens militants dévoués à la viabilité de « l'expérience Larzac » qui, avec d'autres experts du comité, ont pu apporter de l'ordre à une imbrication de problèmes difficiles. Leurs efforts avaient été secondés par la coopération de l'ancien conseil et ceux qui le soutenaient : par la bonne volonté de toutes les personnes qui tenaient à la poursuite des GFA. Le Larzac avait résolu un conflit majeur, les « affectifs » et les « politiques » s'étant associés dans une cause commune : la sauvegarde des GFA et le remboursement équitable d'anciens militants [3].

NOTES

1. François Pingaud, chargé par le gouvernement d'aider à l'organisation de la communauté, a émis l'opinion que le conseil de la SCTL devait inclure des élus locaux pour contrecarrer un favoritisme que les membres-agriculteurs pouvaient éventuellement manifester envers leurs amis et collègues de l'association. Agnès Bonnaud, plus tard (en 1991), a fait cette même observation. Par contre, une chercheuse de l'INRA (Institut national de recherches agricoles) qui connaît bien le fonctionnement de la SCTL a exposé un autre point de vue. Selon cette informatrice, José Bové, François Mathey, Alain Desjardin et d'autres se sont rendu compte qu'une association d'agriculteurs à laquelle ne participait pas le gouvernement serait plus efficace pour protéger les intérêts des paysans locaux en cas de retour au pouvoir d'un gouvernement de droite. Cette même personne a signalé aussi que la SCTL, composée de gens du secteur et excluant des officiers publics, a aidé les paysans à acquérir un niveau de maturité sociale important puisqu'ils étaient obligés d'assumer, au niveau individuel et collectif, la responsabilité pour la gérance de l'association. Nous avons vu que les relations entre anciens militants et des amitiés personnelles ont joué dans le choix du candidat pour la ferme de Montredon ainsi que dans l'allocation d'une partie de ses terres à une autre ferme. Il faut insister pourtant sur le fait que la décision définitive a reflété un certain réalisme. Elle a préservé deux fermes existantes, l'une qui aurait pu péricliter si l'on ne lui avait pas permis l'accès à des pâturages supplémentaires.
2. Selon une personnalité bien informée, qui y était impliquée à l'époque, des conflits similaires à ceux qui se trouvaient à l'intérieur des GFA ont eu lieu entre les divers noyaux de pouvoir au moment de la création de la SCTL.
3. Agnès Bonnaud (1991) signale un problème dans le fonctionnement des GFA qui conduit à un manque de démocratie. Le quorum n'étant pas toujours atteint dans les assemblées générales annuelles, le conseil de gérance est parfois obligé de prendre des décisions qui devraient être la prérogative des porteurs de parts. Par exemple, en 1991, les membres du conseil ont décidé de vendre du terrain GFA au gouvernement pour la construction de la nouvelle autoroute qui traversera le Larzac. En revanche, A. Bonnaud note que, depuis leur réorganisation, les conseils, maintenant combinés, des GFA ont décidé de fonctionner sans président afin que les décisions puissent être prises collectivement et sans ambiguïté.

Conclusion

Le Larzac et la tradition du nouveau

Il était difficile pour nous de quitter le Larzac, en 1989, après vingt-six mois de relations entretenues avec le plateau. Nous nous étions liés d'amitié avec un bon nombre de ses habitants. Certes, on pouvait être sûr de nous y voir de nouveau l'été suivant. Néanmoins, nous nous rendions compte que l'intensité des rapports créés par notre longue fréquentation allait diminuer avec la fuite du temps et la reprise de notre vie normale à l'extérieur du causse. En outre, le conflit GFA n'avait pas encore été résolu et de nouveaux projets, comme l'autoroute qui allait traverser le plateau, provoquaient des dissensions. Nous allions manquer, inévitablement, de nombreux éléments dans l'évolution de la vie du plateau, bien que nous nous soyons fait un devoir de revenir de New York pour une semaine au printemps 1990 afin d'assister au moment fort de l'assemblée générale des GFA.

On a marqué notre départ par une grande soirée aux Truels. Nous avons invité les (à peu près) soixante-quinze personnes présentes à nous rendre visite à New York si elles avaient l'occasion de faire le voyage mais « pas tous en même temps, s'il vous plaît ! » A des périodes différentes, donc, pendant l'hiver et le printemps 1990-1991, nous avons été heureux d'accueillir

Pierre Burguière et sa famille, les Tarlier ainsi qu'Alain Desjardin, sa compagne, Michèle Vincent, et leur fille Camille. Cela nous amusait de voir la vie new-yorkaise, par un juste retour des choses, servir d'objet « d'études », ce qui nous incitait à regarder notre ville, avec ses avantages et ses inconvénients, à travers les yeux de nos invités qui étaient aussi de fins observateurs.

Nous sommes retournés les étés suivants et lors de l'année universitaire de 1991-1992, étions de nouveau libres de rester à Soubès. Nous avons repris nos recherches mais — sauf pour des visites amicales — à un niveau bien moins intensif, en n'assistant régulièrement qu'aux réunions de l'APAL, par exemple. L'automne 1991, Guy Tarlier commença à présenter des symptômes inquiétants pour sa santé, d'abord diagnostiqués comme une infection qu'il aurait contractée à partir de ses brebis. Son état empirait et, l'hiver, son cancer fut identifié. Le déclin a été extrêmement rapide. Voir ce colosse dépérir a été accablant pour sa famille et pour ses nombreux amis. Nous lui avons rendu visite le 2 mai quand, s'obligeant à quitter son lit, il a trouvé la force de prendre avec nous et sa femme, Marizette, un peu de thé et quelques bouchées de gâteau. Ce fut la dernière fois que nous l'avons vu. Il est décédé le 7 mai 1992 entouré de Marizette, d'autres membres de sa famille et de plusieurs amis. Pierre Bonnefous est resté à ses côtés et lui a administré les derniers sacrements.

Immédiatement, la communauté du Larzac s'est réunie pour organiser les obsèques. On retrouvait le climat d'urgence qui avait dû régner dans les réunions pendant la lutte quand il fallait inventer la stratégie du combat. Cependant, cette fois-ci, « l'action » n'était pas conçue pour protester mais plutôt pour arriver à accepter une perte profondément sentie et pour affirmer symboliquement l'importance de Guy Tarlier dans la vie du plateau. L'enterrement a été l'expression concentrée de la tradition inventée par les paysans du Larzac pendant et après les années de la lutte. Chaque personne semblait savoir ce qu'il fallait faire. Des comités se formaient, partageant rapidement les responsabilités. A part la fabrication du cercueil, commandé à un fabricant à Millau, les membres de la communauté se sont occupés de tout, y compris de la fosse qu'ils ont creusée dans le petit cimetière de St-Martin. Trois prêtres — Pierre Bonnefous et deux autres anciens militants de la lutte — ont dit la messe. Des personnalités locales et nationales — parmi celles-ci, un représentant du Premier ministre — ont parlé avec éloquence des nombreuses contributions de Guy Tarlier à la lutte et à la vie du plateau en général. Dans un télégramme, Marie-Claude Tjibaou, la femme de Jean-Marie Tjibaou, le président du FLNKS assassiné, a dit : « La mort de Guy, c'est comme un grand sapin qui tombe et qui fait du bruit jusqu'à chez nous. »

****

Le plateau s'est exprimé symboliquement à travers l'enterrement de Guy Tarlier. En dépit des désaccords et des tensions, le mouvement du Larzac garde sur la scène locale une force sociale, politique et économique viable. Enfant de l'adversité, cette communauté a mûri le long des années turbulentes qui ont suivi l'annonce du projet d'extension. Le plateau d'aujourd'hui s'est bâti en se servant de la « tradition du nouveau » caractérisée par une structure sociale particulièrement souple inventée par de fortes personnalités, chacune ayant fourni une contribution spécifique pendant et après la lutte. Ce n'est pas une chose qui est sortie du vide, pourtant. Elle s'est construite sur un fond de culture et d'histoire qui a trouvé une expression créatrice dans maintes actions locales et nationales entreprises par la communauté.

Bien que cette nouvelle tradition puisse être perçue comme un tout dynamique et complexe, elle pourrait mieux se comprendre si nous la décomposions en ces parties constituantes en rassemblant, à tour de rôle, les éléments qui ont participé au succès unique du mouvement.

Histoire et culture

Deux facteurs historico-culturels assez contradictoires ont été de la première importance pour le Larzac en 1972. L'un était constitué du conservatisme et du régionalisme qui, de longue date, existaient dans l'Aveyron. L'autre était l'après-choc résultant de la révolte des étudiants de 1968. Le premier a surgi, comme à d'autres moments de crise, sous forme d'une défense d'intérêts locaux face au pouvoir central. Il est devenu la base d'un large soutien local à la protestation des paysans. Le second a fourni l'énergie créatrice et physique aux troupes d'avant-garde d'intellectuels et d'anciens étudiants, créant finalement un mouvement de portée nationale. Les paysans, profondément religieux — plusieurs étant déjà sensibilisés à l'injustice sociale par leur participation au CMR bien avant la lutte — étaient réceptifs aux concepts de non-violence prêchés par Lanza del Vasto ainsi qu'à ses idées sur la vie collective [1]. (Cette attitude positive envers les idées de Lanza a peut-être encouragé, à son tour, une plus grande ouverture aux idées des militants de l'extérieur). L'engagement des paysans à la non-violence dès le commencement de la lutte — pour les uns, un acte de foi, pour d'autres, un moyen stratégique pour combattre la force écrasante de l'armée — a engendré la force et l'unité nécessaires pour contrôler le mouvement au fur et à mesure qu'il prenait des dimensions nationales et internationales. La non-violence, du moins dans le contexte du Larzac, impliquait la tolérance, un élément essentiel pour permettre aux paysans d'accepter ce qui leur apparaissait, au début, comme un comportement moralement offensif et carrément bizarre de gens « marginaux » (maoïstes, « hippies », étudiants et étrangers) qui se précipitaient à leurs côtés.

Le Larzac avait la chance de profiter de ce que j'appelle le « mode culturel » de la fin des années 60. Pendant une période courte et précise de l'histoire, un nombre significatif de personnes s'est senti concerné — prêt à passer à l'action — pour affronter des problèmes tels que la pollution de l'environnement, le désarmement et l'autodétermination des peuples. Après 1968, il y a eu un désenchantement vis-à-vis de l'État industrialisé, fortement centralisé. On espérait pouvoir construire une vie meilleure à travers une nouvelle praxis. Le Larzac fournissait le laboratoire parfait pour ceux qui voulaient réaliser cet espoir. L'historien, Jean Chesneaux, y fait allusion dans le numéro de mars-avril 1990 du *GLL*.

> ...on peut se demander — c'est mon hypothèse personnelle — si notre engagement au Larzac ne correspondait pas à un moment singulier, à une éclaircie éphémère. Notre génération d'intellectuels trempés dans la lutte anti-nazis et l'engagement contre les guerres coloniales... sortait tout juste du verrouillage du PCF. Le Larzac nous apportait de l'air, nous ouvrait un espace d'initiatives.

Structure sociale

Il y a deux questions qu'on peut se poser quand on considère l'effet de la structure sur la vie du Larzac : (1) l'organisation politique locale a-t-elle aidé ou, au contraire, servi de facteur négatif dans les relations du Larzac avec les différentes sphères politico-économiques et sociales plus étendues de l'Aveyron ? (2) la vie associative du plateau même a-t-elle évolué de manière à faire face à divers sujets d'intérêt local et en fin de compte international ?

Nous avons déjà mentionné les difficultés qui pouvaient exister entre le Larzac et les gouvernements locaux. Toutes les fermes et agglomérations sur le plateau, à l'exception de La Cavalerie, La Couvertoirade et L'Hospitalet, sont petites et constituent des éléments démographiqement faibles, faisant partie d'entités plus grandes centrées dans les vallées environnantes. La Cavalerie est contrôlée par la droite bien que son maire, un réaliste dans sa politique, veuille bien coopérer avec les associations du Larzac quand elles ont quelque chose à proposer qui ait de l'intérêt pour son village : ainsi, par exemple, son aide au financement d'une brochure d'information sur les activités commerciales et les agréments touristiques du plateau, et son accord donné à l'écomusée du Larzac de monter dans sa mairie une exposition sur l'architecture locale. Le maire de L'Hospitalet entretient des relations amicales avec les agriculteurs de la SCTL de son secteur (il est content que de jeunes agriculteurs se soient installés dans sa commune), mais, du moins initialement, il n'a pas encouragé le regroupement des écoles élémentaires de La Blaquererie et de La Couvertoirade avec celle de L'Hospitalet — un changement qui s'est fait finalement avec des effets bénéfiques pour les parents et les enfants des trois villages. Nous avons entendu dire par des personnes qui font partie de notre communauté du Larzac que les résidents de L'Hospitalet, y compris leur maire, manquent du dynamisme nécessaire pour accepter un changement, même avantageux, ce qui expliquerait la résistance au regroupement. Le maire de La Couvertoirade, après avoir soutenu les paysans contre l'armée pendant toute la lutte, cède depuis 1981 aux conservateurs de son secteur (des paysans non-militants). Ces derniers auraient voulu répartir entre eux-mêmes la terre abandonnée par l'armée. D'autre part, ils ont mal accepté de partager le pouvoir politique avec les gens nouvellement installés sur le causse.

Dans les élections locales qui ont eu lieu ces dernières années sur le plateau, un seul militant du Larzac (la femme d'un « pur porc » de La Blaquererie) a été élu à un conseil municipal dont le territoire couvre une partie de la zone d'extension. La tentative de créer une charte intercommunale regroupant les diverses communes et le Larzac a permis la signature du document mais, jusqu'à maintenant, cela a été son seul succès. Le déplacement du pouvoir, tôt dans la lutte, de La Cavalerie, dans le sud, à la périphérie nord du plateau, a laissé la partie sud de l'extension sans une participation solide à la communauté actuelle. C'était l'espoir des militants que l'installation d'Alain Desjardin à La Salvetat apporterait la présence forte qui manquait à la zone sud. Mais si Alain Desjardin lui-même reste militant et atteint ses objectifs à La Salvetat, ses positions politiques plutôt radicales ont limité sa capacité — du moins jusqu'à maintenant — de servir de point de ralliement pour le sud.

Ainsi, le Larzac, pour des raisons structurales, reste politiquement faible dans sa propre région géographique. Cette faiblesse se complique par le fait que le député pour le Sud-Aveyron est un conservateur puissant qui est très bien vu dans la région mais qui reste un ennemi pour le Larzac et tout ce qu'il représente.

Regardons maintenant les rapports entre Millau et le plateau. Pendant la lutte, une alliance solide s'est établie entre les paysans du Larzac et les militants de la ville. La branche locale de la CFDT s'est associée de près à la lutte et un lien fort s'est créé aussi entre les membres du comité Larzac de Millau et les paysans. Le comité se composait d'un groupe mixte de pacifistes, de catholiques de gauche et de divers militants plus radicaux. Comme tous les autres, ce comité a été dissout à la fin de la lutte mais, dans les élections de 1982, deux militants du Larzac (l'un du plateau, l'autre, un résident de Millau) ont été élus au conseil municipal. Un sympathisant du Larzac est devenu le premier maire socialiste élu depuis bien des années. Aux élections de 1989, les deux membres du conseil ont refusé de se porter candidats de nouveau, mais Élizabeth Baillon a accepté d'être placée sur la liste socialiste et elle a été élue. Le maire socialiste, sorti encore une fois victorieux de l'élection, l'a nommée maire-adjointe pour les affaires culturelles. Les maires-adjoints sont les seules personnes à exercer un véritable pouvoir dans les conseils municipaux.

En revanche, les relations entre les anciens militants de Millau et les résidents du causse, depuis 1981, se sont disons attiédies. Les premiers prétendent que le Larzac se désintéresse des problèmes de la ville et les seconds affirment que la classe ouvrière de Millau a été tellement décimée par des années de dépression et de chômage que seul un petit fragment de syndicalisme militant survit. Bien que des gens de Millau et du plateau se soient associés pour manifester en faveur de l'indépendance de la Nouvelle-Calédonie, de meilleurs rapports entre le Larzac et la ville existent autour de thèmes touchant la défense de l'environnement. A cet égard, des militants des deux secteurs ont uni leurs forces pour soutenir certains projets comme, par exemple, le développement d'un parc régional. Les relations ont été pourtant perturbées par les résultats des élections municipales de 1989. Au premier tour, les Verts ont obtenu approximativement 8 % des votes. Dans les négociations avec les socialistes — arrivés en premier — ils ont demandé au moins cinq sièges (sur une trentaine) au conseil. On ne leur en a offert toutefois que deux, une proposition que les socialistes considéraient généreuse étant donné le pourcentage de votes obtenu par les Verts. Les délégués des Verts, dont un jeune agriculteur du Larzac installé depuis quelques années, ont décidé de négocier avec la droite. Ces négociations n'ont mené nulle part. Pourtant, elles ont causé bien du ressentiment sur le plateau surtout parmi ceux qui votaient normalement socialiste mais qui sympathisaient avec la politique pro-écologique des Verts et auraient pu se compter, un jour, parmi ses adhérents.

Pendant et après la lutte, à mesure que la communauté du Larzac évoluait, on a vu se créer différentes associations. Tandis que quelques-unes se sont dissoutes immédiatement ou peu après la victoire en 1981 (les comités Larzac et — sauf pour son nom — les Universités-Larzac), la plupart des organisations qui se sont développées entre 1971 et 1981 sont encore en place. Celles-ci, avec d'autres qui se sont établies depuis 1981 (pour en citer quelques-unes : le CIR ; la Fondation Larzac ; la SCTL ; le groupe vétérinaire ; l'Association pour l'aménagement de Montredon ; Taxus Baccata, l'ensemble musical ; l'Association pour la formation à la comptabilité et la gestion ou AFOCG), jouent un rôle dans la vie sociale et politique du plateau. Ensemble, mais chacune de façon particulière, elles proposent aux militants actuels et potentiels une large gamme d'activités. Puisque les personnalités qui gèrent ces associations varient aussi, en devenant adhérent à l'une ou à l'autre, on choisit non seulement des projets d'action auxquels on s'intéresse mais, en même temps, des personnes avec qui on se sent plus à l'aise et avec qui on a envie de collaborer dans le travail.

Les associations du Larzac dans le contexte de la France et de l'Europe

L'élevage reste toujours l'activité économique majeure du plateau. Si les institutions sociales novatrices du Larzac parviennent à survivre, elles le feront seulement à condition d'obtenir un certain succès économique, ce qui est problématique quand on considère les difficultés inhérentes à l'agriculture dans la région aussi bien que dans le contexte plus large de l'Europe actuelle. Il reste à savoir si le plateau, avec son sol marginal, guetté par la sécheresse, pourra faire concurrence avec les fermes plus grandes et plus riches des vallées environnantes — pour ne pas mentionner celles du pays au centre et au nord — et, dans un avenir proche, concurrencer les produits agricoles des autres pays de la CEE. Dans la situation économique que nous abordons, le Larzac est en péril.

En revanche, il présente certains avantages que l'on ne trouve pas dans d'autres régions qui lui ressemblent. Le plateau de l'après-lutte reste dynamique. De récentes innovations dans les domaines de la production et du foncier ont déjà démontré que les agriculteurs du Larzac sont capables de prendre l'initiative et de gérer leurs affaires. Il serait profitable pour les Européens qui s'intéressent à la protection de l'environnement d'en tenir compte. Les problèmes posés par la nécessité de protéger les terres marginales du bassin méditerranéen, comme celles du Larzac, commencent à préoccuper les experts. Ils sont maintenant de l'avis qu'une telle protection doit venir des agriculteurs dont l'activité intelligente et appropriée au terrain aurait un effet positif sur l'écosystème fragile de la région. Ces agriculteurs contribuent à maintenir un espace dégagé, décourageant les incendies qui ravagent les terres abandonnées des zones marginales. Le terrain qui retourne à l'état sauvage est de peu d'utilité pour les touristes et demeure une menace pour le reboisement.

Le Larzac de l'après-lutte est donc un site approprié pour nous inciter à réfléchir sur l'entretien des terres dans les zones fragiles. Bien qu'il existe des fermes travaillées par leur propriétaire et d'autres louées à un propriétaire absent, la SCTL et les GFA Larzac mettent de concert à la disposition des jeunes agriculteurs une quantité appréciable d'hectares (à peu près 7 500). Hormis un groupe assez limité de producteurs de viande, la majorité des gens sur le plateau continueront à vivre de la brebis, et la plus grande part de la production du lait sera destinée aux caves de Roquefort. La période de l'après-lutte, pourtant, a connu une diversification significative avec l'apparition d'autres produits fermiers (miel, pâté, tomme de brebis, entre autres). Au nom de leur association (L'Agneau des Grands Causses), les jeunes producteurs de viande se sont liés à ces agriculteurs-là pour former un GIE (Groupement d'intérêts économiques). Malheureusement, les prix pour l'agneau et le mouton ont baissé et il est difficile pour les éleveurs du Larzac de réussir en produisant de la viande, même si les membres de L'Agneau des Grands Causses essaient de vendre leur viande (d'animaux élevés en plein air et sous la mère), comme produit de qualité. Il y a toutefois de l'espoir. Leurs efforts, en harmonisation avec ceux des autres membres du GIE, commencent à élargir le cercle des clients pour tous les producteurs concernés. Quoique le marché pour ces produits de qualité soit limité et s'avère de plus en plus concurrentiel, en joignant leurs forces, ils ont de meilleurs chances de se défendre.

Il est assez piquant de constater (étant donné la politique de la lutte) que la plupart des agriculteurs du Larzac — qu'ils produisent pour Roquefort ou qu'ils vendent des produits fermiers — proposent des produits de luxe qui sont trop chers pour une large tranche de la population. Beaucoup ont le sentiment que la survie du Larzac dépend non seulement de cette production de luxe, mais aussi d'une forme douce de tourisme (randonnées à pied ou à cheval, campings, tables d'hôte chez l'agriculteur, etc.). Certes, d'habitude ces activités ne coûtent pas très cher. Elles sont en effet souvent moins chères que les activités touristiques traditionnelles. Néanmoins, elles sont le plus souvent attrayantes pour les couches de la population relativement plus aisées ou plus instruites.

Le rôle de l'individu dans le mouvement du Larzac

Bien des militants du Larzac nous ont dit que le succès de la lutte a été un événement extraordinaire créé par des personnes ordinaires. S'il est vrai qu'un grand nombre de gens ordinaires ont largement contribué à la réussite du mouvement, je crois qu'en fin de compte son succès, aussi bien que sa poursuite, sont dus à un ensemble de personnes assez extraordinaires qui auraient pu continuer à mener leurs vies « ordinaires », s'il n'y avait pas eu le projet d'extension du camp. Les circonstances historiques de la lutte leur ont fourni l'occasion d'apporter une contribution individuelle à cette totalité qui est devenue le « Larzac ». Donc, en ce qui concerne le rôle de l'individu et son effet sur l'histoire, je me range du côté de Raymond Aron (1989) face à la position individualiste extrême de Karl Popper (1957) ainsi qu'à celle, incarnée par Louis Althuser, des marxistes. S'il est vrai, comme Popper l'affirme, que les individus créent l'histoire, ils ne le font pas dans le vide. Comme Aron l'indique, ils la construisent au moyen d'un tissu entremêlé de culture, de structure sociale et du processus historique lui-même.

Nos recherches, qui couvrent vingt et une années, de 1971 à 1992, nous ont permis d'analyser des contributions spécifiques de nombreuses personnes dont chacune, à sa façon, a fait avancer la cause du Larzac. Ces personnes ont découvert des forces et des talents, qu'avant, elles ignoraient. Pourtant, ce qu'elles ont fait a surgi de quelque chose. Le Larzac a réussi, en grande partie parce qu'il est arrivé à un moment propice de l'histoire, survenant juste après l'agitation sociale de 1968. D'autre part, il s'est manifesté dans un endroit favorable, une région sous pression économique extrême avec, en ville, un chômage croissant et de l'agitation ouvrière, et à la campagne, un renouvellement de l'agriculture soutenu par les industriels puissants de Roquefort.

Un nombre considérable de femmes sont présentes dans la vie militante du Larzac. Le rôle traditionnel de la femme sur le Larzac consistait à entretenir la maison et la basse-cour. C'était un soutien pour son mari et une mère pour ses enfants. Pendant le conflit, la plupart des femmes de paysans participaient au mouvement en assumant d'autres tâches encore comme, par exemple, les fonctions de secrétaire. En même temps, elles travaillaient ou géraient la ferme à la place de leurs maris quand ceux-ci devaient s'absenter pour les besoins de la lutte. Quand elles pouvaient se libérer, elles assistaient aux réunions. Peu d'entre elles, pourtant, prenaient la parole lors des réunions ou des manifestations. Au fur et à mesure que la lutte progressait et que la population du Larzac se frottait aux gens de l'extérieur (dont beaucoup de gauchistes et quelques féministes), certaines paysannes ont commencé à s'affirmer. Janine Massebiau et Jeanne Jonquet sont devenues des oratrices éloquentes. Une célibataire, membre d'une famille « pur porc » qui avait été une partenaire inégale dans un GAEC avec ses frères, a fini par quitter le Larzac après la lutte pour retrouver une vie plus autonome à Millau. Bien des femmes compétentes et d'esprit indépendant sont venues sur le Larzac seules ou avec des compagnons en tant que militantes ou squatters. Beaucoup d'entre elles, comme Dominique Robin, Suzanne Morain, Danièle Domeyne [2] et Alice Monier, constituent une présence significative sur le plateau d'aujourd'hui. Nobué Darras, réfugiée politique d'origine brésilienne, en fait partie aussi. Avec son mari, Daniel, elle produit du miel et fait de la poterie. Au moment où nous écrivons, ils sont rédacteurs en chef du *GLL* et participent à d'autres associations. Parmi d'autres personnes installées sur le plateau grâce à la lutte, on compte des agricultrices qui, comme Chantal Alvergnas ou Dominique Aldon, sont des partenaires en toute légalité avec leurs maris ou compagnons. Pendant le conflit, Élizabeth Baillon et Marizette Tarlier ont fait d'importantes contributions au mouvement, et toutes les deux jouent un rôle considérable dans la communauté de l'après-lutte : E. Baillon, dans l'organisation des expositions; M. Tarlier, au secrétariat du *GLL* et dans les multiples activités de l'APAL. Christiane Burguière a trouvé sa voie au *GLL* où elle est rédactrice et publie régulièrement des articles.

Le CIR a organisé trois colloques sur les femmes dans le monde rural auxquels ont participé des personnes venant non seulement du Larzac mais aussi d'un grand nombre d'autres régions de la France.

Le paradoxe du mouvement larzacien aujourd'hui, étant donné son idéologie de participation, se trouve dans la présence continue de leaders qui, pour quelques-uns du moins, ont apporté un frein à l'épanouissement de cet objectif [3]. Comme nous l'avons constaté, une véritable égalité sur le plateau a été, et reste toujours, plus un idéal qu'une réalité, car la prise en charge de la lutte par des personnalités fortes a laissé un héritage qui persiste après la victoire. La plupart des gens admettent que, pour des raisons de stratégie, on avait besoin d'un tel leadership capable de se traduire en actions rapides et efficaces contre le gouvernement. Nos informateurs sont unanimes pour dire que Guy Tarlier a été un personnage-clé sans qui la victoire n'aurait pas été possible. Léon Burguière et ses deux fils, Pierre et Jean-Marie, ont joué des rôles essentiels pendant la lutte aussi et Pierre Burguière continue d'avoir un poids considérable dans les affaires du plateau actuel. Hervé Ott également poursuit une vie active et engagée dans la communauté. Les leaders d'aujourd'hui — dont beaucoup ont été les leaders d'hier — peuvent dire avec justesse qu'ils sont les premiers à accorder le temps nécessaire pour faire fonctionner les diverses associations du Larzac. Aux réunions, en effet, nous avons eu l'occasion de constater la réticence de la part des membres quand on leur demandait de contribuer à l'organisation de telle ou telle action. Même si la communauté du Larzac avait pu fonctionner dès le début avec une stricte égalité, ceux qui auraient été plus prompts à agir et à assumer des responsabilités ne se seraient-ils pas de toute façon distingués ? En même temps, aurait-elle pu gagner sa lutte difficile contre les forces du gouvernement avec des moyens autres que ceux que les nécessités du conflit ont fait naître ?

Un des agriculteurs installés sur le causse après 1981 a relevé, dans une de nos discussions, un autre sujet épineux. A son avis, un aspect pénible de l'héritage de cette lutte qui a duré dix années réside dans la gêne éprouvée par les gens en cas de désaccord. Ils cherchent le consensus qui était nécessaire avant 1981 ; ils ont du mal à accepter une réalité conflictuelle entre voisins et même entre amis chers. C'est une observation qui est, de notre point de vue, tout à fait fondée. Cette situation pourrait créer des problèmes dans l'avenir avec les divisions qui risquent de se déclencher à l'égard de questions comme le tourisme. En fait, le sujet brûlant de l'autoroute, prévue pour traverser le plateau à la fin de la décennie, a déjà soulevé de vives controverses. Est-ce que le Larzac pourra admettre des points de vue différents et, néanmoins, s'affronter aux questions qui vont influer sur son avenir ? Pourra-t-il faire face à l'évidence qu'il n'est plus un « front uni » mais que, toutefois, il aura des décisions à prendre s'il veut continuer à agir à l'échelle de la communauté ?

Bien qu'il soit important de soulever ces questions, nous ne voulons pas minimiser, en aucune manière, l'importance de ce que le Larzac a déjà accompli. Cette réussite est réelle. Les personnes nommées dans ce livre ont collaboré avec des milliers d'autres individus pour aboutir aux succès de la lutte du Larzac. Ils ont construit un mouvement qui s'est forgé sous les contraintes de la culture et l'emprise de l'histoire. Beaucoup de ces personnes ont été également des novateurs qui se sont servis du répertoire culturel avec de l'imagination et avec une persévérance obstinée. C'est tout simplement leur rendre justice que de dire que les gens du Larzac ont fait l'histoire et la culture autant qu'ils en ont été modelés. De nombreuses personnes se sont montrées à la hauteur de la situation. Elles ont pris en charge leurs vies et, dans ce processus, les ont changées, à notre avis, pour toujours.

NOTES

1. Pour une introduction générale au rôle de l'Église catholique dans la société française, voir Donegani et Lescanne (1986). Pour une revue de la période 1968 et ses suites, voir Delannoi (1990).
2. Danièle Domeyne qui, comme nous l'avons signalé, avait été une des membres les plus controversés de l'ancienne équipe, a été réélue, au printemps 1991, au conseil de gérance des GFA.
3. La mort de Guy Tarlier a, inévitablement, changé la situation. Certains leaders ont vu leurs positions renforcées. Par contre, d'autres personnes ont été obligés de participer plus activement dans les affaires du plateau. Un Larzac qui s'approche un peu plus à son idéal pourrait en être le résultat.

Une dernière note :Il est intéressant d'observer que, dans la réunion d'avril 1992 (voir la note 3 du chapitre 6), un consensus semblait se créer entre tous ceux qui étaient présents — depuis les jeunes agriculteurs, particulièrement sensibles à l'inégalité économique, jusqu'aux anciens militants et aux «purs porcs» — pour dire que tous les agriculteurs étaient plus ou moins dans la même «galère» étant donné les pressions économiques de l'époque. Avec la constitution des GAEC et la disparition des ouvriers agricoles, un nivellement s'est établi. A cause du nombre de partenaires, le rapport entre le nombre de brebis et celui des personnes qui en dépendaient pour leur revenu était à peu près le même sur les fermes les plus grandes que sur les fermes les plus petites.

Annexe

Que sont devenus les «103 » ?

Retraité	42
En activité	38
Décédés	18
Partis	5
Total	103

Données comparées	1971	1981	1991
Sièges d'exploitation	77	63	61
Nombre de brebis lait plus agnelles	13 630	11 417	13 455
Production totale de lait en hectolitres	9 707	12 170	23 403
Production par brebis plus agnelles et par an en litre	71	107	174
Nombre de brebis viande	0	350	3 245
Surface labourable	4 246	3 170	3 858
Emplois agricoles	108	110	119
Emplois non agricoles	5	14	46

Nombre de GAEC

En 1971, il y avait trois GAEC sur le Larzac. L'année 1991, il y en avait dix-neuf.

(Tiré du *GLL*, juillet-août 1991)

Postface

Le lecteur aura noté l'emploi de « je » et de « nous » dans ce texte. Tout d'abord, le livre s'est basé sur des recherches que ma femme, Sonia Alland, et moi avions menées ensemble. Les références à « nous » en étaient le reflet. Puis, bien que Sonia se fût impliquée à chaque étape de l'œuvre en cours — les recherches sur le terrain, l'interprétation des données, et une importante rédaction du texte afin d'arriver à cette version définitive —, la structure générale du livre, son orientation théorique, ainsi que la majeure partie de ce qui a été écrit, sont venus de moi. L'emploi du pronom « je » y trouvait sa justification. D'ailleurs, c'était le choix de Sonia d'être désignée comme collaboratrice plutôt qu'en tant que deuxième auteur. Ce livre n'aurait pu voir le jour, néanmoins, sans sa participation à plein temps dans le processus de recherche et de rédaction.

Dans cet ouvrage, nous avons cité les informateurs et les acteurs sous leur véritable identité. Le Larzac est bien connu, au moins de nom, et les gens concernés ont été fréquemment évoqués dans la presse à l'époque du conflit aussi bien que pendant l'après-lutte. Toutefois, nous-mêmes et certains informateurs avec nous, avons jugé qu'une partie des données présentées, plus particulièrement dans le contexte délicat de l'interview, exigeait l'anonymat. En aucun cas le lecteur ne doit s'imaginer que les personnes non identifiées auraient moins d'importance que celles qui l'étaient. En revanche, quand des opinions négatives à l'égard de certaines personnes ou par rapport à telle ou telle situation ont été attribuées à des individus nommés, c'était pour la raison suivante : il nous a semblé que la position dans la communauté des personnes en question ne serait pas affectée (celles-ci avaient quitté la communauté et ne se trouvaient plus impliquées dans les activités du plateau) ou bien la situation évoquée ne pouvait pas selon nous leur causer de tort. Autre cas de figure : les gens nous fournissant les informations nous ont fait comprendre que leur nom pouvait être utilisé.

Cet ouvrage n'aurait pu être réalisé sans le soutien exceptionnel de trois personnes — Florence Filaski, Jane Lamplighter et Kerri Lubell Nelson — qui se sont occupées de mes vieux parents avec tant de générosité. Chacune à sa façon s'est consacrée à mon père et à ma mère pour s'assurer qu'ils recevaient les soins nécessaires pendant mon absence des État-Unis. Il n'existe pas de remerciement à la hauteur de leur dévouement.

Nous voulons aussi exprimer notre reconnaissance à Chantal de Crisenoy qui nous a fait bénéficier de ses commentaires à partir de sa lecture du manuscrit, ainsi qu'aux collègues suivants dont les réflexions sur le texte nous ont été d'une égale utilité ; Elaine Combes-Schilling, David Koester, Robin Nagel, Robert Murphy, Susan Carol Rogers et Joel Wallman.

Pour être l'auteur principal de cet ouvrage, j'assume l'entière responsabilité de son contenu.

Alexander Alland Jr.
Soubès, janvier 1993

Remerciements

Nous remercions les personnes suivantes qui nous ont aidés dans l'accomplissement de ce projet. Nous avons interviewé beaucoup d'entre elles au moins une fois et à plusieurs reprises. (Une date après le nom signale que la personne indiquée a été interviewée.)

Didier Adnet, janvier 1989 ; Dominique Aldon, août 1984 ; Michel Alla, juin 1987 ; Alain Alla, juin 1987 ; Françoise Alla, janvier 1988 ; Lucien Alla, janvier 1988 ; Odette Alla, janvier 1988 ; Odile Alla, septembre 1988 ; Chantal Alméras ; Michel Alméras ; Chantal Alvergnas, juillet 1986 ; Jean Andrieu, maire de La Cavalerie, juin 1988 ; Georges Artières, mai 1989 ; Albert Austruy, janvier 1988 ; Claude Baillon, décembre 1988 ; Élizabeth Baillon, juillet 1984 ; Jean-Luc Bernard, juillet 1984 ; Nicole Bernard ; François Boé, mars 1989 ; Catherine Boé, mars 1989 ; Pierre Bonnefous, juillet 1984, 1987, 1988 ; Daniel Boscheron, juillet 1986 ; Jeanine Boubal, août 1989 ; José Bové, juillet 1984 ; Cathy Burguière, août 1987 ; Christiane Burguière, juillet 1986 ; Jeanine Burguière, juin 1985 ; Jean-Marie Burguière, septembre 1987 ; Léon Burguière, décembre 1987 ; Marie-Hélène Burguière-Bascoule, novembre 1988 ; Pierre Burguière juillet 1984, Sylvie Burguière, août 1987 ;

Alain Cabanes, février 1988 ; Brigitte Cadot, avril 1989 ; Élizabeth Calazel, avril 1988 ; Robert Calazel, avril 1988 ; Jean-Michel Caron, juin 1988 ; Maryse Caron, juin 1988 ; Joëlle Chancenotte, décembre 1988 ; Jean Chesneaux, juillet 1985 ; Marcel Chinonis, février 1988 ; Jean-Louis Coulon, décembre 1988 ; Aline Coppin, juillet 1986 ; Didier Coppin, juillet 1986 ; Michel Courtin, novembre1988 ; Ghislaine Dambrin, avril 1988 ; Éric Darley, juillet 1986 ; Daniel Darras, juillet 1984 ; Nobué Darras, juillet 1984 ; Pierre-Yves de Boissieu, octobre 1987 ; Chantal de Crisenoy, juillet 1986 ; Élie Depardon, juin 1988 ; Marie Depardon, octobre 1987 ; Gérard Deruy, maire de Millau, mai 1988 ; Alain Desjardin, juillet 1985 ; Mario Digirolamo, septembre 1987 ; Danièle Domeyne, juillet 1987 ; Christian Dumas, juillet 1986 ; Jacques Dupont, maire de La Couvertoirade, mai 1988 ; Susie Emmick ; Philippe Fauchot, avril 1988 ; Gilbert Fenestraz ; Martine Flahault, janvier 1988, juillet 1986 ; Alain Flottard ; Gabriel Flottard, octobre 1987 ; Yves Frémion, décembre 1988 ; Marie Gaillard, octobre 1987 ; Gérard Galtier, juillet 1986, janvier 1988 ; Jean-Claude Galtier, juillet 1985 ; Renaud Galtier, février 1988 ; Isabelle Gastal, juillet 1987 ; Robert Gastal, juillet 1984 ; Francine Gellot, août 1984 ; Jean-Louis Geniez, maire de Ste-Eulalie-de-Cernon, décembre 1988 ; François Giacobbi, décembre 1988 ; Patrick Goujon, février 1988 ; Anne Greslou, février 1988 ; Auguste Guiraud, avril 1988 ; Dominique Guiraud, septembre 1988 ; Jean-Yves Guiraud, septembre 1988 ; Marie-Rose Guiraud, avril 1988 ; Philippe Guiraud, septembre 1988 ; Laurence Hingre ; Louis Joinet ; Élie Jonquet ; Jeanne Jonquet, août 1987 ; Mme Jordy (de Pierrefiche), juillet 1985 ; Benjamin Knopff, juillet 1986 ; Pierre Laur, juin 1988 ; Raymond Laval, octobre 1988 ; Michel Lefeuvre, juillet 1984 ; Nicole Lefeuvre, juillet 1984 ; Dominique Léonard ; Blandine Léonard ; Élizabeth Lepetitcolin, novembre 1988 ; Patrick Lescure, septembre 1988 ; Léon (Pépé) Maillé, juillet 1985 ; Jeanne (Mémé) Maillé, juillet 1985 ; Léon Maillé, juillet 1985 ; Osla Maillé, juillet 1985 ; Richard Maillé, septembre 1987 ; Paul Maistre, avril 1988 ; Pierre Marcilhac, janvier 1988 ; Pierrette Marcilhac, janvier 1988 ; Michel Marguerite, octobre 1987 ; François Mathey, juillet 1985 ; Marie-Jo Mathey, juillet 1985 ; Élise Mauron, août 1984 ;

Jean Mauron, août 1984 ; Monique Mauron ; Robert Mazeran, février 1988 ; Marie-Catherine Menozzi ; Maria Möller, octobre 1987 ; Alice Monier, juillet 1984, 1987 ; Pierre Morain, juin 1985 ; Suzanne Morain, juin 1985 ; Francis Moreau, juin 1985 ; Roger Moreau, août 1984 ; Alain Moulin, décembre 1987 ; Danièle Moulin ; Maryse Moulin, décembre 1987 ; Sophie Munoz, janvier 1989 ; Brigitte Muret, octobre 1988 ; Éric Muret, octobre 1988 ; Hervé Ott, juillet 1984 ; André Parenti, janvier 1988 ; Bernard Parsy, juillet 1987 ; Ginette Parsy, juillet 1987 ; Joseph Pineau, décembre 1987 ; Christiane Pinet, juillet 1985 ; François Pingaud, janvier 1988 ; Robert Pirault, février 1988 ; Christine Poutout, décembre 1988 ; Simonne Proner, juillet 1984 ; Jean Rabier, maire de la Roque-Ste-Marguerite, juin 1988 ; Marie-Laure Reyès, octobre 1988 ; Serge Riausset ; Gilbert Rieu ; Dominique Robin, juin 1988 ; Christian Roqueirol, février 1988 ; Francis Roux, mai 1988 ; François Roux, octobre 1988 ; Maryse Roux, mai 1988 ; Jean-Claude Sanchez, août 1984 ; Jean-Émile Sanchez, juillet 1986 ; Robert Siméon, avril 1989 ; Guy Tarlier, juillet 1984, 1988 ; Marizette Tarlier, juillet 1984 ; Benoît Thélen, juillet 1985 ; Christine Thélen, juillet 1985 ; Volker Tönatt, septembre 1988 ; Hélène Trichereau, octobre 1987 ; Michel Trichereau, octobre 1987 ; Jean-Marc Vignolet, octobre 1988 ; Claudine Vaillant ; Auguste Valette, janvier 1988 ; François Vérier ; Michèle Vincent, octobre 1987 ; Claude Voron, juillet 1986 ; Pierre Vuarin.

LISTE DES SIGLES

AFOCG	Association pour la formation à la comptabilité et la gestion
APAL	Association pour la promotion de l'agriculture sur le Larzac (1973-1981). A partir de 1981, l'Association pour l'aménagement du Larzac.
CFDT	Confédération française démocratique du travail
CDJA	Centre départemental des jeunes agriculteurs
CEE	Communauté économique européenne
CFPPA	Centre de formation professionnelle et de promotion agricole
CGT	Confédération générale du travail
CIE	Centre d'initiatives à l'environnement

CIR	Centre d'initiatives rurales
CMR	Chrétiens en milieu rural
CNJA	Centre national des jeunes agriculteurs
CNRS	Centre national de la recherche scientifique
CREA	Centre de rencontres, d'échanges et d'animation
CUMA	Coopérative d'utilisation de matériel agricole
FDSEA	Fédération départementale de syndicats d'exploitants agricoles
FLNKS	Front de libération nationale kanak et socialiste
FNSEA	Fédération nationale de syndicats d'exploitants agricoles
FRCIVAM	Féderation régionale des centres d'information et de vulgarisation pour l'agriculture et le milieu rural
GAEC	Groupement agricole d'exploitation en commun
GFA	Groupement foncier agricole
GIE	Groupement d'interêts économiques
GLL	*Gardarem lo Larzac*
INRA	Institut national de recherche agricole
JAC	Jeunes agriculteurs catholiques

MAN		Mouvement pour une alternative non-violente
MDPL		Mouvement pour le désarmement, la paix et la liberté
MIR		Mouvement international de réconciliation
MPOL		Mouvement pour l'ordre et la liberté
PSU		Parti socialiste unifié
RPCR		Rassemblement pour la Calédonie dans la République
SAFALT		Société d'aménagement foncier Aveyron-Lot-Tarn
SAFERS		Société d'aménagement foncier
CI-CUN		Société civile immobilière du Cun
SCTL		Société civile des terres du Larzac
SEB		Syndicat des éleveurs de brebis
SPLB		Syndicat des producteurs du lait de brebis
TP (CNSTP)		Confédération nationale des syndicats de travailleurs paysans
UDF		Union pour la démocratie française
UDR	1968-1971	Union pour la défense de la République.
	1971-1976	Union des démocrates pour la République.

Bibliographie

Adams, R.N. et R.D. Fogelson

1977 : *The Anthropology of Power*, New York, Academic Press.

Albert, C., M. Berlan, J. Caniou et M. Perrot

1989 : *Celles de la Terre : Agricultrice, l'invention politique d'un métier*, Paris, Éditions de l'École des hautes études en sciences sociales.

Alphandéry, P., P. Bitoun et Y. Dupont

1989 : *Les champs du départ : une France rurale sans paysans ?*, Paris, Éditions de la Découverte.

APAL

1980 : *La Blaquière. Village du Larzac*, Millau, Arlypo.

1984 : *Maisons du Larzac.* St. Georges de Luzençon, Imprimerie Causses et Cévennes.

Archetti, E. et E.S. Aass

1978 : « Peasant Studies, an Overview », in *Perspectives in Rural Sociology*, H. Newby, ed., New York, John Wiley and Sons.

Aron, R.

1989 : *Leçons sur l'histoire,* Paris, Éditions de Fallois.

Aubert, D., Y. Léon *et al.*

1987 : « Agriculteurs en difficulté », in *Cahiers d'économie et sociologie rurales* n°5., Paris, INRA.

Baillon, É.
1982 : *Larzac : Terre en marche*, Millau, Arlypo.
Baillon, E. et D. Domeyne *et al.*
1980 : « Les femmes du Larzac par elles-mêmes », in *Sorcières*, n° 20, 13-150.
Bazin, G.
1986 : Quelles perspectives pour les agricultures montagnardes ? Exemple du Massif central et des Alpes du Sud, Grignon : Station d'économie et de sociologie rurales de Grignon.
Beau, G.
1974 : *Vie ou mort du Larzac*, Paris, Solar.
Bergmann, D. et P. Baudin.
1989 : *Politique d'avenir pour l'Europe agricole*, Paris, INRA/Economica.
Bloch, Marc
1966 : *French Rural History*, Berkeley, University of California Press.
Bloch, Maurice
1975 : Political Language and Oratory in Traditional Society, New York, Academic Press.
Bonnaud, A.
1991 : *L'usage du sol et les outils de son contrôle sur la moitié nord du Larzac*, (Magistère aménagement, Universités de Paris 1 et Paris VIII.) Montredon, CIR.
Bonnefous, P. et R. Martin
1984 : *Alors la paix viendra*, Millau, Larzac Foundation.
Bouffanet, B. et E. Kuligowski
1973 : *Le Larzac veut vivre*, Paris, Daniel Mauprey.
Boyer, H., P. Gardy et E. Hammel, eds.
1986 : « Le Larzac Revisité », in *Amiras* n° 14.
Brandes, P.D.
1971 : *The Rhetoric of Revolt*, Englewood Cliffs, Prentice Hall.
Burmeister, H. et V. Tonnätt
1981 : Il importe avant tout de lutter : Larzac, Montfermeil, Stenelec.

Chavagne, Y.

1988 : *Bernard Lambert : 30 ans de combat paysan*, Quimperlé, Les Éditions La Gigitale.

Clifford, J.

1983 : « On Ethnographic Authority », *Representations* n° 1, pp.118-146.

1988 : *The Predicament of Culture*, Cambridge, Harvard University Press.

Clifford, J. et G.E. Marcus

1986 : Writing Culture : The Poetics and Politics of Ethnography, Berkeley, University of California Press.

Cohen, A.

1969 : « Political Anthropology : The Analysis of Symbolism of Power Relations », in *Man* (N.S.) n° 4, pp. 215-235.

1974 : *Two Dimensional Man*, Berkeley, University of California Press.

1979 : « Political Symbolism », in *Annual Review of Anthropology*, Stanford, Stanford University Press.

1980 : « Drama and Politics in the Development of a London Carnival », in *Man* (N.S.) n° 15, pp. 65-87.

Colombel, D., ed.

1977 : « Résistance du Larzac », in *Temps Modernes*, 371.

Comaroff, J.

1985 : Body of Power, Spirit of Resistance : The Culture and History of a South African People, Chicago, University of Chicago Press.

Comité Larzac Paris

1981 : *Dix ans de dessins*, Paris, Comité Larzac Paris.

1981 : *Rencontres internationales pour la paix*, Larzac, pp. 17-23, août 1981, in *Recueil des débats*, Paris, Comité Larzac Paris.

Crapanzano, V.

1977 : « The Writing of Ethnography », in *Dialectical Anthropology*, n° 2, pp. 69-73.

Crisenoy, C. de

1988 : « La politique foncière des années quatre-vingt », in *Économie et sociologie rurales*, Paris, INRA.

Crisenoy, C. de et D. Boscheron

1982 : « Les enjeux de la politique foncière », in *Communications présentées au colloque national de l'association des ruralistes français*, Tours, INRA.

1986 : *Un office foncier en France : La société civile des terres du Larzac*, Paris, INRA.

Danto, A.

1985 : *Narration and Knowledge*, New York, Columbia University Press.

Deere, C.D. et A. de Jjanvry

1979 : « A Conceptual Framework for the Empirical Analysis of Peasants », in *American Journal of Agricultural Economics* n° 61, pp. 601-611.

Delannoi, G.

1990 : *Les années utopiques : 1968-1978*, Paris, Editions la Découverte.

Dévelotte, C.

1979 : *Évolution du contrôle socio-économique d'un espace rural : Le causse du Larzac*, Montpellier, INRA.

Donegani, J.M. et G. Lescanne

1986 : *Catholicismes de France*, Paris, Desclée, Bayard Presse.

Dwyer, K.

1977 : « The Dialogic of Anthropology », in *Dialectical Anthropology* , n° 2, pp. 143-151.

Ellis, J.M.

1989 : *Against Deconstruction*, Princeton, Princeton University Press.

Ennew, J., P. Hirst et K. Tribe

1977 : « Peasantry as an Economic Category », in *Journal of Peasant Studies*, n° 4, pp. 295-322.

Fabian, J.
1983 : *Time and the Other : How Anthropology Makes its Object*, York, Columbia University Press.

Fédération interdépartementale des sentiers de pays
1984 : Tour pédestre du Causse du Larzac, St-Affrique, FISP.
Feral, F. et D. Jourdan
1979 : *Modification et réutilisation d'un espace : l'extension du camp militaire du Larzac*, Montpellier, M.S.
Fottorino, E.
1989 : *La France en friche*, Paris, Lieu Commun.
Frémion, Y.
1980 : *La planète Larzac*, Toulouse, Ponte Mirone.

Geertz, C.
1988 : *Works and Lives. The Anthropologist as Author.* Stanford, Stanford University Press.
GLL (n. d. = sans date)
n.d. : « Dossier établi à l'occasion de la signature des arrêtés de cessibilité sur les communes de La Roque Ste-Marguérite et La Cavalerie », in Dossier n°1.
n.d. : « Une spéculation foncière à caractère politique est à l'origine de la décision d'extension du camp. Ses justifications sont fallacieuses », Dossier n°. 2.
1978 : « Marche sur Paris : 710 km », in Dossier n° 3 de *GLL*.
Guérin, G. et M. Vantses
1979 : *Paysannes : paroles des femmes du Larzac*, Paris, Éditions Albatros.

Hardy, Y. et E. Gabey
1974 : *Dossier L... Comme Larzac*, Paris, Alain Moreau.
Hobsbawm, E.J. et T. Ranger

1983 : *The Invention of Tradition*, Cambridge, Cambridge University Press.

Holohan, W.

1975 : « Jacquerie sur la forteresse. Le mouvement paysan du Larzac » (oct. 1970-août 1973), in *Communautés du Sud*, D. Fabre et J. Lacroix, eds. Paris, Union générale d'éditions.

INRA

1988 : « Quotas laitiers »,in *Cahiers d'économie et sociologie rurales*, n° 7.

Jegouzo, G.

1984 : *Petite paysannerie en France*, Paris, INRA.

Lachaud, J.

1987 : *Les institutions agricoles*, Paris, MA Editions, Larzac-Universités

1981 : *Montredon, Les Homps, St. Sauveur : Larzac Nord-Est*, Millau, Larzac-Universités.

Laur, F.

1929 : *Le plateau du Larzac,* Montpellier, Imprimerie de la Charité.

Le Bris, M.

1975 : *Les fous du Larzac*, Paris, Les Presses d'Aujourd'hui.

Lurie, A.

1989 : « A Dictionary for Deconstructors », in *New York Review of Books*, n° 27, pp. 49-51.

Malcolm, J.
1990 : « The Morality of Journalism », in *New York Review of Books*, n° 37, pp. 19-23.
Marcus, G.E.
1980 : « Rhetoric and the Ethnographic Genre in Anthropological Research », in *Current Anthropology*, n° 21, pp. 507-510.
Marcus, G.E. et M.J. Fischer
1986 : *Anthropology as Cultural Critique*, Chicago, University of Chicago Press.
Martin, D.
1987 : Le Larzac : utopies et réalités, Paris, L'Harmattan.
Merquior, J.G.
1979 : *The Veil and the Mask*, London, Routledge and Kegan Paul.
Mintz, S.
1973 : « A Note on the Definition of Peasants », in *Journal of Peasant Studies*, n° 2, pp. 91-106.

Parkin, D.
1984 : « Political Language », in *Annual Review of Anthropology*, Stanford, Stanford University Press.

Patre
1986 : « Production laitière ovine », in *Patre* (Édition speciale) n° 339.
Pilleboue *et al.*
1972 : « Une renaissance rurale menacée », in *Revue de géographie des Pyrénées et du Sud-Ouest*, n° 4, pp. 453-467.
Polier, N. and W. Roseberry
1989 : « Tristes Tropes : Post-Modern Anthropologists Encounter the Other and Discover Themselves », in *Economy and Society*, n° 18, pp. 245264.
Popper, K.
1957 : *The Poverty of Historicism*, Boston, Beacon Press.

Rabinow, P.
1977 : *Reflections on Fieldwork in Morocco*, Berkeley, University of Califonia Press.
1986 : « Representations are Social Facts : Modernity and Post-Modernity In Anthropology », in *Writing Culture*, J. Clifford et G.E. Marcus, eds., Berkeley, University of California Press.
Rawlinson, R.
1983 : « Larzac — A Victory for Non violence », in *Non-violence in Action Series*, London, Quaker Peace and Service.
Rogers, S.C.
1987 : « Good to Think : The Peasant in Contemporary France », in *Anthropological Quarterly*, n° 60, pp. 56-63.
Roseberry, W.
1983 : « From Peasant Studies to Proletarianization », in *Studies in Comparative Development*, n° 18, pp. 69-89.
Rosenberg, H.
1961 : *The Tradition of the New*, New York, Grove Press.
Roth, P.A.
1989 : « Ethnography Without Tears », in *Current Anthropology*, n° 30, pp. 555-569.

Sahlins, M.
1985 : *Islands of History*, Chicago, University of Chicago Press.
Said, E.
1983 : « Opponents, Audiences, Constituencies, and Community », in *The Politics of Interpretation*, W.J.T. Mitchell, ed., Chicago , University of Chicago Press.
Shanin, T.
1980 : « The Conceptual Reappearance of Peasantry in Anglo-Saxon Social Science », in *Soviet and Western Authors*, E. Gellner, ed. London, Duckworth.

1983 : « Defining Peasants : Conceptualizations and Reconceptualizations : Old and New in a Marxist Debate », in *Sociological Review*, n° 30, pp. 407-432.

1987 : « Peasantry as Concept », in *Introduction to Peasants and Peasant Society*, T. Shanin, ed. London, Basil Blackwell.

Silverman, S.

1979 : « The Peasant Concept in Anthropology », in *Journal of Peasant Studies*, n° 1, pp. 49-69. Spiro, M.

1986 : « Cultural Relativism and the Future of Anthropology », in *Cultural Anthropology*, n° 1, pp. 259-286.

Tedlock, D.

1979 : « The Analogical Tradition and the Emergence of a Dialogical Tradition », in *Journal of Anthropological Research*, n° 35, pp. 387-400.

Tilly, C.

1986 : *The Contentious French,* Cambridge, The Belknap Press of Harvard University Press.

Tirel, J

1987 : *Intensification hier ? Extensification demain ?,* Paris : INRA.

Turner, V.

1966 : *The Ritual Process : Structure and Anti-Structure*. Ithaca, Cornell University Press.

Weber, E.

1976 : *Peasants into Frenchmen : Modernization of Rural France : 1870-1914*, Stanford, Stanford University Press.

Wolf, E.
1955 : « Types of Latin American Peasantry. A Preliminary Discussion », in *American Anthropologist,* n° 57, pp. 452-471.
1966 : *Peasants*, Englewood Cliffs, Prentice Hall.
Wright, G.
1964 : *Rural Revolution in France : Peasantry in the Twentieth Century*, Stanford, Stanford University Press.

TABLE DES MATIÈRES

Achevé d'imprimer par Corlet Numérique - 14110 Condé-sur-Noireau
N° d'Imprimeur : 801612 - Mai 2018 - Imprimé en France

Made in United States
Orlando, FL
04 November 2026

90201359R10151